钱伯初手稿

LECTURES OF BOCHU QIAN

数学物理方法

Mathematical Methods in the Physical Sciences

钱伯初 著

蘭州大學出版社

图书在版编目（CIP）数据

数学物理方法 / 钱伯初著 ; 杨心婷整理. -- 兰州 : 兰州大学出版社, 2021.8
ISBN 978-7-311-06040-4

Ⅰ. ①数… Ⅱ. ①钱… ②杨… Ⅲ. ①数学物理方法 Ⅳ. ①O411.1

中国版本图书馆CIP数据核字(2021)第155759号

选题创意 杨心婷 李永春
责任编辑 张国梁 张 萍
封面设计 马吉庆

书 名 数学物理方法
作 者 钱伯初 著
杨心婷 整理
出版发行 兰州大学出版社 (地址:兰州市天水南路222号 730000)
电 话 0931-8912613(总编办公室) 0931-8617156(营销中心)
0931-8914298(读者服务部)
网 址 http://press.lzu.edu.cn
电子信箱 press@lzu.edu.cn
印 刷 陕西天丰印务有限公司
开 本 965 mm×635 mm 1/8
印 张 34.75(插页2)
字 数 133千
版 次 2021年8月第1版
印 次 2021年8月第1次印刷
书 号 ISBN 978-7-311-06040-4
定 价 480.00元

《钱伯初手稿》整理人员

杨心婷

选题创意

杨心婷　李永春

责任编辑

张国梁　张　萍

钱伯初

（1933—2014）

Qian Bochu

钱伯初，江苏无锡人。1950年考入清华大学物理系；1952年全国高等院校院系调整后转入北京大学物理系学习；1953年9月提前攻读北京大学理论物理专业硕士研究生，师从杨立铭先生；1956年1月留校任教；1957年响应国家支援西北建设号召，调至当时人才紧缺的兰州大学工作。荣获“2003年全国高校教学名师奖”，以及“宝钢教育奖”“国家级优秀教学成果奖”“甘肃省教学成果奖”等奖项。

作为“中国量子力学三剑客”之一的物理学家，钱先生将大半生的光阴都倾注在了讲台上。先后讲授过力学、热学、电磁学、原子物理学、量子力学、数学物理方法、高等数学等课程。在“最难讲的”量子力学讲台，他一站就是57年，且常讲常新，总有新内容、新方法。正如他在《我的教书生涯》一文中写道：“量子力学诞生至今，历经80年实践检验，基本原理也保持不变。但是，讲好一门课，靠照本宣科是绝对不行的，还必须有刻苦深入的教学研究工作。”他身体力行，2004年，他主讲的量子力学课程，被评为国家级精品课程。此外，由他主编并在高等教育出版社出版的《量子力学》，与曾谨言教授合著的《量子力学习题精选与剖析》《量子力学基本原理和计算方法》等教材，多年来一直是高等院校物理学专业的重要教材，在国内量子力学教学领域享有盛誉。

兰州大学“双一流”建设引导专项文化传承与创新资助项目
兰州大学物理科学与技术学院事业发展基金

序

Preface

知悉老友钱伯初先生多年心血手稿倏将付梓，感慨怀念之余，颇觉欣慰。谨言何幸，得与钱先生相识相知，逾一甲子。先生每赴京，必光临寒舍。陋室之中，常与先生切磋叙旧。时至今日，忆起先生音貌，唏嘘不已。钱先生宁静淡泊，格物致知，授业传道，是吾辈翘楚楷模。

感谢兰州大学安排，得窥书稿原貌。先生手稿，一笔一画，工整认真，一图一式，足见匠心。行字之间，可窥先生琢磨治学之心血。后人瞻仰，必有感悟裨益。手稿弥足珍贵，望兰州大学郑重保留，长传后世。

浏览之余，量子力学百年艰辛，历历在目。吾辈之人，多经困顿之惑，领悟之难。而斟酌化悟之后，授之于后学晚辈，亦属不易。钱先生精研探索，常有妙法。谨言与钱先生同道同业，偶有小得。能与先生参研讨论，共勉同进，惺惺相惜，实为此生之幸。

先生不幸先谨言而去。吾辈之人，已亡将亡，俱往矣。后学之进，必超吾辈。然钱先生严于治学，心无旁骛，奉献教育，堪为后世师表。手稿传世，对后辈晚学，必有激励。

敬作简序，悲恸缅怀。

曾谨言

庚子年夏

目录

Contents

数学物理方法

目录 〔3〕

第一章　复变函数 〔5-56〕

§1　复数 …… 7
§2　解析函数 …… 12
§3　初等函数 …… 17
§4　积分 …… 23
§5　台劳级数 …… 29
§6　奇点、罗朗级数 …… 33
§7　留数 …… 41
§8　实积分的计算 …… 47

第二章　数学物理方程引论 〔57-94〕

§9　偏微分方程的物理来源 …… 59
§10　行波(传播波) …… 73
§11　有界弦和驻波 …… 76
§12　分离变量法 …… 80
第二章习题 …… 93

第三章　球函数和柱函数 〔95-152〕

§13　阶乘函数(Γ函数) …… 97

§14 勒上特方程的初步研究 …… 99
§15 二阶线性常微分方程的级数解法 …… 102
§16 勒上特多项式 …… 113
§17 球函数 …… 121
§18 贝塞尔函数 …… 129
§19 柱函数 …… 139
§20 应用贝塞尔函数的简单例子 …… 145
第三章习题 …… 149

第四章 δ函数和非齐次方程的格林函数解法 〔153–176〕

§21 δ函数 …… 155
§22 富氏积分和富氏变换 …… 165
§23 非齐次方程的格林函数解法 …… 167
第四章习题 …… 175

数学补充讲义

（复变函数和特殊函数）

目录 〔179〕

第一章 复变函数 〔181–206〕

§1 复数 …… 183
§2 复变函数 …… 185
§3 幂级数 …… 187
§4 指数函数，三角函数，双曲函数 …… 189
§5 反函数 …… 192
§6 复变积分 …… 194
§7 奇点 …… 199
§8 留数 …… 201

第二章 特殊函数 〔207–258〕

§1 二阶线性常微分方程在正常点附近的幂级数解法 …… 209
§2 正则奇异点附近的解 …… 212
§3 Γ函数 …… 215
§4 超比函数 …… 215
§5 汇合超比函数 …… 217
§6 $\Gamma(z)$，$F(\alpha,\beta,\gamma;z)$和$F(\alpha,\gamma;z)$的回路积分表示法 …… 218

§7　关于正交多项式 …… 222
§8　勒让德多项式 …… 223
§9　联属勒让德多项式 …… 229
§10　厄米多项式 …… 236
§11　贝塞函数和汉开尔函数 …… 238
§12　δ-函数和富利叶积分 …… 245
§13　纵直角坐标换到球坐标 …… 251
§14　柱坐标和抛物坐标 …… 252
量子力学习题 …… 254

后　记〔259〕

数学物理方法

目錄

第一章 复变函数

§1. 复数　　§2. 解析函数

§3. 初等函数　　§4. 积分

§5. 台劳级数　　§6. 奇点、罗朗级数

§7. 留数　　§8. 实积分的计算

第二章 数学物理方程引论（p51）

§9. 偏微分方程的物理来源　　§10. 行波（传播波）

§11. 有界弦和驻波　　§12. 分离变量法

第三章 特殊函数（p87）

§13. Γ阶乘函数　　§14. 勒让德方程的初步研究

§15. 二阶线性常微分方程的级数解法

§16. 勒让德多项式　　§17. 球函数

§18. 贝塞尔函数　　§19 柱函数

§20. 应用贝塞尔函数的简单例子.

第四章 δ函数和非齐次方程的格林函数解法（p143）

§21. δ函数　　§22. 富氏积分和富氏变换

§23. 非齐次方程的格林函数解法

第一章
复变函数

§1 复数
§2 解析函数
§3 初等函数
§4 积分
§5 台劳级数
§6 奇点、罗朗级数
§7 留数
§8 实积分的计算

第一章 複变函数

§1. 复数

众所周知，二次方程式 $az^2+bz+c=0$ 的根为：

$$z=\frac{1}{2a}\left[-b\pm\sqrt{b^2-4ac}\right]$$

当 $b^2\geq 4ac$ 时，z 为实数（这里假定 a,b,c 均实数）；

当 $b^2<4ac$ 时，z 为复数，即 z 中出现 $\sqrt{-1}$，通常以 i 表示之，称为虚单位（实数的单位是1）。

这样，复数 z 的一般（普遍）形式为（注意不要把复数记号 z 和直角坐标中的 z 相混）

$$\boxed{z=x+iy} \tag{1}$$

x，y 为实数（包括0）。x 称为复数 z 的实部，以 $\mathcal{R}(z)$ 表示之，y 称为复数 z 的虚部，以 $\mathcal{I}(z)$ 表示之，即：

$$\mathcal{R}(z)=x,\qquad \mathcal{I}(z)=y \tag{2}$$

如 z 的实部和虚部均为0（$x=0$，$y=0$），则称 z 等于0，写成 $z=0$。

复数的运算法则和实数相同，但遇到 i^2，则以 -1 代替（这是虚数的定义）。对于任何二个复数

$$z_1=x_1+iy_1\quad,\qquad z_2=x_2+iy_2$$

其四则（加、减、乘、除）运算为：

$$z_1\pm z_2=(x_1+iy_1)\pm(x_2+iy_2)=(x_1\pm x_2)+i(y_1\pm y_2) \tag{3}$$

$$z_1z_2=(x_1+iy_1)(x_2+iy_2)=(x_1x_2-y_1y_2)+i(x_1y_2+x_2y_1) \tag{4}$$

$$\frac{z_1}{z_2}=\frac{x_1+iy_1}{x_2+iy_2}=\frac{(x_1+iy_1)(x_2-iy_2)}{x_2^2+y_2^2} \tag{5}$$

和实数一样，在除法运算中，除数（分母）不得为0。

各个复数经过四则运算以后，仍得一复数，故复数自成一域，即复数域。实数可视为复数的虚部等于0时的特例。

1

~~通常，称 $(x-iy)$ 为 $z=x+iy$ 的共轭复数(又称复共轭)，以 z^* 或 $\bar{z}$ 表~~

改 复数既由二个实数组成，故可用平面坐标系中的一个点来表示一个复数。按照习惯，横坐标表示复数的实部，纵坐标表示虚部，如图1所示。实轴各点相应于实数，虚轴上各点相应于纯虚数($z=iy$)，原点相应于 $z=0$，其他各点相应于一般的复数。这种用来表示复数的平面我们将称之为复平面。

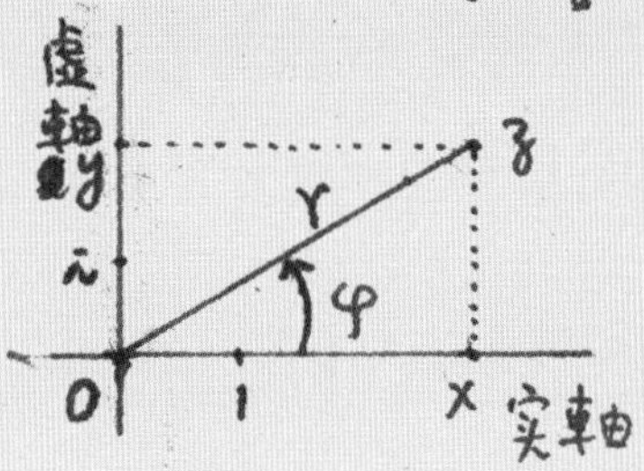

图1

採用这种几何表示法以后，复数很类似于平面向量，特别是，二者的加法规则均符合平行四边形法则，如图2所示(这从加法的定义(3)式很容易看出来)。~~由此，立即得到下列不等式，它们是很有用的：~~

~~$|z_1 \pm z_2| \le \ldots$~~

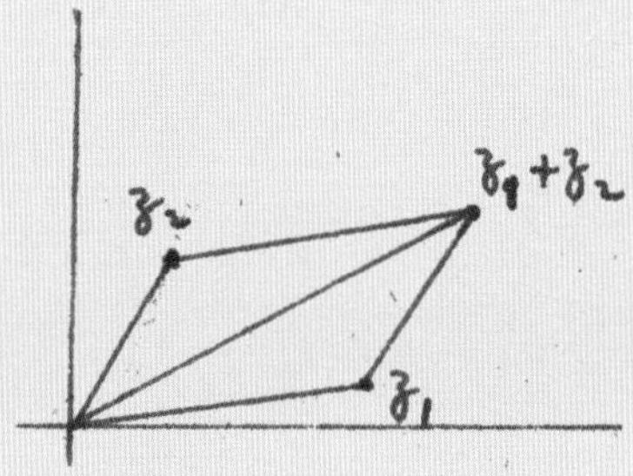

图2

仿照平面向量，我们来定义复数的模和幅角。

~~以 r 和 φ 表示复数 z 的模(又称绝对值)和幅角，如图1所示，其定义为~~

如图1所示，以 r 或 $|z|$ 表示复向量 z 的長度，称之为 z 的模或绝对值，

$$r=|z|=\sqrt{x^2+y^2} \tag{6}$$

以 φ 或 $\arg z$ 表示复向量 z 和实轴的夹角(从 Ox 到 Oz)，称为 z 的幅角，

$$\varphi=\arg z=\tan^{-1}\frac{y}{x} \tag{7}$$

易见，$x=r\cos\varphi$，$y=r\sin\varphi$，因此，(1)式可以重新写成

$$\boxed{z=r(\cos\varphi+i\sin\varphi)=re^{i\varphi}} \tag{8}$$

这里

$$\boxed{e^{i\varphi}=\cos\varphi+i\sin\varphi} \tag{9}$$

為复指数函数(指数为虚数的指数函数)。容易证明，它具有下列性质：

$$e^{i\varphi_1}e^{i\varphi_2}=e^{i(\varphi_1+\varphi_2)} \tag{10}$$

2

$$\frac{d}{d\varphi}e^{i\varphi}=ie^{i\varphi} \tag{11}$$

这和实指数函数完全相似（正因为这样，才称由(9)式定义的函数为复指数函数）。但应注意，当φ取任何实数值时，

$$\boxed{|e^{i\varphi}|=1} \tag{12}$$

这是实指数函数所没有的性质。

如果认为(1)式是复数的平面直角坐标表示，则(8)式可以认为是复数的平面极坐标表示，前者在加(减)法运算中特别有用，后者在乘(除)运算中特别有用。加法的定义已如(3)式所示或图2，由图2立即得到下列不等式：

$$|z_1\pm z_2|\leqslant|z_1|+|z_2| \tag{13}$$

$$|z_1\pm z_2|\geqslant|z_1|-|z_2| \tag{14}$$

它们有时候很有用的。

对于乘法，由(8)式，(10)式，有：

$$z_1z_2=(r_1e^{i\varphi_1})(r_2e^{i\varphi_2})=r_1r_2e^{i(\varphi_1+\varphi_2)}$$

上式告诉我们：二复数相乘时，绝对值相乘，幅角相加（注意向量乘法没有这种结果）。如用公式表示出来，就是：

$$|z_1z_2|=|z_1|\cdot|z_2| \tag{15}$$

$$\arg(z_1z_2)=(\arg z_1)+(\arg z_2) \tag{16}$$

若z自乘n次（n为正整数），显然有：

$$z^n=(re^{i\varphi})^n=r^ne^{in\varphi}=r^n(\cos n\varphi+i\sin n\varphi) \tag{17}$$

和(8)式比较，得到：

$$(\cos n\varphi+i\sin n\varphi)=(\cos\varphi+i\sin\varphi)^n \tag{18}$$

这是著名的德摩公式，利用它，可将$\cos n\varphi$和$\sin n\varphi$展开成$\cos\varphi$和$\sin\varphi$的n次齐次式。

3

对于非整数次幂即 n 不是整数时，我们将以(17)式作为定义来进行计算。

例1. 计算 $(1+\sqrt{3}i)^{\frac{1}{2}}$

解: $1+\sqrt{3}i = 2\left(\cos\frac{\pi}{3}+i\sin\frac{\pi}{3}\right)$, $r=2,\ \varphi=\frac{\pi}{3}$

$$(1+\sqrt{3}i)^{\frac{1}{2}} = \sqrt{2}\left(\cos\frac{\pi}{6}+i\sin\frac{\pi}{6}\right) = \sqrt{\frac{3}{2}}+\sqrt{\frac{1}{2}}\,i$$

即使当 n 取复数值，我们仍将以(17)式作为的定义（§3）

应该注意到，对于一个确定的复数 z（即确定的 x 和 y），其模是单值的，而幅角则是多值的。在上述 $z=1+\sqrt{3}i$ 的例子中，$\arg z$ 可以认为是 $\frac{\pi}{3}$，也可以认为是 $\frac{\pi}{3}+2k\pi$，k 为任何整数。幅角的这种多值性，对于 z 本身的数值并无影响，但对于 z 的非整数次幂，是有影响的。仍以上题为例，考虑到幅角的多值性，应取

$$1+\sqrt{3}i = 2e^{i\left(\frac{\pi}{3}+2k\pi\right)}$$

则

$$(1+\sqrt{3}i)^{\frac{1}{2}} = \sqrt{2}e^{i\left(\frac{\pi}{6}+k\pi\right)} = (-1)^k\sqrt{2}e^{i\frac{\pi}{6}},$$

共有二个值，视 k 为奇、偶而定。

在某些问题中，幅角的多值性应作为一个主要的方面来考虑。但在一般情况下，如无特别的说明，复数的幅角可以了解为是在下列范围内：

$$-\pi<\varphi\le\pi \quad 或 \quad 0\le\varphi<2\pi \qquad (19)$$

即 $|\arg z|\le\pi$，当

即 $|\varphi|\le\pi$，当 z 在上半平面时，φ 取正值，z 在下半平面时，φ 取负值，z 为负实数时，$\varphi=\pi$（即 $-1=e^{i\pi}$）。这些称为幅角的主值

这称为幅角的主值。

在复平面中，对实轴而言，和复数 z 取对称位置的复数，称为 z 的共轭复数（或复共轭），以 z^* 或 $\bar{z}$ 表示之（换言之，如视实轴为镜子，则 z 的像就是 z^*）

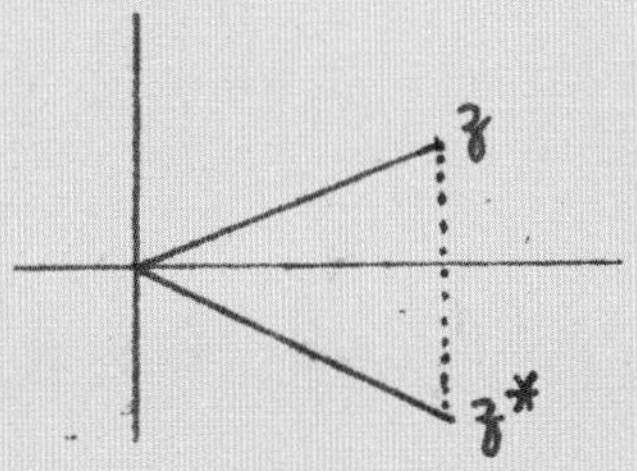

图 3

4

亦即，$$z^* = \bar{z} = x - iy = re^{-i\varphi} \tag{20}$$

显然，在简单情况下（不必考虑幅角的多值性的时候），将一个复数中的 i 换成 $-i$，就得到它的共轭复数。容易证明，

$$\boxed{z^* z = |z|^2} \tag{21}$$

即：复数的绝对值平方等于该复数和它的共轭复数的乘积。

练习：1. z 和 z^* 的模和幅角，有何关系？$z^*/z = ?$

2. 证明 $\left(\frac{z_1}{z_2}\right)^* = \frac{z_1^*}{z_2^*}$；$(z^*)^* = z$.

3. 证明 $i^i = e^{-(\frac{\pi}{2}+2k\pi)}$，又，其主值为何？

4. 满足下列关系的 z 点，位于复平面上何处？

i $|z|>2$，　ii $R(z)>1$　iii $R(z^2)>0$

5. 写出下列复数的平面极坐标表示式（$z=re^{i\varphi}$）：

i，$-i$，iz，-2，$+2$，

通常，将复平面上的无限远点，也当作一个复数，其定义为：

$$\infty = \frac{1}{0} \tag{22}$$

但是应该注意，复数 0 是没有确定的幅角的，因此复数 ∞ 也没有确定的幅角（这是 ∞ 和有限的复数不同之处），其绝对值则为无限大。

5

§2. 解析函数.

如复数 z 可在复平面上某个区域 E 中取任意值，则称 z 为复变数。复变数的函数称为复变函数，区域 E 就是函数的定义域(图4)。定义域的范围视具体情况而定，如无特别说明，则了解定义域为整个复平面，即 $|z|<\infty$

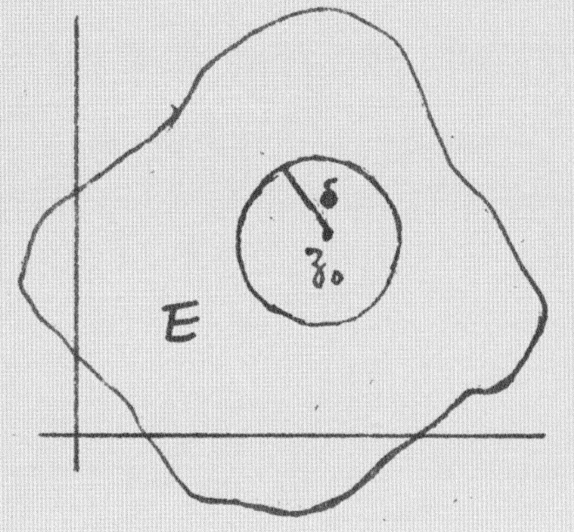

图 4

以 $w=f(z)$ 表示复变函数。显然，在一般情况下，w 本身将(是复数，)同时具有实部和虚部，分别以 u，v 表示之。既然复变数 z 由二个实变数 x,y 组成，则 u 和 v 一般将是 x,y 的实函数，因此，复变函数系由二个二元实变函数组成，其一般形式为：

$$w=f(z)=f(x+iy)=u(x,y)+iv(x,y) \qquad (1)$$

例如，$w=z^2=x^2-y^2+i2xy$，

则 $u=x^2-y^2$，$v=2xy$

又如，$w=z^*=x-iy$，则 $u=x$，$v=-y$

复变函数(区域)中的连续，极限，微商等概念，均可仿照实变函数而述之，如下：以 z_0 为中心，δ 为半径的圆作为边界的区域，称为 z_0 的 δ 邻区(图4)

如在某个区域中 $|f(z)|$ 小于某个常数，则称 $f(z)$ 有界。

当 $z\to z_0$ 时，如 $f(z)\to f(z_0)$，则称 $f(z)$ 在 z_0 处连续。

如极限 $\lim\limits_{z\to z_0}\dfrac{f(z)-f(z_0)}{z-z_0}$ 存在，则称 $f(z)$ 在 z_0 处是解析的(可微的)，并称此极限为 $f(z)$ 在 z_0 处的微商，以 $f'(z_0)$ 或 $f'(z)\big|_{z=z_0}$ 表示之。如以 Δz 表示 $z-z_0$，则 $f(z)$ 的微商由下式决定：

$$w'(z_0)=f'(z_0)=\lim_{\Delta z\to 0}\frac{f(z_0+\Delta z)-f(z_0)}{\Delta z}=\lim_{\Delta z\to 0}\frac{\Delta w}{\Delta z}\Big|_{z=z_0} \qquad (2)$$

6

~~由于……(2)式适用于f(z)微商存在的一切~~

(2)式适用于定义域内f(z)微商存在的一切点，因此也可以省去下标0而写成：

$$w'=f'(z)=\lim_{\Delta z\to 0}\frac{f(z+\Delta z)-f(z)}{\Delta z}=\lim_{\Delta z\to 0}\frac{\Delta w}{\Delta z}=\frac{dw}{dz}\qquad(2')$$

在一般情况下，复变函数微商的求法和实变函数的相同。~~结果亦相同~~。

例1. 求 $w=z^2$ 的微商

解：$$\frac{dw}{dz}=\lim_{dz\to 0}\frac{(z+dz)^2-z^2}{dz}=\lim_{dz\to 0}(2z+dz)=2z$$

从这例子可知，幂函数，多项式，无穷级数等复变函数，……凡是在其中复变数z是整个地出现的函数，其微商的求法和结果都和实函数情况相似。但是，这并不能包括全部的复变函数（例如 $w=z^*=x-iy$）。下面我们就来从一般的角度研究一下复变函数存在微商的条件，同时写出微商的公式更具体的。

先回顾一下实函数的情况。为了微商存在，首先要函数是连续的。但连续函数不一定存在微商，如图5所示的函数，在x_0处就不存在微商。由微商的定义

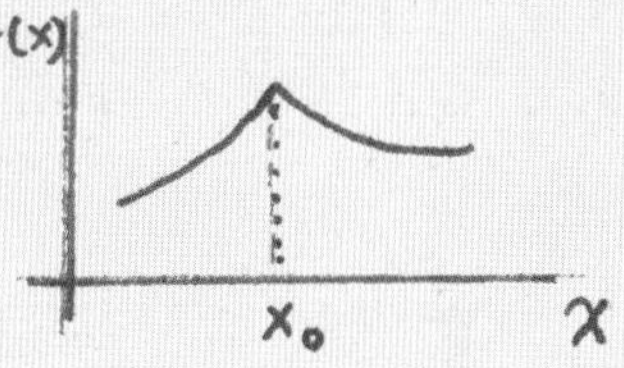

图5

$$f'(x)=\lim_{x\to x_0}\frac{f(x)-f(x_0)}{x-x_0}$$

~~可知，只有在下列情况下，f(x)在x_0处的微商才存在~~

可知，为了微商存在，上式的左极限（x从左趋于x_0）和右极限（x从右趋于x_0）必须分别存在而且相等。考虑到x趋于x_0的方向一共只有二个，因此，微商存在的条件可以表述为：当x从任何方向趋于x_0时，$\frac{f(x)-f(x_0)}{x-x_0}$趋于唯一的极限。

~~对于复变函数，变数z可以从无限多个……趋于定点……~~

回到复数的情况。变数z的微小变化dz等于：

$$dz=dx+i\,dy\qquad(3)$$

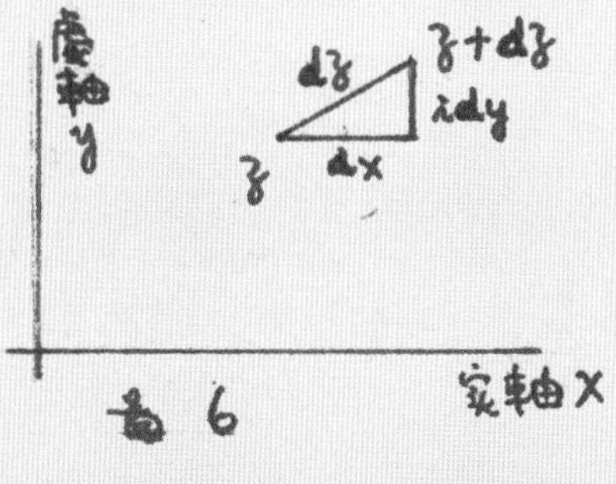

图6

其中dx和dy可取任何比例（图6）。当z沿

7

实轴的方向变化时，$dy=0$．z沿虚轴的方向变化时，$dx=0$．这是二种基本情况，一般情况可认为是这二种情况的组合。因此，微商 $f'(z)$ 存在的必要条件是，当 $dx=0$ 和 $dy=0$ 时，(2)式右端取相同的极限值。

i $dy=0$，$dz=dx$，

$$dw \doteq \frac{\partial w}{\partial x}dx \doteq \frac{\partial u}{\partial x}dx + i\frac{\partial v}{\partial x}dx$$

$$\frac{dw}{dz} = \frac{\partial u}{\partial x} + i\frac{\partial v}{\partial x} \qquad (4)$$

ii $dx=0$，$dz=i\,dy$，

$$dw \doteq \frac{\partial w}{\partial y}dy \doteq \frac{\partial u}{\partial y}dy + i\frac{\partial v}{\partial y}dy$$

$$\frac{dw}{dz} = \frac{\partial v}{\partial y} - i\frac{\partial u}{\partial y} \qquad (5)$$

(4)式和(5)式应该相等，因此，

$$\boxed{\frac{\partial u}{\partial x} = \frac{\partial v}{\partial y}, \quad \frac{\partial u}{\partial y} = -\frac{\partial v}{\partial x}} \qquad (6)$$

这就是复变函数 $w=u+iv$ 存在微商的条件，称为哥西-黎曼条件（简写为C-R条件）。反之，若 w 满足C-R条件，则不管 dx，dy 取何比例，均有：

$$\frac{dw}{dz} = \frac{du+i\,dv}{dx+i\,dy} = \frac{\left(\frac{\partial u}{\partial x}dx + \frac{\partial u}{\partial y}dy\right) + i\left(\frac{\partial v}{\partial x}dx + \frac{\partial v}{\partial y}dy\right)}{dx+i\,dy}$$

$$= \left(\frac{\partial u}{\partial x} + i\frac{\partial v}{\partial x}\right) \text{或} \left(\frac{\partial v}{\partial y} - i\frac{\partial u}{\partial y}\right)$$

这正好就是 w 的微商(4)或(5)式。故C-R条件是复变函数存在微商的必要及充分条件，亦即是解析函数的必要及充分条件。

若将(6)式再微分一次，易得：

$$\left.\begin{aligned}\left(\frac{\partial^2}{\partial x^2}+\frac{\partial^2}{\partial y^2}\right)u=0\\ \left(\frac{\partial^2}{\partial x^2}+\frac{\partial^2}{\partial y^2}\right)v=0\end{aligned}\right\} \qquad (7)$$

这恰好是平面拉普拉斯方程。

由上面的分析可知，决非任何复函数均为解析函数（可微函数），构成解析函数的实部和虚部的二个函数必须分别满足平面拉普拉斯方程，这种函数称为调和函数。但是，并非

8

任何二个调和函数均可组合成一个复变解析函数，调和函数 u 和 v，作为复变解析函数的实部和虚部，还必须满足 C-R 条件，根据这个条件，如果知道了实部 u，就可以求得虚部 v，反之亦然。因为

$$v=\int dv=\int\left(\frac{\partial v}{\partial x}dx+\frac{\partial v}{\partial y}dy\right)$$

利用 C-R 条件，得到：

$$v=\int\left(-\frac{\partial u}{\partial y}dx+\frac{\partial u}{\partial x}dy\right)\qquad(8)$$

给定了 u（u 必须是调和函数！），由(8)式就可以求得 v。

例2. 已知解析函数 w 的实部为 $u=x^2-y^2$，求 w.

解：容易验明，u 的确是调和函数。第二步，利用(8)式求虚部 v，

$$v=\int(2y\,dx+2x\,dy)=\int d(2xy)=2xy+c$$

$$w=u+iv=(x^2-y^2)+i2xy+c=z^2+c$$

c 为某个常数。

在某些特殊问题中（例如流体动力学的某些问题），从物理上的考虑可以断定要确定的解析函数 w 是个多项式或有理分式，而且各项的系数均为实数（如 $w=z+\frac{1}{z}$，$2+z+z^2$ 之类）。在这种情况下，知道了它的实部 u，可以极简单地把 w 定出来。以多项式为例，设

$$w=f(z)=c_0+c_1z+\cdots+c_nz^n,\quad c_n\text{ 们为实数。}$$

则 $f(x)=c_0+c_1x+\cdots+c_nx^n$，为实函数。

但 $f(z)=f(x+iy)=u(x,y)+iv(x,y)$，

令 $y=0$，$f(x)=u(x,0)+iv(x,0)$

由于 $f(x)$ 为实函数，故 $v(x,0)$ 一定等于 0，而 $f(x)=u(x,0)$，这样，知道了实部 $u(x,y)$，令 $y=0$，立即得到 $f(x)$，将 x 换成 z，就得

9

到 $f(z)$，亦即 w。当然，应用这个方法的先决条件之事先就可以肯定 w 具有开始时所指出的那些性质。无论如何，这个方法至少可以作为一种辅助性的方法，和(8)式结合使用。当知道了待定的解析函数 w 的实部 u 时，可先用本法作出一个函数 $f(z)$ 来，如 $f(z)$ 的确是解析的(而且其实部的确等于 u)，则它就是所要寻找的函数，如 $f(z)$ 不是解析函数(或其实部不等于给定的实部 u)，则就要用(8)式去确定 w 的虚部 v，从而得到 $w = u+iv$。

例3. 已知解析函数 w 的实部为 $u(x,y) = x + \frac{x}{x^2+y^2}$，求 w。

解：先试第二种方法，$f(x) = u(x,0) = x + \frac{1}{x}$，　$f(z) = z + \frac{1}{z}$，

这是一个解析函数(而且其实部的确等于 $x+\frac{x}{x^2+y^2}$)，故知 $w = f(z) = z + \frac{1}{z}$.

如用第一种方法来做，要繁得多。

例4. 已知解析函数 w 的实部为 $u(x,y) = x+y$，则由第一法求得 $v = y-x$，　$w = (x+y) + i(y-x) = (1-i)z$，而由第二法得到 $f(x) = x$，　$f(z) = z$，其实部为 x，与给定的 $u = x+y$ 不符，其原因为 w 中 z 的系数是 $1-i$，不是实数。

最后，我们指出 C-R 条件的极坐标形式，这在实际运算中是很有用的。用极坐标时，$u = u(r,\varphi)$，　$v = v(r,\varphi)$，　C-R条件为：

$$\boxed{\frac{\partial u}{\partial r} = \frac{1}{r}\frac{\partial v}{\partial \varphi}, \quad \frac{\partial v}{\partial r} = -\frac{1}{r}\frac{\partial u}{\partial \varphi}} \tag{9}$$

微商公式为：

$$\frac{dw}{dz} = \left(\frac{\partial u}{\partial r} + i\frac{\partial v}{\partial r}\right)e^{-i\varphi} = \frac{1}{ir}\left(\frac{\partial u}{\partial \varphi} + i\frac{\partial v}{\partial \varphi}\right)e^{-i\varphi} \tag{10}$$

练习：1. 如 $z \to z_0$ 时，$|f(z)| \to |f(z_0)|$，$f(z)$ 是否一定在 z_0 处连续？举例说明你的论断。

2. 试判断 $w = |z|$ 是否解析函数(答：否)

10

§3、初等函数

~~§3. 指数函数，三角函数，对数函数和幂函数.~~

在本节我们来研究几种常用的初等函数，它们是研究高等函数的基础。和实变函数一样，在复变函数中，指数函数具有特殊的重要性，因此就从它来开始。在实变函数中，指数函数的基本性质是：

$$e^x=\lim_{n\to\infty}\left(1+\frac{x}{n}\right)^n \tag{1}$$

$$e^x=1+\frac{x}{1!}+\frac{x^2}{2!}+\cdots=\sum_{n=0}^{\infty}\frac{x^n}{n!} \tag{2}$$

$$\frac{d}{dx}e^x=e^x \tag{3}$$

$$e^{x_1}e^{x_2}=e^{x_1+x_2} \tag{4}$$

一般，以(1)式作为定义。将(1)式展开，就得到(2)式，因此它们是等价的。(2)式是一个一致收敛级数，逐项微分，就得到(3)式；反之，满足(3)式的函数（即 $f'(x)=f(x)$），其台劳级数展开式一定是(2)式，因此(2)和(3)也是等价的。总之，(1),(2),(3)式是等价的，而(4)式则是一切指数函数的基本性质。

推广到复数的情形，我们来看看复变指数函数 e^z 应该如何定义。作为最严格的定义，可将(2)式中的 x 换成 z（z 为任何复数）而得到，即定义

$$e^z=1+\frac{z}{1!}+\frac{z^2}{2!}+\cdots=\sum_n\frac{z^n}{n!}$$

原则上说，给定了任何 z 值，由上式可计算 e^z 至任何精确度。但实际上，这样计算未免太烦，亦即上式缺乏实用价值，因此我们不从它出发。~~在§1中，我们已经初步认识了把三角函数和复指数函数联系起来的尤拉公式 $e^{iy}=\cos y+i\sin y$，可把 y 换成 y 是实数。由于 $z=x+iy$，~~

11

我们首先希望复变指数函数也具有类似于(4)式的性质，即

$$e^{z_1}e^{z_2}=e^{z_1+z_2} \tag{5}$$

其中 z_1, z_2 为任何复数。由于 $z=x+iy$，则 e^z 应该定义成：

$$e^z=e^x e^{iy}$$

e^x 是普通的实函数，e^{iy} 可以依照§1(9)式，定义成

$$e^{iy}=\cos y+i\sin y, \tag{6}$$

这样，我们就得到指数函数的定义：

$$e^z=e^x(\cos y+i\sin y)=e^x e^{iy} \tag{7}$$

给定了任何 z 值($z=x+iy$)，利用三角函数表和指数函数表，可以很快计算出 e^z 的数值。e^z 也常写成 $\exp(z)$，这样写当 z 的形式复杂时比较方便。

由(6)式易证：

$$e^{iy_1}e^{iy_2}=e^{i(y_1+y_2)}$$

则，对于任二复数 $z_1=x_1+iy_1$，$z_2=x_2+iy_2$，有：

$$e^{z_1}e^{z_2}=e^{x_1}e^{iy_1}e^{x_2}e^{iy_2}=e^{x_1+x_2}e^{i(y_1+y_2)}=e^{z_1+z_2}.$$

这正是我们希望它满足的基本性质(5)式

其次，由(7)式得到 e^z 的实部和虚部为

$$u=e^x\cos y, \quad v=e^x\sin y$$

容易验明，这是符合 C-R 条件的，因此 e^z 是解析函数，其微商为：

$$\frac{d}{dz}e^z=\frac{\partial u}{\partial x}+i\frac{\partial v}{\partial x}=$$

$$=e^x\cos y+ie^x\sin y=e^z$$

这样，我们得到指数函数的第二条重要性质：

$$\frac{d}{dz}e^z=e^z \tag{8}$$

12

再来研究复变三角函数。实变函数中，三角函数是根据直观的几何图形定义的，这个办法现在自然不适用。我们从(6)式，即著名的欧拉公式出发来定义复变三角函数。将(6)式

$$e^{iy}=\cos y+i\sin y \qquad (6)$$

中 y 换成 $-y$，则得

$$e^{-iy}=\cos y-i\sin y \qquad (6')$$

~~y 是实数。如果我们把(6)和(6')推广到复数域中去，即，当 y 换成任何复数 z 时，我们认为上二式仍然成立，则将~~

二式相加和相减，得到：

$$\cos y=\frac{1}{2}\left(e^{iy}+e^{-iy}\right) \qquad (9)$$

$$\sin y=\frac{1}{2i}\left(e^{iy}-e^{-iy}\right) \qquad (10)$$

这里 y 是实数。如果认为当 y 为复数时，(9)和(10)式仍旧成立，则我们就得到复变三角函数的定义：

$$\boxed{\begin{aligned}\cos z&=\frac{1}{2}\left(e^{iz}+e^{-iz}\right) \qquad (11)\\ \sin z&=\frac{1}{2i}\left(e^{iz}-e^{-iz}\right) \qquad (12)\end{aligned}}$$

二式相加或相减，可得：

$$\boxed{\begin{aligned}e^{iz}&=\cos z+i\sin z \qquad (13)\\ e^{-iz}&=\cos z-i\sin z \qquad (14)\end{aligned}}$$

(11)—(14)式均称为欧拉公式，(6)，(6')，(9)和(10)式则是 z 为实数的特殊情况。

可以证明，这样定义的三角函数，仍然具有实变三角函数的许多基本性质。例如，将(13)和(14)式相乘，得到：

$$\boxed{\cos^2 z+\sin^2 z=1} \qquad (15)$$

对(11)和(12)式微分，得到：

$$\boxed{\frac{d}{dz}\sin z=\cos z,\quad \frac{d}{dz}\cos z=-\sin z} \qquad (16)$$

13

将(11)和(12)式中 z 换成 $-z$，有：

$$\cos(-z)=\cos z,\quad \sin(-z)=-\sin z \tag{17}$$

即 $\cos z$ 为 z 的偶函数，$\sin z$ 为 z 的奇函数。

(6)式中令 y 分别等于 $\pm\frac{\pi}{2}, \pm\pi, \pm 2\pi$，得到：

$$\boxed{e^{\pm i\frac{\pi}{2}}=\pm i,\quad e^{\pm i\pi}=-1,\quad e^{\pm i2\pi}=1} \tag{18}$$

这些公式经常用到，必须牢记。

将(11)或(12)式和(18)式结合起来，容易得到：

$$\sin\left(\frac{\pi}{2}+z\right)=\cos z \tag{19}$$

$$\cos\left(\frac{\pi}{2}+z\right)=-\sin z \tag{19'}$$

$$\sin(z\pm 2\pi)=\sin z,\quad \cos(z\pm 2\pi)=\cos z \tag{20}$$

(20)式表明三角函数是周期函数，周期 2π。代入(13)式，得到

$$e^{i(z\pm 2\pi)}=e^{iz} \tag{21}$$

即 e^{iz} 亦是周期函数，周期 2π。

其他三角函数均可由 $\sin z$ 和 $\cos z$ 组成，例如

$$\tan z=\frac{\sin z}{\cos z},\quad \cot z=\frac{\cos z}{\sin z} \tag{22}$$

$$\sec z=\frac{1}{\cos z},\quad \csc z=\frac{1}{\sin z} \tag{23}$$

有关的三角恒等式在这里仍然成立。微商公式也同样成立。

在结束三角函数的研究时，应该指出，实三角函数中那些完全取决于直观几何图形的性质，对于复变三角函数并不一定成立。如实函数中有

$$|\sin x|\leq 1,\quad |\cos x|\leq 1$$

而对于复函数，则有：

$$\cos i=\frac{1}{2}(e+e^{-1})=1.543>1$$

~~$\sin i=\frac{1}{2i}(e^{-1}-e)=$~~

14

指数函数 e^z 的反函数，就是对数函数 $\ln z$。我们先来研究一下对数函数的一般性质。根据反函数的一般概念，

~~设 $w_1=\ln z_1$，则 $z_1=e^{w_1}$~~

设 $w_1=\ln z_1$，$w_2=\ln z_2$

则 $z_1=e^{w_1}$，$z_2=e^{w_2}$

相乘，得到 $z_1z_2=e^{w_1}e^{w_2}=e^{(w_1+w_2)}$

取反函数，得：$w_1+w_2=\ln z_1z_2$

但由上设，w_1+w_2 应等于 $\ln z_1+\ln z_2$，因此：

$$\boxed{\ln(z_1z_2)=\ln z_1+\ln z_2} \tag{24}$$

这里 z_1 和 z_2 是任意复数。

~~其次，若 $w=e^z$，则 $z=\ln w=\ln(e^z)$~~

其次，若 $w=\ln z$，则 $z=e^w$，再代回去，得：

$$\boxed{w=\ln(e^w)} \tag{25}$$

这是一个恒等式，对任何 w 均适合。同样，可证

~~同理~~

$$\boxed{w=e^{\ln w}} \tag{26}$$

现在来研究 $\ln z$ 的具体形式。在平面极坐标系表示法中，

$$z=re^{i\varphi} \tag{27}$$

代入(24)，并用(25)式，得到：

$$\boxed{\ln z=\ln r+i\varphi} \tag{28}$$

亦即：

$$\ln z=\ln|z|+i\arg z \tag{29}$$

注意 z 可为任何复数，因此(29)式中 z 换成任何函数 w 时，仍旧成立：

$$\boxed{\ln w=\ln|w|+i\arg w} \tag{30}$$

由(28)式，利用 C-R 条件的极坐标形式容易知道 $\ln z$ 是解析函数(但

15

原点($r=0$)除外)，并求得其导数为：

$$\frac{d}{dz}\ln z = \frac{1}{z} \qquad (31)$$

注意 z 的幅角 φ（即 $\arg z$）是多值的，因此 $\ln z$ 是多值函数，当 z 沿反时针方向绕原点一周时，φ 增加 2π，$\ln z$ 的值增加 $2\pi i$。如果规定 φ 为表示幅角的主值，则 $\ln z$ 的多值性可以表示成：

$$\ln z = \ln r + i(\varphi + 2n\pi) \qquad (28)$$

$$n = 0, \pm 1, \pm 2, \cdots$$

幂函数 z^a [illegible] 的 [illegible] 极坐标形式是

$$z^a = (re^{i\varphi})^a = (e^{\ln r} e^{i\varphi})^a$$

$$= e^{a(\ln r + i\varphi)} = e^{a\ln z}$$

幂函数 z^a，当 a 取任何复数时，可以定义成：

$$z^a = (e^{\ln z})^a = e^{a\ln z} \qquad (32)$$

由(28)式，

$$z^a = e^{a(\ln r + i\varphi)} \qquad (33)$$

z^a 也是一个多值函数，当绕原点一周时，φ 增加 2π，z^a 中增加因子 $e^{i2\pi a}$。当 a 为整数时，$e^{i2\pi a}=1$，z^a 为单值函数。

结束本节时，如果回顾一下，就很有趣地发现，一切初等函数都可以通过指数和对数函数表示出来，而后者是多值函数。因此（在复变函数论中），函数的多值性常被作为一个重要的方面被考虑。（见§15）

练习：
1. 将(1)式展开，证明(2)式。
2. 计算 $\ln(-1)$，$\ln i$，
3. $e^{z^*} = e^{x-iy}$ 是否解析函数？
4. 当 z 沿着各方向趋于 ∞ 时，e^z 的极限是否存在？

16

§4. 积分

复变函数 $f(z)$ 沿着复平面上曲线 AB 的积分是：

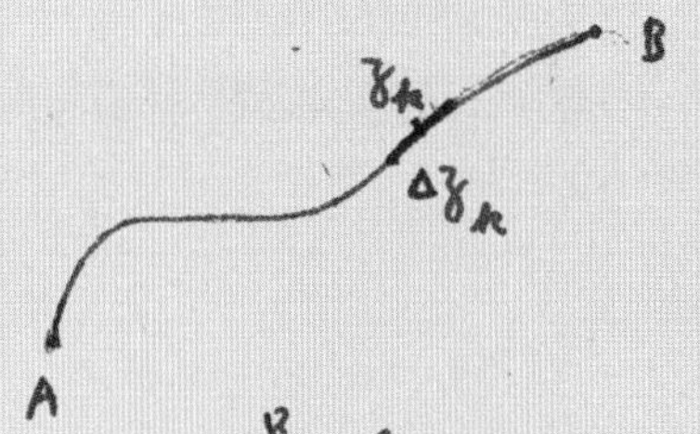

图 6

$$\int_{AB} f(z)\,dz = \lim_{\Delta z_k\to 0}\sum_k f(z_k)\,\Delta z_k \qquad (1)$$

其中 Δz_k 是曲线 AB 的弧元素（小线段），z_k 是 Δz_k 上任意一点。无疑，只要 $f(z)$ 有限，分段连续，则其积分总是存在的。

根据(1)式的定义，显然有下列结论：

1. 如沿着相反的路线，则积分的值变号。

2. 如曲线 AB 分成线段，$AB=AC+CD+DB$，则可以分段积分：

$$\int_{AB} f(z)\,dz = \int_{AC} f(z)\,dz + \int_{CD} f(z)\,dz + \int_{DB} f(z)\,dz$$

3. 对于任何常数 a（可以是复数），下式成立：

$$\int_{AB} a f(z)\,dz = a\int_{AB} f(z)\,dz$$

4. $$\int_{AB}\left[f_1+f_2+\cdots+f_n\right]dz = \int_{AB} f_1\,dz + \int_{AB} f_2\,dz + \cdots + \int_{AB} f_n\,dz$$

5. $$\left|\int_{AB} f(z)\,dz\right| \le \int_{AB} |f(z)\,dz| = \int_{AB} |f(z)|\,dl \qquad (2)$$

dl 为弧元素 dz 的绝对值。如在弧上 $|f(z)|$ 的最大值为 M，弧的总长为 l，则

$$\left|\int_{AB} f(z)\,dz\right| < Ml \qquad (3)$$

对于物理问题，线积分的值常常只和起终点有关而与路径无关。下面我们来研究一下，在复变函数论中，对于这个问题有什么结论。

注意到 $f(z)=u(x,y)+iv(x,y)$，$dz=dx+i\,dy$，则就得到：

$$\int_{AB} f(z)\,dz = \int_{AB}(u\,dx - v\,dy) + i\int_{AB}(v\,dx + u\,dy) \qquad (4)$$

如果积分的值只和起终点有关，与路径的选择无关，则沿着闭曲线 C 的积分必为 0。

17

如果 u 和 v 存在连续的一阶偏微商，则根据线积分的格林公式，对于沿闭曲线 C 的积分等于：

$$\oint_C (v\,dx + u\,dy) = \iint_E \left(\frac{\partial u}{\partial x} - \frac{\partial v}{\partial y}\right) dx\,dy$$

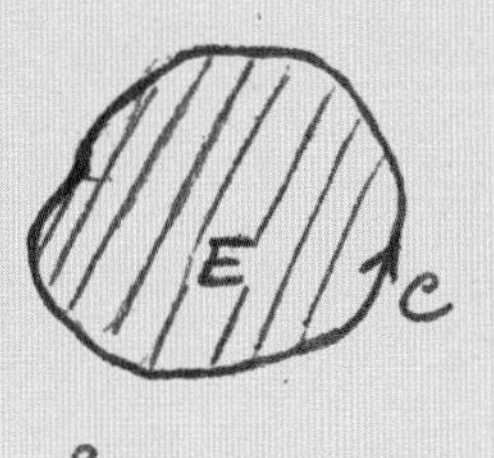

图7

以 $-v$ 代 u，u 代 v，又得到

$$\oint_C (u\,dx - v\,dy) = \iint_E \left(\frac{\partial v}{\partial x} + \frac{\partial u}{\partial y}\right) dx\,dy$$

因此，

$$\oint_C f(z)\,dz = \iint_E \left[\left(\frac{\partial v}{\partial x} + \frac{\partial u}{\partial y}\right) + i\left(\frac{\partial u}{\partial x} - \frac{\partial v}{\partial y}\right)\right] dx\,dy \qquad (5)$$

如果在区域 E 中，$f(z)$ 是解析函数（这句话的意思是，对于 E 中每一点，$f(z)$ 的微商存在），则根据 C-R 条件，(5) 式右端被积函数等于 0。至此，我们已经证明了著名的哥西定理：若 $f(z)$ 是以闭曲线 C 为边界的区域 E 内的解析函数，则

$$\boxed{\oint_C f(z)\,dz = 0} \qquad (6)$$

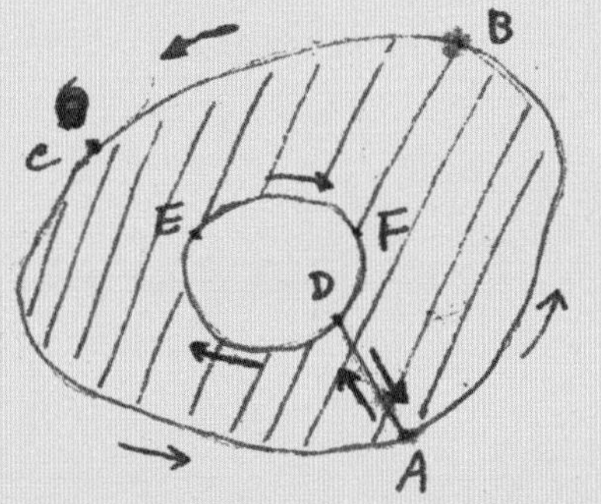

图8

这里的"区域"一般指简单的单连通区(图7)，边界线以逆时针方向为正方向（这相当于沿着边界前进时，区域位在左边）。

对于图8所示的复连通区，只要添一条辅助线 AD，则就可以当作单连通区，其边界为 ABCADEFDA，由此可知，哥西定理对于复连通区也适用，但积分应对于所有边界线进行，外边界以逆时针方向为正方向，内边界以顺时针方向为正方向（即沿着边界线前进时，区域在边界的左边）。必须引入复连通区概念的理由

18

是有奇点的函数，一般讲它们是解析函数，但在个别的点，它们是不解析的，这些点应该不包括在它们的定义域内，结果，这些函数的定义域就是一个复连通区。也可能有这样的情况，函数 $f(z)$ 在某个区域中有定义，但对于其中一个小区域，$f(z)$ 没有定义，结果 $f(z)$ 的定义域也是一个复连通区。例如水的理想二维流动，可以通过复变函数（解析）来描写，如水中有一物体，则在物体所占的区域，因为根本没有水，当然就不应该包括在函数的定义域中。

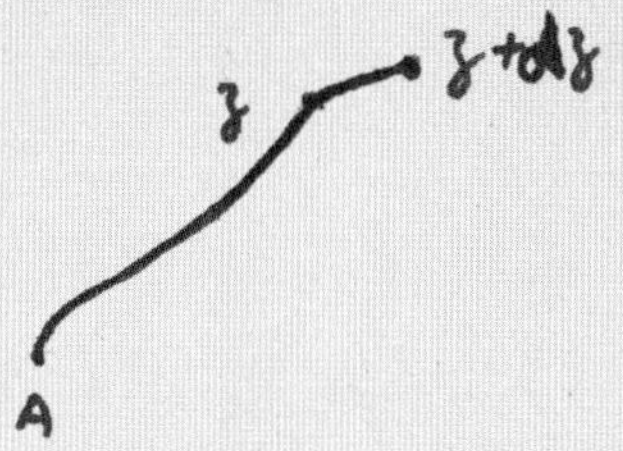

图9

当 $f(z)$ 是解析函数时，线积分的值仅决定于起点和终点，与路径无关。这时，如果固定起点 A，而让终点 z 可变（图9），则积分后得到一个 z 的函数：

$$\int_A^z f(z)\,dz = F(z) \qquad (7)$$

如积分路线的终点改为 $z+dz$，则得：

$$\int_A^{z+dz} f(z)\,dz = \int_A^z f(z)\,dz + \int_z^{z+dz} f(z)\,dz = F(z+dz)$$

当 $dz\to 0$ 时，在 $\int_z^{z+dz}$ 中 $f(z)$ 可视为常数，则得：

$$dF = F(z+dz) - F(z) = f(z)\,dz\,,$$

$$\frac{dF}{dz} = f(z) \qquad (7')$$

即 $F(z)$ 为 $f(z)$ 的原函数。当然，原函数 $F(z)$ 中将包括一个不定常数，它取决于积分路线起点的选择。在存在原函数的情况下，线积分的值可以由原函数在曲线二端的值表示出来：

$$\int_{AB} f(z)\,dz = F(B) - F(A) \qquad (8)$$

使用(8)式时，应该注意原函数 $F(z)$ 可能具有的多值性质。

19

例：计算 $f(z)=\frac{1}{z}$ 沿着上半个单位圆（图10）的积分

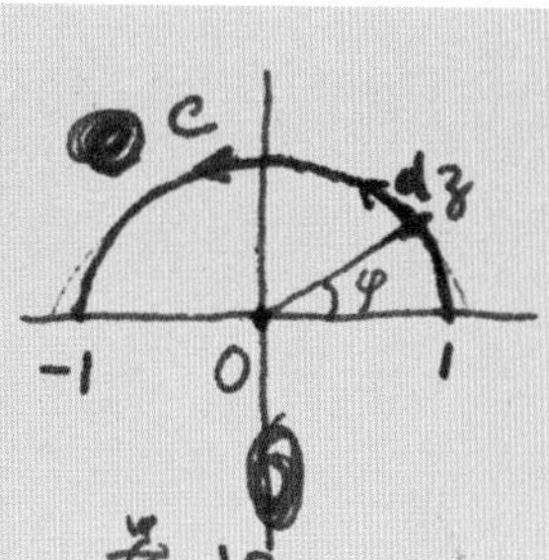

图10

解：在单位圆上 $r=1$，$z=e^{i\varphi}$，

$$dz = de^{i\varphi} = ie^{i\varphi}d\varphi$$

$$\int_C \frac{1}{z}dz = \int_{\varphi=0}^{\pi} e^{-i\varphi}\cdot ie^{i\varphi}d\varphi = i\pi$$

或者，由原函数 $\ln z$，求得：

$$\int_C \frac{1}{z}dz = \ln(-1) - \ln 1 = \pi i\ ,$$

这里，已经注意到在这个问题中 $z=1$ 的幅角为0，$z=-1$ 的幅角是π，$\ln 1 = 0$，$\ln(-1)=\pi i$

柯西定理。这是复变函数论中最重要的内容，它实质上反映了解析函数的全部性质，根据柯西定理，可以很容易地得到解析函数的一系列重要性质。下面我们就来依次进行。

设 $f(z)$ 为某一区域内的解析函数，区域的边界为 C。作一个函数 $\frac{f(z)}{z-z_0}$，z_0 为区域内任意一个内点（即 z_0 不在边界上），则除 $z=z_0$ 以外，这个函数是解析函数。以 z_0 为中心，r 为半径作一小圆 C_1 把 z_0 点包起来，如图11，则在以 C 为外界，C_1 为内界的复连通区中，$f(z)/(z-z_0)$ 是解析函数，因此，根据柯西定理，

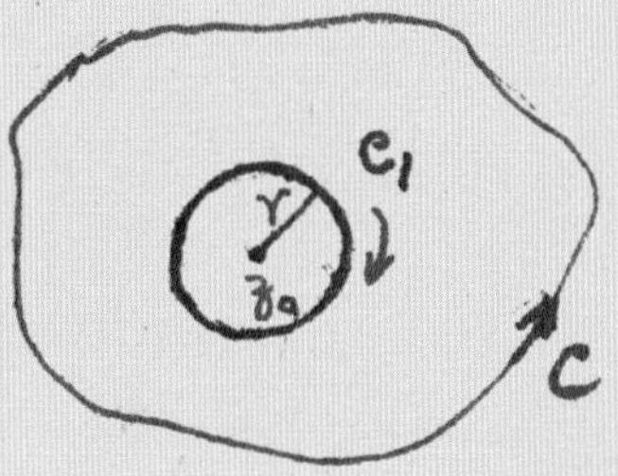

图11

$$\oint_C \frac{f(z)}{z-z_0}dz + \oint_{C_1}\frac{f(z)}{z-z_0}dz = 0$$

由于 C_1 的半径 r 很小（事实上，可令 $r\to 0$ 上式仍旧成立），第二项中 $f(z)$ 可视为常数，用 $f(z_0)$ 代替，而 $z-z_0=re^{i\varphi}$，$dz=re^{i\varphi}id\varphi$，因此，

$$\oint_{C_1}\frac{f(z)}{z-z_0}dz = f(z_0)\oint_{C_1} id\varphi = -2\pi i f(z_0)$$ （注意 C_1 的方向！）

20

代入上式，即得：

$$f(z_0)=\frac{1}{2\pi i}\oint_c \frac{f(z)}{z-z_0}dz \qquad (9)$$

这称为哥西积分公式，它的意思是，解析函数在区域内某一点的值，可由区域边界上的值求得。注意，若 c 不是区域的边界，而是区域内任何一条封闭曲线，上式仍然成立。~~由哥西积分公式可以引导到下列重要结论：调和函数在某一个圆上的平均值，等于它在圆心的值。这个结论留给读者自己去证明。~~

~~(9)式中，若令 z_0 稍有改变一点，变成 $z_0+\Delta z$，则得：~~

$$f(z_0+\Delta z)=\frac{1}{2\pi i}\oint_c \frac{f(z)}{z-z_0-\Delta z}dz$$

~~和(9)式相减，得到：~~

$$f(z_0+\Delta z)-f(z_0)=\frac{1}{2\pi i}\oint_c \frac{f(z)\,dz\cdot\Delta z}{(z-z_0-\Delta z)(z-z_0)}$$

~~令 $\Delta z\to 0$，~~

~~二端除以 Δz，并令 $\Delta z\to 0$，即得：~~

(9)式对 z_0 微分，得到：

$$f'(z_0)=\frac{1}{2\pi i}\oint_c \frac{f(z)}{(z-z_0)^2}dz \qquad (10)$$

~~注意一下(10)式导出的过程，可知它相当于在(9)式右端积分号下求微分。~~

同样的手续也适用于(10)式，则就可依次求得 $f(z)$ 在 z_0 点的各级微商公式：

$$f^{(n)}(z_0)=\frac{n!}{2\pi i}\oint_c \frac{f(z)}{(z-z_0)^{n+1}}dz \qquad (11)$$

(11)式表明，$f(z)$ 在区域的内点 z_0 存在各级微商，其值决定于 $f(z)$ 在边界上的值。

(9)式中，若取 c 为以 z_0 为中心的一个圆，半径 r_0，则在圆上 $|z-z_0|=r_0$，$|dz|=r_0d\varphi$，再以 M 表示 $f(z)$ 在圆上的最大值，则得：

$$|f(z_0)|\le\left|\frac{1}{2\pi i}\right|\oint_c\left|\frac{f(z)}{z-z_0}dz\right|<\frac{M}{2\pi}\oint_c\frac{r\,d\varphi}{r}=M$$

$$|f(z_0)|\le\left|\frac{1}{2\pi i}\right|\oint_c\left|\frac{f(z)}{z-z_0}\right||dz|<\frac{1}{2\pi}\frac{M}{r_0}\cdot 2\pi r_0=M \qquad (12)$$

$$|f(z_0)|=\frac{1}{2\pi}\left|\oint_c\frac{f(z)}{z-z_0}dz\right|\le\frac{1}{2\pi}\oint_c\left|\frac{f(z)}{z-z_0}\right||dz|<\frac{1}{2\pi}\frac{M}{r_0}2\pi r_0=M。 \qquad (12)$$

21

即$|f(z)|$在某一圆心的值，小于$|f(z)|$在圆周上的最大值。这称为最大模值定理。同样地，由(10)和(11)式得到：

$$|f'(z_0)| \le \frac{M}{r_0}, \quad |f^{(n)}(z_0)| \le \frac{M\,n!}{r_0^n} \qquad (13)$$

由(12)式可知，对于解析函数定义域中任一内点，$|f(z)|$不能为极大，因此$|f(z)|$的极大值必定在边界上。因此，(12)式中的M也可以理解为$|f(z)|$在边界上的最大值，(13)式也一样，同时r_0可以理解成由z_0到边界的最近距离。

(13)式通常称为哥西不等式，由它立刻可以得到下列刘维定理：如果$f(z)$对于复平面上所有的点都是解析的，而且是有界的，则$f(z)$必为常数。证明很简单：在定理所假条件下，$|f(z)| < M$，而$r_0 = \infty$，因此由(13)式得$|f'(z_0)| = 0$，即$f'(z_0) = 0$，由于z_0可任意选，故$f'(z) = 0$，$f(z)$为常数。

（这种函数称为整函数）

由刘维定理可知，在整个复平面上定义的解析函数，当$|z| \to \infty$时，$|f(z)|$（除常数外）总会趋于∞的。注意实变函数并无这个性质。

练习：

1. 对于下列区域，试添上适当的辅助界线，将之变成单连通区，从而确定各条边界线的正方向。通过这练习，能否对于边界线的正方向作出一般性的结论？

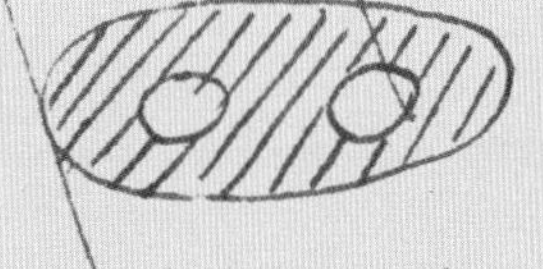

2. (5)式适用于什么情况？
3. 试研究当z沿单位圆$|z|=1$进行时，函数$\frac{1}{z+\frac{1}{2}}$和$\frac{1}{z+2}$幅角的变化，$\ln(z+2)$的虚部的变化。
4. ~~试举一例说明在$f(z)$~~是解析的区域的内点，$|f(z)|$可以有极小值。

22

§5. 台劳级数

下列级数称为以 z_0 为中心的幂级数：

$$a_0+a_1(z-z_0)+a_2(z-z_0)^2+\cdots \qquad (1)$$

由于幂级数在它的收敛区域内代表一个解析函数，因此幂级数的研究是复变函数论的一个重要方面。

复变函数论中关于幂级数的许多定理大体上和实变函数中的相同，我们不再去逐条证明，而只是扼要叙述如下：

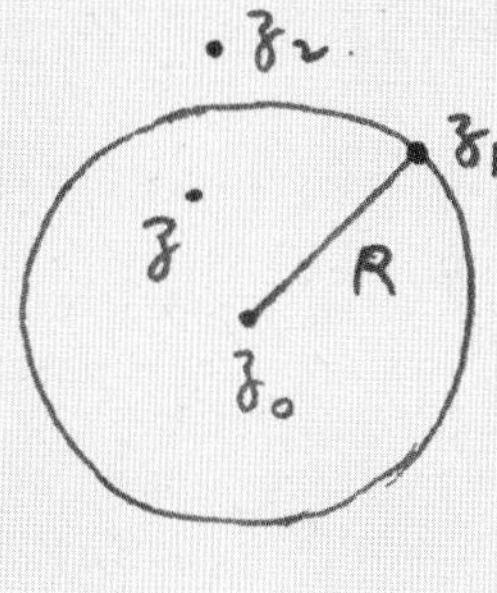

图13.

~~1. 如果级数在 $z=z_1$ 处收敛~~

1. 级数收敛的必要条件是一般项 $a_n(z-z_0)^n\to 0\ (n\to\infty)$

2. 如果级数在 $z=z_1$ 处收敛，则在 $|z-z_0|<|z_1-z_0|$ 处级数绝对且一致收敛；如级数在 $z=z_2$ 处发散，则在 $|z-z_0|>|z_2-z_0|$ 处级数发散。(阿贝尔第一定理)

由此可知，级数(1)的收敛区域是一个以 z_0 为中心的圆，在圆内，级数收敛，圆外，级数发散(在圆上，情况较复杂)。收敛圆的半径 R 称为级数的收敛半径(图13)。

3. 收敛半径 R 由下式确定：

$$\frac{1}{R}=\lim_{n\to\infty}|a_n|^{\frac{1}{n}}. \qquad (2)$$

在 a_n 是单调地变化时，收敛半径也可根据达朗贝尔判别法来确定：

$$R=\lim_{n\to\infty}\left|\frac{a_n}{a_{n+1}}\right| \qquad (3)$$

4. 以 $f(z)$ 表示级数的和。对于收敛圆内每一个内点，级数既然是一致收敛的，则就可以逐项微分，从而求得 $f(z)$ 的微商。容易证明，逐项微分后得到的新级数，收敛半径不变。因此可以继续微商，从而求得 $f(z)$ 的各级微商。$f(z)$ 的各级微商既然存在，$f(z)$ 当然是解析函数。由此可知，

23

在收敛圆内，幂级数表示一个解析函数。由

$$f(z)=a_0+a_1(z-z_0)+a_2(z-z_0)^2+\cdots+a_n(z-z_0)^n+\cdots$$

对 z 微分 n 次，则 a_n 以前各项均消失，再令 $z\to z_0$，则 a_n 以后各项亦消失，由此得到：

$$f^{(n)}(z_0)=n!\,a_n \qquad (4)$$

~~[illegible]~~

直接令 $z\to z_0$，则得 $f(z_0)=a_0$ (4′)

因此，

$$\boxed{\begin{aligned} f(z)&=f(z_0)+\frac{f'(z_0)}{1!}(z-z_0)+\frac{f''(z_0)}{2!}(z-z_0)^2+\cdots \\ &=f(z_0)+\sum_{n=1}^{\infty}\frac{f^{(n)}(z_0)}{n!}(z-z_0)^n \end{aligned}} \qquad (5)$$

这正是 $f(z)$ 在 z_0 点的台劳级数。当然，台劳级数的形式是唯一的。在某些简单情况下，根据简单的观察就可以写出解析函数的台劳级数。

下面举几个将解析函数展开成台劳级数的例子。

例1. 将指数函数 e^z 在 $z_0=0$ 附近展开成台劳级数。

解：e^z 的各级微商仍为 e^z，当 $z=0$ 时，$e^0=1$，代入(5)式，得：

$$\boxed{e^z=1+\frac{z}{1!}+\frac{z^2}{2!}+\cdots+\frac{z^n}{n!}+\cdots=\sum_{n=0}^{\infty}\frac{z^n}{n!}} \qquad (6)$$

这个级数的收敛半径 $R=\infty$，因此(6)式是对于所有的 z 值均成立的。在有些书上，(6)式就作为指数函数的定义。

例2. 将 $\frac{1}{1-z}$ 在 $z_0=0$ 附近展开成台劳级数。

解：由公式(5)，容易求得

$$\boxed{\frac{1}{1-z}=1+z+z^2+z^3+\cdots} \qquad (7)$$

这个级数的收敛半径 $R=1$，但在收敛圆上（$|z|=1$），级数是发散的。

24

例3. 将 $\frac{1}{z}$ 在 $z_0=1$ 附近展开成台劳级数。

解：$\frac{1}{z}=\frac{1}{1-(1-z)}$，则仿照例2，就有：

$$\frac{1}{z}=1+(1-z)+(1-z)^2+(1-z)^3+\cdots,$$

即 $$\frac{1}{z}=1-(z-1)+(z-1)^2-(z-1)^3+-\cdots \qquad (8)$$

收敛半径 $R=1$，收敛区域是以 $z_0=1$ 为中心，$R=1$ 为半径的圆。

例4. 将 $\ln(1+z)$ 在 $z_0=0$ 附近，展开成台劳级数。

解：$f(z)=\ln(1+z)$，微分，$f'(z)=\frac{1}{1+z}$，$f''(z)=-\frac{1}{(1+z)^2}$，

$f^{(n)}(z)=(-1)^{n-1}\frac{(n-1)!}{(1+z)^n}$，令 $z=0$，则得 $f(0)=\ln 1=0$，

$f'(0)=1$，$f''(0)=-1$，$\cdots$ $f^{(n)}(0)=(-1)^{n-1}(n-1)!$，代入(5)式得到

$$\ln(1+z)=z-\frac{z^2}{2}+\frac{z^3}{3}-+\cdots \qquad (9)$$

收敛半径 $R=1$。收敛圆($|z|=1$)上情况较复杂，例如 $z=1$ 处，(9)式成为交错级数：$1-\frac{1}{2}+\frac{1}{3}-\frac{1}{4}+\cdots$，是收敛的，其值即 $\ln 2$；在 $z=-1$ 处，(9)式成为 $-(1+\frac{1}{2}+\frac{1}{3}+\cdots)$，是发散的。

在例1中，e^z 对所有的复数 z 都是解析的，而它的台劳级数的收敛半径为 ∞，因此二者是完全等同的。例2中，级数的收敛半径为1，亦即仅当 $|z|<1$ 时级数 $1+z+z^2+\cdots$ 才等于 $\frac{1}{1-z}$，而函数 $\frac{1}{1-z}$ 当 $|z|>1$ 时也是有意义的。为什么不能对于所有的 z 值，二者都不这等同呢？原因是，$\frac{1}{1-z}$ 并不是全复平面上的解析函数，

25

在 $z\to 1$ 处它趋于 ∞，微商也不存在。$z=1$ 称为函数 $\frac{1}{1-z}$ 的奇点。幂级数（台劳级数）在收敛区域内代表一个解析函数，则函数的奇点（在奇点，函数不是解析的）当然不能包括在级数的收敛区域内，因此，任何函数在 z_0 点的台劳级数的收敛半径等于从 z_0 到最近的奇点的距离。如例3，$z=0$ 是 $\frac{1}{z}$ 的奇点，而级数(8)是在 $z_0=1$ 附近的台劳级数，因此其收敛半径等于1。又如例4，$z=-1$ 是 $\ln(1+z)$ 的奇点，而级数(9)是在 $z_0=0$ 附近的台劳级数，因此收敛半径为1。

为什么要研究解析函数的级数表示？这是因为有时候需要详细分析在某一点附近函数的性质，这就需要将函数在这一点附近展开成级数。更重要的是，在许多物理问题中，并不知道所要研究的函数的具体形式，而仅知道它满足某种微分方程，作为解微分方程的一种普遍方法，我们可以寻找方程的级数解答，得到的级数在它的收敛圆内就代表被研究的函数。

练习：1. 函数 $\frac{1}{1+x^2}$ 在 $x=0$ 附近的台劳级数是

$$\frac{1}{1+x^2}=1-x^2+x^4-x^6+\cdots$$

$\frac{1}{1+x^2}$ 对所有的 x 都是解析的，但相应的级数仅当 $|x|<1$ 才是收敛的，试从复变函数的角度解释这个矛盾。

2. 将 $\frac{1+z}{1-z}$ 在 $z_0=0$ 附近展开成幂级数。

3. 利用(7)式求 $\frac{1}{(1-z)^2}$ 在 $z_0=0$ 附近的幂级数。

26

§6. 奇点、罗朗级数

常常遇到这样的函数：一般讲，它们是解析函数，但某些地点除外。这些点称为函数的奇点。例如函数 $w=\frac{1}{z}$，$z=0$ 是它的奇点，当 $z\to 0$ 时，$w\to\infty$，同时在 $z=0$ 处 w 的微商也不存在（$w'\to\infty$）。

又如函数 $w=\frac{1}{1+z^2}$，有二个奇点：i 和 $-i$，这从 $\frac{1}{1+z^2}=\frac{1}{(z-i)(z+i)}$ 容易知道的。

又如函数 $w=\frac{e^z}{z(1+z)}$，有二个奇点：0 和 -1，在别的点，w 是解析的。

在上面的例子中，所有的奇点都是孤立奇点。一般讲，如果 z_0 是 $f(z)$ 的奇点，而在 z_0 的充分小邻区内，$f(z)$ 不再有别的奇点，则 z_0 称为 $f(z)$ 的孤立奇点。

作为具有非孤立奇点的函数，我们可以举 $w=1/\sin\frac{1}{z}$ 为例子。当 $z=0,\pm\frac{1}{\pi},\pm\frac{1}{2\pi},\pm\frac{1}{3\pi},\cdots$ 时，$w=\infty$，因此这些点是奇点，其中 $z=0$ 是非孤立奇点，因为在它的任意小邻区内，都存在 w 的其他奇点。

下面对函数的奇点作较具体的分析。根据实际需要，我们将限于单值函数，并且只讨论孤立奇点。

最基本也是最简单的函数是正幂函数：

$$(z-z_0),\quad (z-z_0)^2,\cdots(z-z_0)^n,\cdots$$

它们是单值函数，又是解析函数。在上节已经说明，任何一个在 z_0 解析的函数 $f(z)$ 都可以表示成幂级数，亦即正幂函数的和：

$$f(z)=a_0+a_1(z-z_0)+a_2(z-z_0)^2+\cdots \qquad (1)$$

如果 $f(z)$ 的级数展开式中只有有限项，则 $f(z)$ 就是多项式。

负幂函数 $(z-z_0)^{-1},(z-z_0)^{-2},\cdots(z-z_0)^{-n},\cdots$ 也是单值函数，而且，除 $z=z_0$ 以外，它们是解析的，z_0 是它们的孤立奇点。

一般的幂函数 $(z-z_0)^a$，如 a 不是整数，则就是多值函数。

27

任何一个在z_0解析的函数可以表示成$(z-z_0)$的正乘幂级数，这就是通常所说的台劳级数。任何一个以z_0为孤立奇点的单值函数可以表示成$(z-z_0)$的整(包括正和负)乘幂级数：

$$f(z)=a_0+a_1(z-z_0)+a_2(z-z_0)^2+\cdots+\frac{b_1}{z-z_0}+\frac{b_2}{(z-z_0)^2}+\cdots \qquad (2)$$

这通常称为$f(z)$在z_0点的罗朗级数。(单值函数在孤立奇点一定可以展开成罗朗级数，这是可以严格证明的，我们略去这个证明。)

很明显，$f(z)$在奇点z_0附近的性质，主要是由罗朗级数(2)中$(z-z_0)$的各负乘幂项决定的，这些项称为罗朗级数的主部。如果主部只包含有限项，到$\frac{b_n}{(z-z_0)^n}$为止，则当$z\to z_0$时，$f(z)\to\frac{b_n}{(z-z_0)^n}$，为$n$级无限大量，在这种情况下我们称$z_0$为$f(z)$的$n$级极点。极点的级表示函数趋于$\infty$的快慢。如果罗朗级数中包括无限多个$(z-z_0)$的负乘幂项，则当$z\to z_0$时，$f(z)$趋于$\infty$可以比在任何一个极点附近更快，这时称$z_0$为$f(z)$的本性奇点。例如，$z_0=0$是$e^{\frac{1}{z}}$的本性奇点，因为

$$e^{\frac{1}{z}}=1+\frac{1}{1!z}+\frac{1}{2!z^2}+\frac{1}{3!z^3}+\cdots, \qquad (3)$$

包括无限多个z的负乘幂项。在本性奇点附近，函数的性质极端复杂，可以证明，如z_0是$f(z)$的本性奇点，则当变数z以不同的数列趋于z_0时，$f(z)$可以趋于任何一个复数值。以$f(z)=e^{\frac{1}{z}}$为例，$z_0=0$为本性奇点，当~~z以序列$\frac{1}{2},\frac{1}{3},\cdots,\frac{1}{n},\cdots$趋于0时，$e^{\frac{1}{z}}\to\infty$；当$z$以序列$-\frac{1}{2},-\frac{1}{3}$~~ z以数列$\{\frac{1}{n}\}$趋于0时，$e^{\frac{1}{z}}\to\infty$，当z以数列$\{-\frac{1}{n}\}$趋于0时，$e^{\frac{1}{z}}$，当z以数列$\{-\frac{i}{2n\pi}\}$趋于0时，$e^{\frac{1}{z}}\to 1$

回到极点的讨论。如果z_0是$f(z)$的n级极点，则在z_0附近$f(z)$的罗朗级数是：

$$f(z)=a_0+a_1(z-z_0)+a_2(z-z_0)^2+\cdots+\frac{b_1}{z-z_0}+\cdots+\frac{b_n}{(z-z_0)^n} \qquad (4)$$

抽出因子$(z-z_0)^{-n}$，可以写成：

28

$$f(z)=\frac{\psi(z)}{(z-z_0)^n}\,,\qquad (4')$$

其中 $$\psi(z)=b_n+b_{n-1}(z-z_0)+\cdots+b_1(z-z_0)^{n-1}+a_0(z-z_0)^n+\cdots\qquad (5)$$

是一个正幂级数。在级数(5)的收敛圆内，$\psi(z)$是一个解析函数。如果除z_0而外，$f(z)$还有别的奇点，则它一定也是$\psi(z)$的奇点，因此它一定不在级数(5)的收敛圆内，而是在收敛圆上或圆外。(5)式的收敛半径也就是(4)式的收敛半径，由此可见，**$f(z)$在奇点z_0附近的罗朗级数的收敛半径等于从z_0到最近的奇点的距离**。在收敛圆内，除z_0而外，罗朗级数是收敛的。

例1. 研究 $\frac{1}{z-z^2}$ 的奇点和罗朗级数。

解 $\frac{1}{z-z^2}=\frac{1}{z(1-z)}$，0和1是奇点，而且都是1级极点。

在$z_0=0$附近，函数的罗朗级数是：

$$\frac{1}{z(1-z)}=\frac{1}{z}(1+z+z^2+\cdots)=\frac{1}{z}+1+z+z^2+\cdots,\quad |z|<1\qquad (6)$$

收敛半径为1，这恰好是奇点0到1的距离。

在$z_0=1$附近，函数的罗朗级数是：

$$\frac{1}{z(1-z)}=\frac{1}{(z-1)(-z)}=\frac{-1}{(z-1)(1+(z-1))}，\text{将}\ \frac{1}{1+(z-1)}\ \text{展开，}$$

$$=\frac{-1}{z-1}\left[1-(z-1)+(z-1)^2-(z-1)^3+\cdots\right]$$

$$=-\frac{1}{z-1}+1-(z-1)+(z-1)^2-+\cdots\qquad |z-1|<1\qquad (7)$$

收敛半径为1，等于从奇点1到0的距离。

回到一般性讨论。由(5)式可知，当$z\to z_0$时，$\psi(z)\to b_n\neq 0$，由(4')式，$f(z)\to b_n/(z-z_0)^n$，为n级无限大量。则$1/f(z)\to(z-z_0)^n/b_n$，为n级无限小量，因而$1/f(z_0)=0$，因此，z_0称为$1/f(z)$的n级零点。函数的零点的级表示函数趋于0的快慢。注意零点不是奇点。

既然，如z_0是$g(z)$的零点，则在z_0附近$g(z)$的级数展开式中将没有常数项，

29

$$g(z)=a_n(z-z_0)^n+a_{n+1}(z-z_0)^{n+1}+\cdots \qquad (8)$$

和台劳级数 $g(z)=g(z_0)+g'(z_0)\frac{z-z_0}{1!}+g''(z_0)\frac{(z-z_0)^2}{2!}+\cdots$ 比较，可知，$g(z_0)=g'(z_0)=\cdots=g^{(n-1)}(z_0)=0$，$g^{(n)}(z_0)\neq 0$，亦即，如在$z_0$处$g(z)$及其直至$(n-1)$级微商均为0，$n$级微商不为0，则$z_0$为$g(z)$的$n$级零点，为$1/g(z)$的$n$级极点。

如果函数$F(z)$可以表示成几个函数的和，差，积，商，则研究后者的奇点和零点可以知道前者的奇点和零点。例如：

1. $F(z)=f(z)\pm g(z)$

如z_0为$f(z)$的n级极点，$g(z)$的m级极点，$n>m$，则z_0为$F(z)$的n级极点。

如z_0为$f(z)$的n级极点，$g(z)$的零点或正常点，则z_0为$F(z)$的n级极点。

2. $F(z)=f(z)\,g(z)$

如z_0为$f(z)$的n级极点，$g(z)$的m级极点，则z_0为$F(z)$的$(n+m)$级极点。如z_0为$f(z)$的n级极点，$g(z)$的m级零点，$n>m$，则z_0为$F(z)$的$(n-m)$级极点；$n<m$，则z_0为$F(z)$的$m-n$级零点；$m=n$，则z_0为$F(z)$的正常点，$F(z_0)\neq 0$

3. $F(z)=f(z)/g(z)$

如z_0为$f(z)$的n级极点，$g(z)$的m级零点，则z_0为$F(z)$的$n+m$级极点。如z_0为$f(z)$的n级零点，$g(z)$的m级零点；$m>n$，则z_0为$F(z)$的$m-n$级极点；$m<n$，则z_0为$F(z)$的$n-m$级零点；$n=m$，则z_0为$F(z)$的正常点，$F(z_0)\neq 0$。

~~用上面的规则去判断上面的例子 $F(z)=\frac{1}{z(1-z)}$，可知 $z_0=0$ 和 1 都是 1 级极点~~

~~例：研究 $F(z)=\frac{1-e^z}{z^2}$ 的奇点~~

函数在∞点的性质，可借变换 $t=\frac{1}{z}$ 来研究。如 $t=0$ 是 $f(\frac{1}{t})$ 的奇点或零点，则 $z=\infty$ 就是 $f(z)$ 的奇点或零点，级相同。

例2. 研究多项式 $f(z)=a_0+\cdots+a_n z^n$ 在∞点的性质。

解：令 $t=\frac{1}{z}$，则 $f(z)=f(\frac{1}{t})=a_0+\cdots+\frac{a_n}{t^n}$，$t=0$ 为其 n 级极点，故 $z=\infty$ 为 n 次多项式的 n 级极点。

显然，如 $f(z)$ 的幂级数中包括无限多个正幂项，则 $z=\infty$ 就是 $f(z)$ 的本性奇点。例如，$z=\infty$ 是指数函数 e^z 的本性奇点。

例3. 研究 $F(z)=\frac{1-e^z}{z^2}$ 的奇点。

~~解：$F(z)=$~~

解：$1-e^z=-(z+\frac{z^2}{2!}+\cdots+\frac{z^n}{n!}+\cdots)$，$z=0$ 是一级零点，$z=\infty$ 是本性奇点。对于 $1/z^2$，$z=0$ 是 2 级极点。因此，$z=0$ 是 $F(z)$ 的 1 级极点，而 $z=\infty$ 是本性奇点。

借变换 $t=\frac{1}{z}$，可以得到函数在"∞点附近"的级数展开式。如果除∞点而外，函数只有有限个奇点，离原点最远者为 z_0，则 z_0 就是离∞最近的奇点，因此函数在"∞点附近"的级数展开式的收敛区域是 $|z|>|z_0|$。

例4. 将 $\frac{1}{z(z-1)}$ 在 $|z|>1$ 展开成罗朗级数

解：
$$\frac{1}{z(z-1)}=\frac{1}{z^2(1-\frac{1}{z})}=\frac{1}{z^2}\left(1+(\frac{1}{z})+(\frac{1}{z})^2+\cdots\right)$$
$$=\frac{1}{z^2}+\frac{1}{z^3}+\frac{1}{z^4}+\cdots,\quad |z|>1. \tag{9}$$

注意展开式中不包括 z 的正幂项，因为 $z=\infty$ 是正常点。

例5. 将 $e^{\frac{1}{1-z}}$ 在 $|z|>1$ 展开成罗朗级数，

解：$e^{\frac{1}{1-z}}=1+\frac{1}{1-z}+(\frac{1}{1-z})^2/2!+\cdots$

31

这对于任何z(只要$z\neq1$)都成立的。当$|z|>1$时,

$$\frac{1}{1-z}=-\frac{1}{z(1-\frac{1}{z})}=-\frac{1}{z}\left(1+\frac{1}{z}+\frac{1}{z^2}+\cdots\right)=-\left(\frac{1}{z}+\frac{1}{z^2}+\frac{1}{z^3}+\cdots\right)$$

$$\left(\frac{1}{1-z}\right)^2=\left(\frac{1}{z}+\frac{1}{z^2}+\frac{1}{z^3}+\cdots\right)^2=\frac{1}{z^2}+\frac{2}{z^3}+\cdots$$

代入$e^{\frac{1}{1-z}}$中,即得:

$$e^{\frac{1}{1-z}}=1-\frac{1}{z}-\frac{1}{2z^2}-\frac{1}{6z^3}+\frac{1}{24z^4}-\frac{19}{120z^5}+\cdots,\quad |z|>1 \qquad (10)$$

抄在下页例子的后面

练习:1. 确定下列函数的奇点及其类型:

e^{-z^2}, $\sin z$, $\cos z$, $z+\frac{1}{z}$,

2. 从奇点的观点说明下列各对实函数和复函数性质上的不同:

$\sin x$ 和 $\sin z$, e^{-x^2} 和 e^{-z^2},

3. 将函数 $z/1+z^2$ 展开成z的正幂级数和负幂级数,在每种情形下,确定级数的收敛区域。

~~4. 已知z_0是$f(z)$的n级极点[见(4)式],~~

4. 设给定函数$f(z)$,并已知z_0为其n级极点,试导出一个公式,用它可以计算$f(z)$在z_0点的罗朗级数[(4)式]中的各个系数

5. 自己给定一个调和函数$u(x,y)$,再用(17)或(17′)式导出一个解析函数。

在上节和这一节所讲的用级数表示解析函数的方法,无论在实用上或理论上都是很重要的,在§8中将讲到它的一项重要应用——某些实积分的计算。在这里,作为级数理论的一项直接结论,我们来叙述一个~~实用方法~~便于应用的,从已知的实部$u(x,y)$求出解析函数$f(z)=u+iv$的普遍方法,~~这个方法适用于一切解析函数(包括有若干奇点的情形)~~,不受§2中介绍的第二种方法中那些条件的限制。

32

我们从理论上的分析开始。设有一个函数 $f(z)$，在 z_0 附近是解析的（至于 $f(z)$ 有多少奇点，并不影响下面的分析），则 $f(z)$ 可以表示成以 z_0 为中心的幂级数：

$$f(z)=c_0+c_1(z-z_0)+\cdots=c_0+\sum_{n=1}^{\infty}c_n(z-z_0)^n \qquad (11)$$

其中 c_n 们为常数，但可以是复数。考虑到 $z=x+iy$，则 (11) 式可以写成：

$$f(z)=c_0+\sum_{n=1}^{\infty}c_n(x+iy-z_0)^n \qquad (12)$$

两端均取共轭复数，则得：

$$\overline{f(z)}=\overline{c_0}+\sum_{n=1}^{\infty}\overline{c_n}(x-iy-\overline{z_0})^n \qquad (12')$$

这里 $\overline{z_0}$ 表示 z_0 的共轭复数，$\overline{c_n}$ 表示 c_n 的共轭复数。

另一方面，以 u 和 v 表示 $f(z)$ 的实部和虚部，则

$$f(z)=u(x,y)+iv(x,y) \qquad (13)$$

$$\overline{f(z)}=u(x,y)-iv(x,y) \qquad (13')$$

(13)+(13')，得到：

$$2u(x,y)=f(z)+\overline{f(z)} \qquad (14)$$

将 (12) 和 (12') 代入 (14) 中，就得到：

$$2u(x,y)=\overline{c_0}+c_0+\sum_{n=1}^{\infty}\overline{c_n}(x-iy-\overline{z_0})^n+\sum_{n=1}^{\infty}c_n(x+iy-z_0)^n \qquad (15)$$

今将 x 换成 $(z+\overline{z_0})/2$，y 换成 $(z-\overline{z_0})/2i$，则 $(x-iy)$ 就变成 $\overline{z_0}$，$(x+iy)$ 就变成 z，(15) 式就变成（注意第三项消失了）：

$$2u\left(\frac{z+\overline{z_0}}{2},\frac{z-\overline{z_0}}{2i}\right)=\overline{c_0}+c_0+\sum_{n=1}^{\infty}c_n(z-z_0)^n$$

亦即：

$$f(z)=2u\left(\frac{z+\overline{z_0}}{2},\frac{z-\overline{z_0}}{2i}\right)-\overline{c_0} \qquad (16)$$

33

由(11)式易知，$c_0 = f(z_0) = u(x_0, y_0) + i v(x_0, y_0)$，

则 $\overline{c_0} = u(x_0, y_0) - i v(x_0, y_0) = u(x_0, y_0) - i a$

其中 $a = v(x_0, y_0)$ 为某个实数。代入(16)式，得到：

$$f(z) = 2u\left(\frac{z+\bar{z}_0}{2}, \frac{z-\bar{z}_0}{2i}\right) - u(x_0, y_0) + i a \qquad (17)$$

这正是我们所要得到的公式。给定了 $u(x,y)$ 以后，由(17)式可以确定出 $f(z)$，其不确定部分仅为一个纯虚数常数(ia)。

这些读不要

注意，只要 z_0 不是 $f(z)$ 的奇点，则展开式(11)就是成立的。因此(17)式是普遍成立的，其中 z_0 可任意选择，只要不是 $u(x,y)$ 的奇点(亦即 $\frac{\partial u}{\partial x}$ 和 $\frac{\partial u}{\partial y}$ 存在，因为这样一来，$\frac{df}{dz} = \frac{\partial u}{\partial x} - i\frac{\partial u}{\partial y}$ 也就存在，f 就是解析的)。

总起来说，(17)式所提供给我们的方法可以表述如下：给定了解析函数的实部(调和函数) $u(x,y)$ 后，任意选一点 (x_0, y_0)，(即 $z_0 = x_0 + i y_0$，z_0 的选择以运算方便为原则，但 z_0 不得为 u 的奇点)，然后将 u 中的 x 换成 $\frac{z+\bar{z}_0}{2}$，y 换成 $\frac{z-\bar{z}_0}{2i}$，则由(17)式就可求得以 $u(x,y)$ 为实部的解析函数 $f(z)$。显然，如果在原点 $(0,0)$ u 是解析的，则就可以选 $z_0 = 0$。这时(17)式简化成：

$$f(z) = 2u\left(\frac{z}{2}, \frac{z}{2i}\right) - u(0,0) + i a \qquad (17')$$

例 6. 已知解析函数 $f(z)$ 的实部 $u = x + y$，求 $f(z)$。

解：选 $z_0 = 0$，由(17′)求得

$$f(z) = 2\left(\frac{z}{2} + \frac{z}{2i}\right) + i a = (1-i) z + i a$$

例 7. 已知解析函数 $f(z)$ 的实部 $u = \ln(x^2 + y^2)$，求 $f(z)$。

解：选 $z_0 = 1$，即 $x_0 = 1$，$y_0 = 0$。则 $u(x_0, y_0) = \ln 1 = 0$，由(17)式求得：

$$f(z) = 2\ln\left[\left(\frac{z+1}{2}\right)^2 + \left(\frac{z-1}{2i}\right)^2\right] + i a = 2\ln z + i a = \ln(z^2) + i a.$$

34

§7 留数.

在§4中我们研究过解析函数 $f(z)$ 沿着任何闭合回路C的积分，结果得到了著名的哥西定理：如果对于回路C所包含的区域内的一切点，$f(z)$ 都是解析的（亦即：$f(z)$ 是以闭曲线C为边界的区域内的解析函数），则 $f(z)$ 沿着回路C的积分等于0。

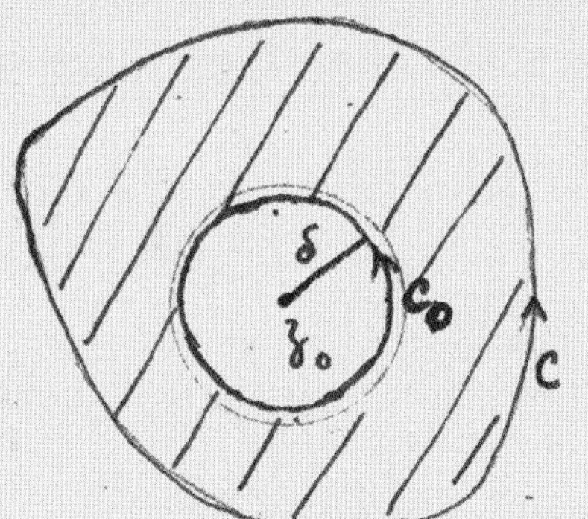

图14.

如果在回路C所包含的区域内，$f(z)$ 存在奇点，在这些点 $f(z)$ 是不解析的，这时积分 $\oint_C f(z)dz$ 就可能不等于0。积分的值到底等于多少呢？让我们从幂函数着手来具体地研究这个问题。

对于正幂函数 $(z-z_0)^n$，$n=0,1,2,\cdots$，因为它对于一切z值都是解析的，所以沿任何闭曲线的积分，结果都是0。

对于第一个负幂函数 $1/z-z_0$，z_0 是它的唯一奇点，因此，如果 z_0 在回路C之外，则 $\oint_C dz/(z-z_0)=0$，如果 z_0 在C之内（图14），我们可以以 z_0 为中心，δ为半径作一小圆 C_0 把 z_0 包起来，则在C和 C_0 之间的区域内，$1/z-z_0$ 是解析的，根据哥西定理，沿着区域的所有边界计算积分 $\int dz/z-z_0$，结果得0，外边界以逆时针方向为正方向，内边界以顺时针方向为正方向。如果内边界 C_0 亦取逆时针方向为正方向（在这一节中，所有的回路均将取逆时针方向为正方向），则就得到：

$$\int_C \frac{dz}{z-z_0} - \int_{C_0} \frac{dz}{z-z_0} = 0 \qquad (1)$$

计算后者就知道了前者。

35

在小圆 C_0 上，$z=z_0+\delta e^{i\varphi}$，$dz=i\delta e^{i\varphi}d\varphi=i(z-z_0)d\varphi$，

$$\int_{C_0}\frac{dz}{z-z_0}=i\int_0^{2\pi}d\varphi=2\pi i \qquad (2)$$

代入(1)式，就得到：

$$\boxed{\int_C\frac{dz}{z-z_0}=2\pi i} \qquad (3)$$

注意回路 C 是任意取的，因此(3)式可以表述如下：函数 $1/(z-z_0)$ 沿着任何围绕 z_0 的回路的积分等于 $2\pi i$

把同样的计算用之于函数 $1/(z-z_0)^2$，则得到：

$$\int_{C_0}\frac{dz}{(z-z_0)^2}=\int_{C_0}\frac{i\,d\varphi}{z-z_0}=\int_{C_0}\frac{i\,d\varphi}{\delta e^{i\varphi}}=\frac{1}{\delta}\int_0^{2\pi}e^{-i\varphi}\,i\,d\varphi$$

$$=-\frac{1}{\delta}\int_0^{2\pi}d\,e^{-i\varphi}=-\frac{1}{\delta}\left(e^{-i2\pi}-e^{-i0}\right)=0,$$

$e^{\pm i2\pi}=1$，因此上式为0，这样，函数 $1/(z-z_0)^2$ 沿着任何围绕 z_0 的回路的积分等于0；如果 z_0 在 C 之外，则 $1/(z-z_0)^2$ 就是 C 内的解析函数，则积分的结果当然也是0。

同样的结论也适用于 $1/(z-z_0)^n$，$n=2,3,\cdots$。

以上的结论从原函数的角度，是容易理解的，当 $n\geq 2$ 时，不定积分 $\int^z dz/(z-z_0)^n$ 等于 $\frac{-1}{n-1}\frac{1}{(z-z_0)^{n-1}}$，这是单值函数，当 z 绕任何闭曲线一周，回到原处时，其值不变，因此，$1/(z-z_0)^n$ 沿着任何闭路的积分为0；对于函数 $1/z-z_0$，其原函数为 $\ln(z-z_0)$，亦即 $\int^z\frac{dz}{z-z_0}=\ln(z-z_0)$ 它是多值函数，当 z 绕 z_0 一周时，$\ln(z-z_0)$ 的值增加 $2\pi i$（§3末）因此 $1/(z-z_0)$ 沿着围绕 z_0 的回路的积分等于 $2\pi i$，这正是(3)式。

现在可以来研究任何解析函数 $f(z)$ 沿着任意回路的积分。如果在回路 C 内 $f(z)$ 有一个奇点（为明确起见，暂时假定只有一个奇点），根据上节

36

的讨论，在奇点附近，$f(z)$可以展开成罗朗级数：

$$f(z)=a_0+a_1(z-z_0)+\cdots+\frac{b_1}{z-z_0}+\frac{b_2}{(z-z_0)^2}+\cdots \qquad (4)$$

将(4)式中各项沿着回路C逐项积分，根据上面的分析，只有b_1项有贡献，结果得到：

$$\oint_C f(z)\,dz = 2\pi i\, b_1 \qquad (5)$$

(5)式表明，$f(z)$沿着围绕其奇点的回路积分的值，取决于$f(z)$在此奇点附近的罗朗级数中$(z-z_0)^{-1}$的係数b_1。注意，若$f(z)$有几个奇点：$z_0, z_1, z_2, \cdots$，则在z_0近旁，(4)式仍旧成立，只要回路C内只包含一个奇点z_0，则(5)式仍旧成立。因此，$f(z)$在某个奇点z_0附近的罗朗级数中$(z-z_0)^{-1}$项的係数(即b_1)称为$f(z)$在z_0点的留数(又称剩余或残数)。

如果在回路C内，包含得有$f(z)$的几个奇点，如图15所示，则可以围绕每个奇点作一小圆，在C内，各个小圆以外的区域中，$f(z)$是解析的，则根据哥西定理，

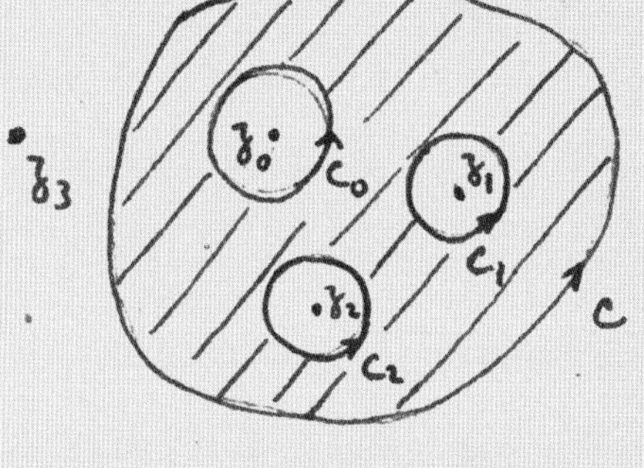

图15.

$$\int_C f(z)\,dz-\int_{C_0} f(z)\,dz-\int_{C_1} f(z)\,dz-\int_{C_2} f(z)\,dz=0.$$

第二项等于$2\pi i$乘$f(z)$在C_0的留数，第三项等于$2\pi i$乘$f(z)$在C_1的留数，~~第四项等于$2\pi i$乘$f(z)$在C_2的留数~~以此类推。因此，只要回路C内包含$f(z)$的有限个奇点(当然必须都是孤立奇点)，我们便有以下的结论：

$$\boxed{\oint_C f(z)\,dz = 2\pi i\,(f(z)\text{在C内各个奇点处留数之和})} \qquad (6)$$

计算$f(z)$在某个奇点处的留数的办法，总的说来，无非是求$f(z)$在此奇点附

37

近的罗朗级数中 $(z-z_0)^{-1}$ 的系数，但在某些特殊情况下，留数可以由比较快捷的方法求得，举例说明如下：

1. 如 z_0 是 $f(z)$ 的一级极点，则在 z_0 附近，$f(z)$ 可以写成：

$$f(z)=\frac{b_1}{z-z_0}+a_0+a_1(z-z_0)+\cdots ,$$

$$(z-z_0)f(z)=b_1+a_0(z-z_0)+a_1(z-z_0)^2+\cdots$$

令 $z\to z_0$，则右边只剩下 b_1，这就是 $f(z)$ 在 z_0 的留数。因此，得到求一级极点的留数的公式如下：

$$\boxed{b_1(z_0)=\left[(z-z_0)f(z)\right]_{z=z_0}} \qquad (7)$$

这里 $b_1(z_0)$ 表示 $f(z)$ 在 z_0 的留数。(7) 式常被用于 $f(z)$ 可以简便地析出因子 $1/z-z_0$ 的情形。

例 1. 求 $f(z)=1/(z-a)(z-c)$ 在 $z_0=a$ 和 c 处的留数。

解：这二个奇点都是一级极点，则由 (7) 式，

$$b_1(a)=(z-a)f(z)\Big|_{z=a}=\frac{1}{a-c}$$

$$b_1(c)=(z-c)f(z)\Big|_{z=c}=\frac{1}{c-a}$$

例 2. 求 $f(z)=1/ze^z$ 在 $z_0=0$ 处的留数。

解：在 $z=0$ 处，$e^z\neq 0$，因此是一级极点，其留数为：

$$b_1(0)=zf(z)\Big|_{z=0}=1/e^0=1$$

2. 若 $f(z)=1/\psi(z)$，z_0 为 $\psi(z)$ 的一级零点，则 z_0 为 $f(z)$ 的一级极点，由 (7) 式，留数为 $b_1(z_0)=\left[z-z_0/\psi(z)\right]_{z=z_0}$，但是 z_0 既为 ψ 的一级零点，则 $\psi(z)=(z-z_0)\left[a_0+a_1(z-z_0)+\cdots\right]$，$a_0\neq 0$，

代入 b_1 中，得：$b_1(z_0)=1/a_0$

但 $\psi'(z_0)=a_0$，故得：

38

$$\boxed{b_1(z_0) = 1/\psi'(z_0)} \qquad (8)$$

(8)式常用于 $\psi(z)$ 不能简便地析出因子 $(z-z_0)$ 的情况。

例3. 计算 $f(z) = 1/(1-e^z)$ 在 $z_0=0$ 处的留数.

解: $\psi(z) = 1-e^z = 1-(1+z+z^2/2!+\cdots) = -z - \frac{z^2}{2!} - \cdots$

$z_0=0$ 为一级极点, $\psi'(z) = -e^z$, $\psi'(z_0) = -1$, 则由(8)式求得

$$b_1(0) = -1$$

例4. 计算 $f(z) = 1/\sin z$ 在 $z=0$ 处的留数.

解: $\sin 0 = 0$, $\frac{d}{dz}\sin z\big|_{z=0} = \cos 0 = 1 \neq 0$, 因此 $z_0=0$ 为 $\sin z$ 的一级零点, $f(z)$ 的一级极点, 由(8)式求得其留数为1.

3. 若 $f(z) = \varphi(z)/\psi(z)$, z_0 为 $\psi(z)$ 的一级零点, 同时 $\varphi(z_0) \neq 0$, 则 z_0 为 $f(z)$ 的一级极点, 结合上面的分析, 可得留数的公式为:

$$\boxed{b_1(z_0) = \varphi(z_0)/\psi'(z_0)} \qquad (9)$$

和(8)式一样, (9)式适用于 $\psi(z)$ 不能简便地析因子的情况。

例5. 计算 $\cot z$ 在 $z_0=0$ 的留数.

解: $\cot z = \frac{\cos z}{\sin z}$, 这相当于 $\varphi(z) = \cos z$, $\psi(z) = \sin z$, $z_0=0$ 为一级极点, 由(9)式求得其留数为 $b_1(0) = \cos 0/\cos 0 = 1$.

4. 若 z_0 为 $f(z)$ 的 n 级极点, 则在 z_0 附近, $f(z)$ 可以写成:

$$f(z) = \frac{b_1}{z-z_0} + \cdots + \frac{b_n}{(z-z_0)^n} + a_0 + a_1(z-z_0) + \cdots$$

$$(z-z_0)^n f(z) = b_n + b_{n-1}(z-z_0) + \cdots + b_1(z-z_0)^{n-1} + a_0(z-z_0)^n + \cdots$$

若对 z 微分 $(n-1)$ 次, 则 b_1 以前各项均消失, 若再令 $z=z_0$, 则 a_0 以后各项亦消失, 从而得到:

$$\left(\frac{d}{dz}\right)^{n-1}(z-z_0)^n f(z)\Big|_{z=z_0} = (n-1)!\, b_1 ,$$

39

因此，n 级极点 z_0 处的留数公式是：

$$b_1(z_0)=\frac{1}{(n-1)!}\left[\left(\frac{d}{dz}\right)^{n-1}(z-z_0)^n f(z)\right]_{z=z_0} \qquad (10)$$

例6. 计算 $f(z)=1/(z^2+1)^3$ 在 $z_0=i$ 处的留数。

解：$f(z)=\dfrac{1}{(z^2+1)^3}=\dfrac{1}{(z-i)^3(z+i)^3}$，$z_0=i$ 为3级极点。

$$\left(\frac{d}{dz}\right)^2(z-i)^3 f(z)=\left(\frac{d}{dz}\right)^2\frac{1}{(z+i)^3}=\frac{12}{(z+i)^5}$$

则由(10)式求得留数为：

$$b_1(i)=\frac{1}{2!}\left.\frac{12}{(z+i)^5}\right|_{z=i}=\frac{6}{(2i)^5}=\frac{6}{32i}=-\frac{3i}{16}$$

练习：1. 从留数的观点说明习题6中三个答案所以不同的原因。

2. 例2中，将 $1/ze^z$ 展开成罗朗级数，再求留数。

3. 常常遇到 $z/(z-z_1)^2(z-z_2)^2$ 型式的函数，试写出在 z_1 和 z_2 处留数的公式。

4. 对于函数 $1/(z^2+a^2)^n$，n 为正整数，试写出在 $\pm ia$ 处留数的公式。

40

§8. 实积分的计算

在这一节里，我们来计算几种常见的实积分，以作为留数理论的直接应用，同时也是本章内容的综合运用。

(一) 含三角函数的实积分。让我们从具体例子来说明计算的方法。

例1. 计算定积分 $I=\int_0^{2\pi}\frac{d\varphi}{1-2a\cos\varphi+a^2}$，$0\leqslant a<1$.

（注意，如 $a=1$，则分母有可能为0，积分会发散的。）

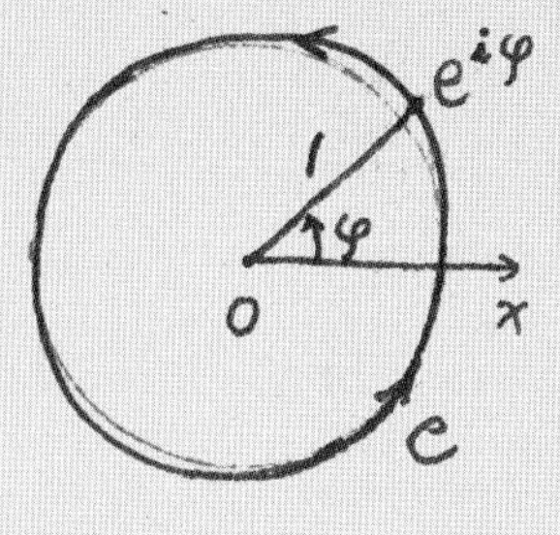

图16

解：$\cos\varphi=\frac{1}{2}(e^{i\varphi}+e^{-i\varphi})$，复数 $e^{i\varphi}$ 是单位圆上的一点，当 φ 从 0 变到 2π 时，$e^{i\varphi}$ 恰好绕行单位圆一周，(图16) 如果我们作变换 $z=e^{i\varphi}$，则对 φ 的积分就变成在复平面上沿着单位圆的积分，而后者可以转化成留数的计算。令 $z=e^{i\varphi}$ 后，$\cos\varphi=\frac{1}{2}(z+\frac{1}{z})$，$dz=ie^{i\varphi}d\varphi=iz\,d\varphi$，

$$I=\int_0^{2\pi}\frac{d\varphi}{1-2a\cos\varphi+a^2}=\oint_C\frac{dz/iz}{1+a^2-a(z+\frac{1}{z})}$$

~~$=\frac{i}{a}\oint_C\frac{dz}{(z-a)z}$~~

$$=-i\oint_C\frac{dz}{(z-a)(1-az)}$$

这里 C 是单位圆。被积函数 $1/(z-a)(1-az)$ 有二个奇点：$z=a$ 和 $z=\frac{1}{a}$，前者在圆内（$\because a<1$），后者在圆外，因此，被积函数在单位圆内的留数是 $1/1-a^2$，代入上式，即得 $I=-i\cdot 2\pi i/1-a^2=2\pi/1-a^2$.

这样，我们已经求得：

$$\int_0^{2\pi}\frac{d\varphi}{1-2a\cos\varphi+a^2}=\frac{2\pi}{1-a^2}\quad,\quad 0\leqslant a<1 \qquad (1)$$

上述方法无疑是可以推广的，当需要计算形为

$$\int_0^{2\pi}F(\cos\varphi,\sin\varphi)\,d\varphi \qquad (2)$$

（F 是 $\cos\varphi$ 和 $\sin\varphi$ 的有理分式）的积分时，我们可作变换 $z=e^{i\varphi}$，则

41

$$\cos\varphi=\frac{1}{2}\left(z+\frac{1}{z}\right),\quad \sin\varphi=\frac{1}{2i}\left(z-\frac{1}{z}\right),\quad dz=iz\,d\varphi \tag{3}$$

这时(2)式就变成 z 的某种有理函数 $f(z)$ 沿着单位圆的积分：

$$\int_0^{2\pi}F(\cos\varphi,\sin\varphi)\,d\varphi=\oint_C f(z)\,dz \tag{2'}$$

为了计算(2')只要计算 $f(z)$ 在单位圆 C 内的留数各个奇点处之和。

(二) 有理分式的积分。这种积分原则上用普通的不定积分的方法也可以计算的，但是应用留数理论来计算要方便得多。让我们先考察下面的例子。

例2. 计算 $\int_0^\infty \frac{dx}{(x^2+1)^3}$

解：首先我们注意到被积函数是偶函数，因此

$$2\int_0^\infty\frac{dx}{(x^2+1)^3}=\int_{-\infty}^{\infty}\frac{dx}{(x^2+1)^3}$$

如何把上式右端的积分和留数理论联系起来呢？从复变函数的观点看，上式等於函数 $1/(z^2+1)^3$ 沿着整个实轴的积分：

$$\int_{-\infty}^{\infty}\frac{dx}{(x^2+1)^3}=\int_{-\infty}^{\infty}\frac{dz}{(z^2+1)^3}.$$

如果设法添上一段辅助路线，和实轴一起构成一个回路，就可以应用留数理论了。我们选辅助路线为半径为 ∞ 的一个半圆 C（相当于图17中 $R\to\infty$ 的情形），在 C 上，$|z|=R\to\infty$，则 $z^2+1\doteq z^2$

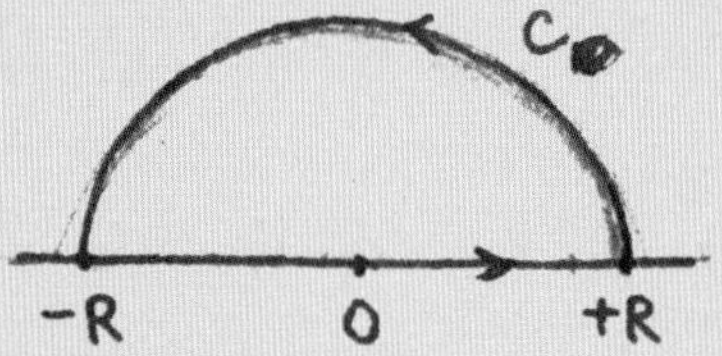

图17

$$\int_C\frac{dz}{(z^2+1)^3}<\int\frac{|dz|}{|z^2+1|^3}\doteq\int\frac{|dz|}{|z^6|}=\frac{\pi R}{R^6}\xrightarrow{R\to\infty}0.$$

当 $R\to\infty$ 时，图17中的回路所包含的区域是整个上半平面，因此，

$$\int_{-\infty}^{\infty}\frac{dz}{(z^2+1)^3}=2\pi i\left(\frac{1}{(z^2+1)^3}\text{在上半平面各个奇点处留数之和}\right)$$

实际上，$\frac{1}{(z^2+1)^3}$ 在上半平面只有一个奇点 $z=i$，留数为 $-\frac{3i}{16}$（见§7例6），因此上式等于 $3\pi/8$，除2，即得到最后结果：

42

$$\int_0^{\infty}\frac{dx}{(x^2+1)^3}=\frac{3\pi}{16} \qquad (4)$$

上述方法显然也是具有普遍性的，当需要计算 $\int_{-\infty}^{\infty}f(x)\,dx$ 型式的积分时，如果 $f(x)$ 满足下列条件：

i 在实轴上，$f(x)$ 没有奇点（这样，积分 (4) 才不至发散）；

ii 作为复变函数，$f(z)$ 在上半平面只有有限个奇点，而且当 $|z|\to\infty$ 时，$zf(z)\to 0$；

（或者，在下半平面，$f(z)$ 只有有限个奇点，而且当 $|z|\to\infty$ 时，$zf(z)\to 0$）

则

$$\boxed{\int_{-\infty}^{\infty}f(x)\,dx=2\pi i\,(f(z)\text{在上半平面各个奇点处留数之和})} \qquad (5)$$

或

$$\int_{-\infty}^{\infty}f(x)\,dx=-2\pi i\,(f(z)\text{在下半平面各个奇点处留数之和}) \qquad (5')$$

当积分 (5) 确实存在时，条件 i 一般是自动满足的。至于条件 ii，当 $f(x)$ 是有理分式：

$$f(x)=\frac{a_0+a_1x+\cdots+a_nx^n}{b_0+b_1x+\cdots+b_kx^k} \qquad (4')$$

而且 $k-n\geqslant 2$ 时，则条件 ii 也就满足了。

当然，如果 $f(x)$ 不是有理分式，也仍旧有可能满足条件 i 和 ii 的，这时候 (5) 或 (5') 式仍旧成立，具体的例子就是下面的例子。

(三) 计算 $\int_{-\infty}^{\infty}f(x)\,e^{iax}\,dx$，$a>0$． (6)

其中 $f(x)$ 为 x 的有理分式。

和第 2 种类型相仿，(6) 式等于 $f(z)e^{iaz}$ 沿着实轴的积分。考虑到

$$e^{iaz}=e^{iax}\,e^{-ay}$$

由于 $a>0$，则当 $y\to+\infty$ 时，$e^{iaz}\to 0$，因此仍可选择 I 中的半圆作为辅助积分线。仔细的分析表明，只要 $|z|\to\infty$ 时，$f(z)\to 0$，则 $f(z)e^{iaz}$ 沿着半圆 C 的积分趋于 0，因此 (6) 式等于 $f(z)e^{iaz}$ 在上半平面各奇点处留数的和再乘 $2\pi i$。当然，为了积分 (6) 存在，$f(x)$ 在实轴上必须

Jordan 引理

43

没有奇点。

总起来说，如果 $a>0$，而且 $f(x)$ 满足下列条件：

i 在实轴上，$f(x)$ 没有奇点；

ii $f(z)$ 在上半平面只有有限个奇点，而且当 $|z|\to\infty$ 时，$f(z)\to 0$；

则

$$\int_{-\infty}^{\infty} f(x)e^{iax}dx = 2\pi i\,(f(z)e^{iaz}\text{ 在上半平面各个奇点处留数之和}) \quad \cdots\cdots(7)$$

~~在同样的条件下，~~

如果 $a<0$，容易证明，只要 $f(z)$ 在实轴上没有奇点，在下半平面 $f(z)$ 只有有限个奇点，而且当 $|z|\to\infty$ 时，$f(z)\to 0$，则

$$\int_{-\infty}^{\infty} f(x)e^{iax}dx = -2\pi i\,(f(z)e^{iaz}\text{ 在下半平面各个奇点处留数的和}) \quad \cdots\cdots(7')$$

上述积分和实积分到底有什么联系呢？这从下面的例子可以明了。

例3. 计算 $\int_0^{\infty}\frac{x\sin ax}{x^2+b^2}dx$，$a>0$，$b>0$。

解：被积函数是偶函数，因此可以计算从 $-\infty\to+\infty$ 的积分再乘 $\frac{1}{2}$。$\sin ax$ 是 e^{iax} 的虚部，因此可以计算 xe^{iax}/x^2+b^2 沿着实轴的积分，再取虚部。这样一来，就可以利用公式(7)，只要令 $f(x)=x/x^2+b^2$ 就行了。ze^{iaz}/z^2+b^2 在上半平面只有一个1阶极点 ib，留数为：

$$(z-ib)\frac{ze^{iaz}}{z^2+b^2}\bigg|_{z=ib} = \frac{ze^{iaz}}{z+ib}\bigg|_{z=ib} = \frac{e^{-ab}}{2}$$

代入(7)式，得到：

$$\int_{-\infty}^{\infty}\frac{xe^{iax}}{x^2+b^2}dx = \sout{2\pi i\frac{e^{-ab}}{2}}\ i\pi e^{-ab} \qquad (8)$$

取虚部，除2，即得：

$$\int_0^{\infty}\frac{x\sin ax}{x^2+b^2}dx = \pi e^{-ab}/2 \qquad (9)$$

总之，碰到 $\int_{-\infty}^{\infty} f(x)\sin ax\,dx$ 型式的积分时，可以先计算 $\int_{-\infty}^{\infty} f(x)e^{iax}dx$

44

再取虚部；碰到 $\int_{-\infty}^{\infty} f(x)\cos ax\,dx$ 型式的积分时，可以先计算 $\int_{-\infty}^{\infty} f(x)e^{iax}dx$ 再取实部。（当然，这是指 $f(x)$ 为实函数的情形而言）

（四）多值函数的积分。这种积分，必须仔细地分析被积函数的多值性，选取适当的辅助积分路线，才能奏功。

例4. 计算 $\int_0^{\infty}\frac{\ln x}{1+x^2}dx$

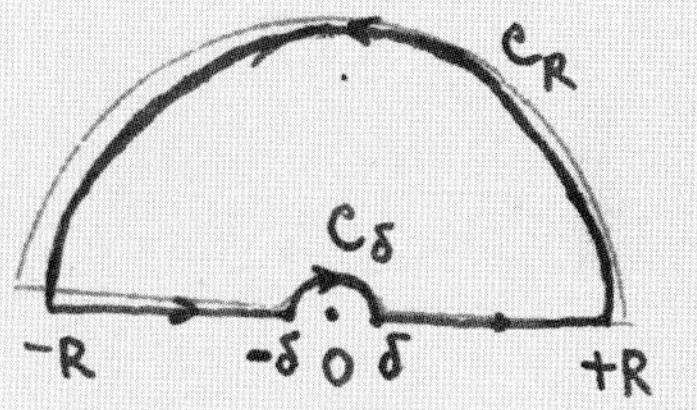

图18

解：从复变函数的观点，我们应该去计算 $\frac{\ln z}{1+z^2}$ 的回路积分。$z=0$ 是 $\ln z$ 的奇点，而 $\ln z$ 又是多值函数。一般说来，多值函数是不能展开成罗朗级数的（罗朗级数中每一项都是单值的，其和当然也只能是单值的），因此就不能应用留数定理。$\ln z$ 的多值性在于：每当 z 绕原点（$z=0$）一周，$\ln z$ 之值增加 $2\pi i$。如果选一个回路，把原点（它称为 $\ln z$ 的支点）排除在外，如图18所示，则在回路所包含的区域内，z 的幅角是单值的（$0\leqslant\varphi\leqslant\pi$），$\ln z$ 就是单值函数，于是在原则上就可应用留数定理。

在大圆 C_R 上，$|z|=R$，当 $R\to\infty$ 时，$|\ln z|=|\ln R+i\varphi|\doteq\ln R$，而 $\frac{\ln R}{R}\to 0$.

因此 $\left|\int_{C_R}\frac{\ln z}{1+z^2}dz\right|\leqslant\int_{C_R}\frac{|\ln z|}{|1+z^2|}|dz|\doteq\frac{\ln R}{R^2}\pi R\to 0$

在小圆 C_δ 上，$|z|=\delta$，当 $\delta\to 0$ 时，$|\ln z|=|\ln\delta+i\varphi|\doteq|\ln\delta|$，而 $\delta|\ln\delta|\to 0$

因此 $\left|\int_{C_\delta}\frac{\ln z}{1+z^2}dz\right|\leqslant\int_{C_\delta}\frac{|\ln z|}{|1+z^2|}|dz|\doteq|\ln\delta|\cdot\pi\delta\to 0$.

这样，图18中，令 $\delta\to 0$，$R\to\infty$，就有：

$$\int_{-\infty}^{\infty}\frac{\ln z}{1+z^2}dz=2\pi i\left[\frac{\ln z}{1+z^2}\text{在上半平面（原点除外）各奇点之留数之和}\right]$$

上半平面只有一个1级极点 $z=i$，留数为

$$\left.\frac{\ln z}{1+z^2}(z-i)\right|_{z=i}=\frac{\ln i}{2i}=\frac{i\pi/2}{2i}=\frac{\pi}{4}$$

$$\therefore\int_{-\infty}^{\infty}\frac{\ln z}{1+z^2}dz=i\pi^2/2 \qquad (10)$$

45

在负实轴上，$x<0$，$z=x$，$(\varphi=\pi)$，$\ln z=\ln|x|+i\pi=\ln(-x)+i\pi$

$$\int_{-\infty}^{0}\frac{\ln z}{1+z^2}dz=\int_{-\infty}^{0}\frac{\ln(-x)+i\pi}{1+x^2}dx,\qquad 令\quad x=-t,$$

$$=\int_{\infty}^{0}\frac{\ln t+i\pi}{1+t^2}d(-t)=\int_0^{\infty}\frac{\ln t}{1+t^2}dt+i\pi\int_0^{\infty}\frac{dt}{1+t^2}$$

$$=\int_0^{\infty}\frac{\ln x}{1+x^2}dx+i\pi\int_0^{\infty}\frac{dx}{1+x^2}$$

在正实轴上，$\displaystyle\int_0^{\infty}\frac{\ln z}{1+z^2}dz=\int_0^{\infty}\frac{\ln x}{1+x^2}dx$.

代入(10)式，就有：

$$2\int_0^{\infty}\frac{\ln x}{1+x^2}dx+i\pi\int_0^{\infty}\frac{dx}{1+x^2}=\frac{i\pi^2}{2}.$$

比较实部，得到 $\displaystyle\int_0^{\infty}\frac{\ln x}{1+x^2}dx=0$ (11)

比较虚部，得到 $\displaystyle\int_0^{\infty}\frac{dx}{1+x^2}=\frac{\pi}{2}$ (12)

前者正是我们所要求的结果，后者则是大家早就知道的结果。

例5. 计算 $\displaystyle\int_0^{\infty}\frac{dx}{(1+x)x^a}$ $\quad 0<a<1$

(如 $a\geq 1$ 或 $a=0$，积分是发散的)

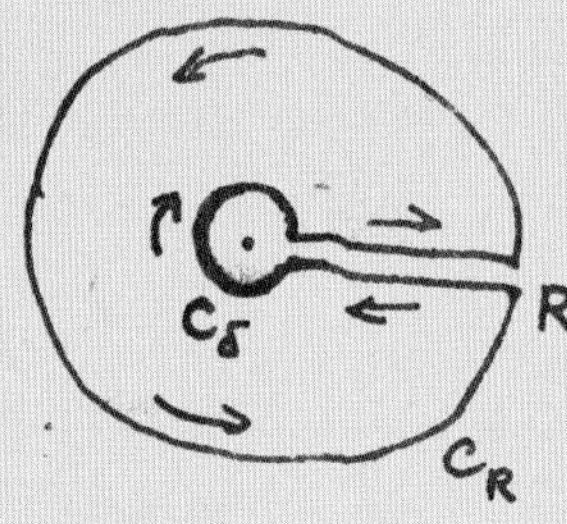

图19

解：容易想到，我们应该去计算 $1/(1+z)z^a$ 的回路积分。但 z^a 是多值函数，每当 z 绕原点一周，z^a 增加 $e^{i2\pi a}$ 倍。为了应用留数定理，z^a 的奇点(支点) $z=0$ 应该排除在回路之外，因此选择图19所示的回路，它包括四段：实轴的上岸($\varphi=0$)，大圆 C_R ($\varphi=0\to2\pi$)，实轴的下岸($\varphi=2\pi$)，小圆 C_δ ($\varphi=2\pi\to0$)。在回路所包含的区域内，z 的幅角是单值的($0\leq\varphi\leq2\pi$)，z^a 是单值函数，因此可以应用留数定理。$z=-1$ 是1阶极点(正因为此，不能取图18的回路)，留数是 $\displaystyle\frac{1}{z^a}\Big|_{z=-1}=(-1)^{-a}=(e^{i\pi})^{-a}=e^{-i\pi a}$

46

在大圆 C_R 上，$|z|=R$，当 $R\to\infty$ 时，

$$\left|\int_{C_R}\frac{dz}{(1+z)z^a}\right|\leqslant\frac{2\pi R}{R\cdot R^a}=\frac{2\pi}{R^a}\longrightarrow 0\qquad(\because a>0)$$

在小圆 C_δ 上，$|z|=\delta$，当 $\delta\to 0$ 时，

$$\left|\int_{C_\delta}\frac{dz}{(1+z)z^a}\right|\leqslant\frac{2\pi\delta}{\delta^a}=2\pi\delta^{1-a}\longrightarrow 0\qquad(\because a<1)$$

~~因此，令 $\delta\to 0$，$R\to\infty$，就有~~：

沿实轴上岸，$\varphi=0$，$z=x$，$z^a=x^a$，$dz=dx$

沿实轴下岸，$\varphi=2\pi$，$z=xe^{i2\pi}$，$z^a=x^a e^{i2\pi a}$，$dz=dx$

总起来，就有：

$$\int_0^\infty\frac{dx}{(1+x)x^a}+\int_\infty^0\frac{dx}{(1+x)x^a e^{i2\pi a}}=2\pi i\,e^{-i\pi a}$$

即：
$$\int_0^\infty\frac{dx}{(1+x)x^a}\left(1-e^{-i2\pi a}\right)=2\pi i\,e^{-i\pi a}$$

化简，即得：
$$\int_0^\infty\frac{dx}{(1+x)x^a}=\frac{\pi}{\sin\pi a}\qquad(0<a<1)\qquad(13)$$

注意，这个方法是有普遍意义的，略加分析就可知道，对于下列积分：

$$\int_0^\infty x^{-a}f(x)\,dx\ ,\quad 0<a<1$$

如果 $f(z)$ 是单值解析函数，在正实轴上没有奇点（在全平面只有有限个奇点（原点除外）），而且当 $|z|\to 0$ 和 ∞ 时，便有 $|z|^{1-a}|f(z)|\to 0$，则

$$\boxed{\int_0^\infty x^{-a}f(x)\,dx=\frac{2\pi i}{1-e^{-i2\pi a}}\left[z^{-a}f(z)\text{ 在全平面}(z=0\text{ 除外})\text{各奇点处留数之和}\right]}$$

$$\cdots\cdots(14)$$

五）积分的主值。 在例4和例5中，我们碰到的都是瑕积分（奇积分），即在积分路线上的某些地点，被积函数趋于∞。在例4中，我们实际上计算的是

47

$$\int_0^\infty \frac{\ln x}{1+x^2}dx = \lim_{\delta\to 0}\int_\delta^\infty \frac{\ln x}{1+x^2}dx = 0$$

在例5中，我们实际上计算的是

$$\int_0^\infty \frac{dx}{x^a(1+x)} = \lim_{\delta\to 0}\int_\delta^\infty \frac{dx}{x^a(1+x)} = \frac{\pi}{\sin\pi a}$$

这些，称为相应的积分的主值。

一般而言，如果在定积分 $\int_{x_1}^{x_2} f(x)\,dx$ 中，在 $x=x_0$ 处 $(x_1<x_0<x_2)$，$f(x)\to\infty$，则这个积分应该了解成它的主值：

$$\int_{x_1}^{x_2} f(x)\,dx = \lim_{\delta\to 0}\left(\int_{x_1}^{x_0-\delta} f(x)\,dx + \int_{x_0+\delta}^{x_2} f(x)\,dx\right) \qquad (15)$$

如果在端点 x_1(或 x_2)处 $f(x)\to\infty$，则积分的主值了解为：

$$\int_{x_1}^{x_2} f(x)\,dx = \lim_{\delta\to 0}\int_{x_1+\delta}^{x_2} f(x)\,dx \quad \left(\text{或} \int_{x_1}^{x_2-\delta} f(x)\,dx\right) \qquad (15')$$

例 6. 计算 $\int_{-\infty}^{\infty}\frac{e^{iax}}{x}dx$ 的主值，$a>0$。

解：取图18所示的回路，在回路所包含的区域内，$\frac{e^{iaz}}{z}$ 是解析函数，没有奇点，因此沿着整个回路的积分为0。

在大圆 C_R 上，$R\to\infty$ 时，积分为0（参看(6)式下面的讨论）；

在小圆 C_δ 上，$\delta\to 0$ 时，$e^{iaz}\doteq 1$，$\int_{C_\delta}\frac{e^{iaz}}{z}dz \doteq \int_{C_\delta}\frac{dz}{z} = -\pi i$，

因此，
$$\int_{-\infty}^{\infty}\frac{e^{iax}}{x}dx = \pi i \quad (a>0) \qquad (16)$$

二边分别取实部和虚部，得到：

$$\boxed{\int_{-\infty}^{\infty}\frac{\cos ax}{x}dx = 0, \qquad \int_{-\infty}^{\infty}\frac{\sin ax}{x}dx = \pi} \qquad (17)$$

前者为0，是因为被积函数是奇函数，后者则是大家所熟悉的结果。

注意，在例4和例5中，$x=0$ 处积分是收敛的，而在(16)式中，$x=0$ 处积分是发散的（$x\to 0$ 处，$\int\frac{e^{iax}}{x}dx \to \int\frac{dx}{x} = \ln x \to -\infty$）。由此可知，在积分是发散的时候，积分的主值仍可能存在。下面就来一般地分析一下，当积

48

练习：1. 说明(5)式和(7)式中负号的来由。

2. 如果 $f(x)$ 中包含因子 e^{-x} 或 e^{-x^2}，(5)式是否成立？(答：否)

3. 计算 $\int_{-\infty}^{\infty} f(x)\sin ax\,dx$ 和 $\int_{-\infty}^{\infty} f(x)\cos ax\,dx$ 为什么一定要通过(7)或(8)式，而不能直接利用图17来计算？

4. 图19是否适用于单值函数的积分？(答：否)

5. 研究(14)式的适用范围，即 $f(x)$ 的可能型式。并自己找一个例子。

~~6. 从你计算过的实积分中~~

6. 如果对本节的任何公式，有所怀疑的话，从你曾经计算过的实~~积分中，找几个例子来检验一下。~~

沿路径上存在奇点时，在什么情况下，积分的主值存在；而且，有什么简单的计算方法

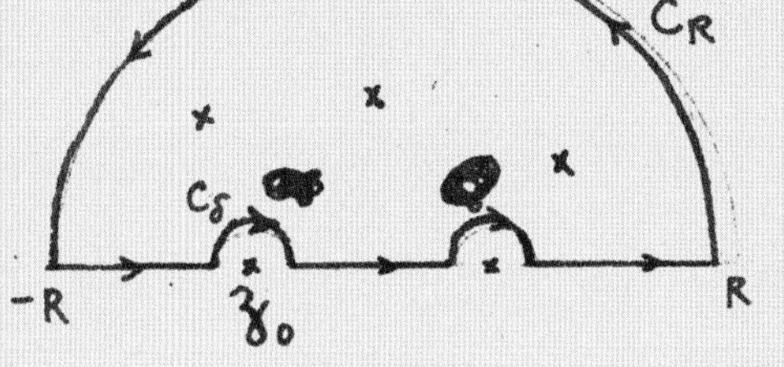

图 20

设 z_0(实数)为 $f(z)$ 在实轴上的某一个奇点，而我们需要计算 $f(z)$ 沿着实~~轴的积分。为了利用留数定理~~轴的积分(主值)。根据积分主值的定义(15)积分路径以奇点 z_0 为间断点，而为了利用留数定理，又必须计算 $f(z)$ 沿着某个闭合回路的积分。为此，我们可以绕过实轴上的奇点作一小半圆，如图20所示。如果 $f(z)$ 在上半平面只有有限个奇点，而且当 $|z|\to\infty$ 时，$zf(z)\to 0$，则在大圆 C_R 上，$f(z)$ 的积分趋于0，根据留数定理，有

$$\int_{-\infty}^{\infty} f(z)\,dz + \int_{C_\delta} f(z)\,dz + \cdots = 2\pi i\,[f(z)\text{在上半平面留数之和}]$$

如果我们可以计算出沿着小半圆 C_δ 等的 $f(z)$ 的积分，则问题就解决了。在奇点 z_0 附近，$f(z)$ 的罗朗展开式是：

$$f(z)=[a_0+a_1(z-z_0)+\cdots]+\frac{b_1}{z-z_0}+\frac{b_2}{(z-z_0)^2}+\cdots \qquad (18)$$

49

其中[ ]是在z_0点解析的，因此在C_δ上的积分趋于0（当小圆的半径$\delta\to0$时），而其他各项的积分为：

~~$\int_{C_\delta}\frac{b_1}{z-z_0}dz = b_1\ln(z-z_0)\Big|_{C_\delta}$~~

$$\int_{C_\delta}\frac{b_1}{z-z_0}dz = -\pi i\, b_1$$

$$\int_{C_\delta}\frac{b_2}{(z-z_0)^2}dz = \left[-\frac{b_2}{z-z_0}\right]_{C_\delta} = -\frac{2b_2}{\delta}$$

$$\int_{C_\delta}\frac{b_3}{(z-z_0)^3}dz = \left[-\frac{b_3}{2(z-z_0)^2}\right]_{C_\delta} = 0$$

由此可知，如罗朗展开式(18)中没有$(z-z_0)^{-2}$，$(z-z_0)^{-4}$，……等项，则$f(z)$在C_δ上的积分是有限的（否则，是发散的），其值为

$$\int_{C_\delta}f(z)dz = -\pi i\left[f(z)\text{在}z_0\text{点的留数}\right] \quad (19)$$

简单点说，如果$f(z)$在实轴上的奇点(z_0)均为一级极点，则(19)式成立，$f(z)$沿着实轴的积分主值存在，其值为：

$$\int_{-\infty}^{\infty}f(x)dx = 2\pi i\left[f(z)\text{在上半平面各奇点之留数之和}\right] + \pi i\left[f(z)\text{在实轴上各奇点之留数之和}\right] \quad (20)$$

~~这是(5)式的推广。对于(7)式，如当$f(z)$在实轴上有奇点时，亦可作同样的推广。~~

这是(5)式的推广（条件为$zf(z)\to0$，当$z\to\infty$时）。对于(7)式，当$f(z)$在实轴上有奇点时，亦可作类似的推广，亦即，如$f(z)$在上半平面上只有有限个极点，在实轴上只有有限个一级极点，而且当$|z|\to\infty$时，$f(z)\to0$，则当$a>0$时，有下列结果：

$$\int_{-\infty}^{\infty}f(x)e^{iax}dx = 2\pi i\left[f(z)e^{iaz}\text{在上半平面各奇点之留数之和}\right] + \pi i\left[f(z)e^{iaz}\text{在实轴上各奇点之留数之和}\right] \quad (21)$$

例1 上述可以作为(21)式的简单例子。

50

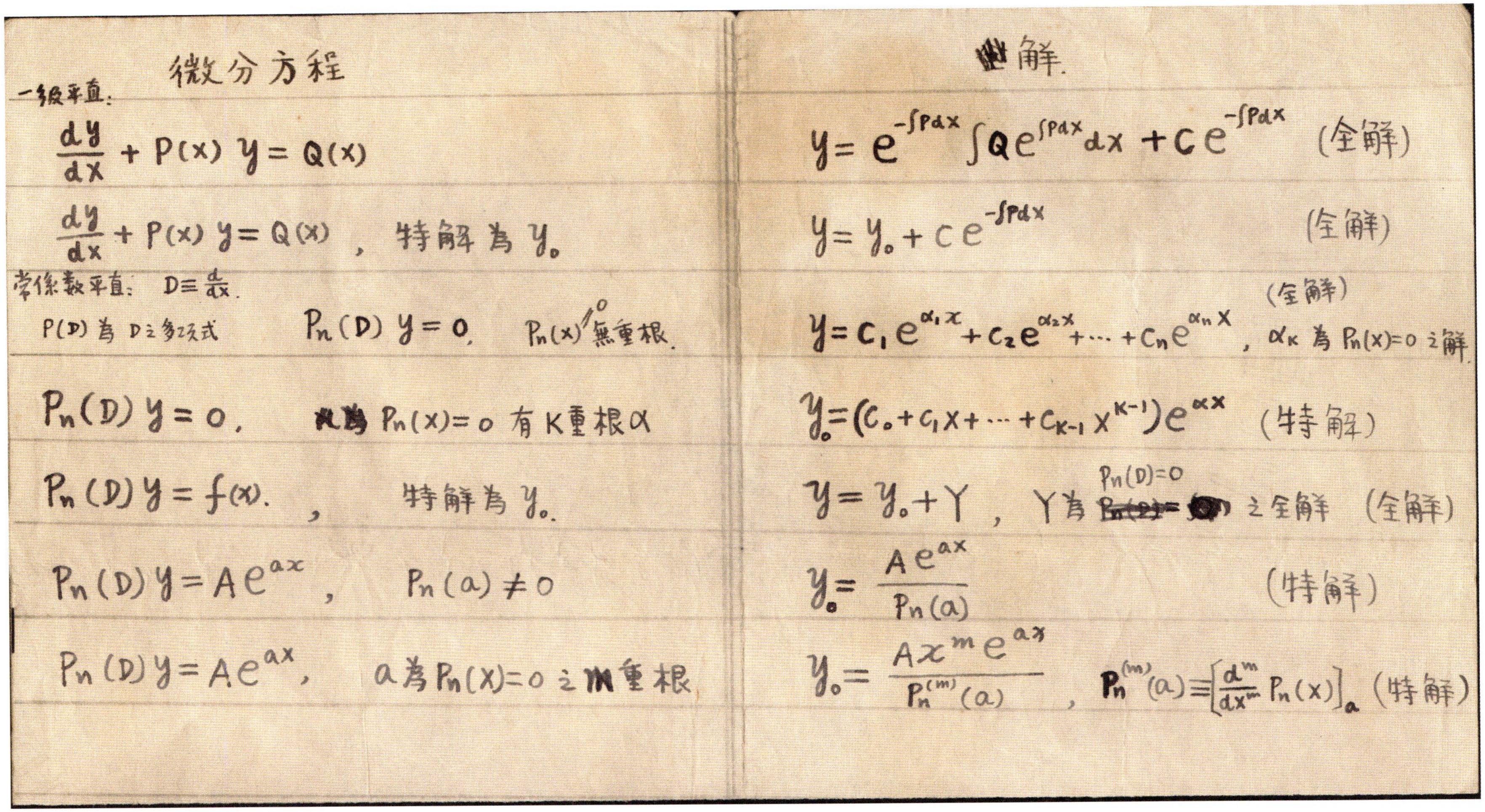

微分方程	解.
一级平直: $\frac{dy}{dx}+P(x)y=Q(x)$	$y=e^{-\int P dx}\int Qe^{\int P dx}dx+Ce^{-\int P dx}$ (全解)
$\frac{dy}{dx}+P(x)y=Q(x)$，特解為 y_0	$y=y_0+Ce^{-\int P dx}$ (全解)
常係數平直：$D\equiv\frac{d}{dx}$. P(D) 為 D之多項式　$P_n(D)y=0$，$P_n(x)=0$ 無重根.	$y=C_1e^{\alpha_1 x}+C_2e^{\alpha_2 x}+\cdots+C_ne^{\alpha_n x}$ (全解)，α_K 為 $P_n(x)=0$ 之解.
$P_n(D)y=0$，為 $P_n(x)=0$ 有K重根 α	$y_0=(C_0+C_1x+\cdots+C_{K-1}x^{K-1})e^{\alpha x}$ (特解)
$P_n(D)y=f(x)$，特解為 y_0.	$y=y_0+Y$，Y為 $P_n(D)=0$ 之全解 (全解)
$P_n(D)y=Ae^{ax}$，$P_n(a)\neq 0$	$y_0=\frac{Ae^{ax}}{P_n(a)}$ (特解)
$P_n(D)y=Ae^{ax}$，a為 $P_n(x)=0$ 之m重根	$y_0=\frac{Ax^me^{ax}}{P_n^{(m)}(a)}$，$P_n^{(m)}(a)\equiv\left[\frac{d^m}{dx^m}P_n(x)\right]_a$ (特解)

此页为插页

第二章 数学物理方程引论

§9 偏激分方程的物理来源

§10 行波(传播波)

§11 有界弦和驻波

§12 分离变量法

第二章 数学物理方程引論

用数学方法研究物理问题时，经常遇到各种类型的微分方程，通过這些微分方程的研究，常可阐明相应的物理过程。在這一章和以后的各章中，我们将研究几种典型的偏微分方程，研究它们的解和這些解的物理意义。

§9. 偏微分方程的物理来源

(一) 静电学

众所周知，静电场的电场強度 $\vec{E}$，电势 V 和电荷密度 ρ 之间具有下列关係：

$$\vec{E} = -\text{grad}\, V = -\vec{\nabla} V \tag{1}$$

$$\text{div}\,\vec{E} = \vec{\nabla}\cdot\vec{E} = 4\pi\rho \tag{2}$$

将(1)式代入(2)式，就得到电势 V 所满足的方程：

$$\boxed{\nabla^2 V = -4\pi\rho} \tag{3}$$

這里

$$\nabla^2 = \text{div grad} = \frac{\partial^2}{\partial x^2} + \frac{\partial^2}{\partial y^2} + \frac{\partial^2}{\partial z^2} \tag{4}$$

是拉普拉斯算符，(1)式和(2)式中的 $\vec{\nabla}$ 是梯度算符：

$$\vec{\nabla} = \left(\frac{\partial}{\partial x}, \frac{\partial}{\partial y}, \frac{\partial}{\partial z}\right) = \vec{i}\frac{\partial}{\partial x} + \vec{j}\frac{\partial}{\partial y} + \vec{k}\frac{\partial}{\partial z} \tag{5}$$

(3)式称为泊桑方程。在没有电荷的地点（$\rho = 0$ 处），(3)式变成

$$\boxed{\nabla^2 V = 0} \tag{6}$$

這称为拉普拉斯方程，或位势方程，它是我们所要研究的基本方程之一。

电势 V 除了满足微分方程(3)或(6)外，还应该满足一定的边界条件。例如，当所有电荷均集中在有限范围内时，在 ∞ 处，$V \to 0$；在导体面上，V 等于常数。

(二) 流体动力学

设在时刻 t 时，流经 (x,y,z) 点的流体速度为 $\vec{v}$，密度为 ρ。设想一个虚构的体

51

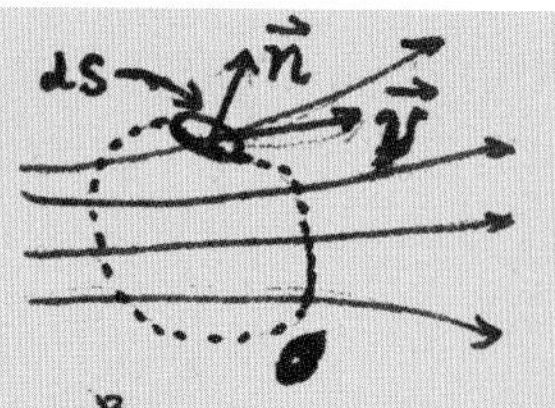

图20

积τ，其表面为S，我们来研究其中流体物质的增减规律。以dS表示表面的面积元，$\vec n$表示外向法线，则每秒经过dS流出这个体积的流体质量为

$$\rho\vec v\cdot d\vec S=\rho\,\vec v\cdot\vec n\,dS,$$

每秒流出这个体积的流体质量为$\oiint_S\rho\vec v\cdot d\vec S$，根据向量分析中熟知的格林公式

$$\oiint_S\vec A\cdot d\vec S=\iiint_\tau \mathrm{div}\,\vec A\,d\tau, \qquad (7)$$

我们得到每秒流出体积τ的流体质量为$\iiint_\tau \mathrm{div}(\rho\vec v)\,d\tau$，这也就是体积τ中每秒减少的流体质量，因此，

$$\iiint_\tau \mathrm{div}(\rho\vec v)\,d\tau=-\frac{\partial}{\partial t}\iiint_\tau\rho\,d\tau=-\iiint_\tau\frac{\partial\rho}{\partial t}\,d\tau$$

但体积τ是任意设想的，因此上式两端的被积函数必须相等，从而得到：

$$\boxed{\frac{\partial\rho}{\partial t}+\mathrm{div}(\rho\vec v)=0} \qquad (8)$$

这称为连续性方程，它是质量守恒定律的数学表达式。

(8)式适用于任何流体的任何流动。如果流动是稳定的，则对于空间某一定点而言，一切物理量(包括密度ρ在内)均不随时间改变，$\frac{\partial\rho}{\partial t}=0$，这时连续性方程变成

$$\mathrm{div}(\rho\vec v)=0 \qquad (8')$$

对于水，密度ρ可以认为是常数，对于空气，只要流动的速度不大（v小于声速），密度ρ也可以当作常数，这时(8′)式进一步简化成

$$\mathrm{div}\,\vec v=\nabla\cdot\vec v=0 \qquad (9)$$

在有些情况下，流动是无旋的，亦即 $\mathrm{curl}\,\vec v=\nabla\times\vec v=0$，这时，由向量分析知道，$\vec v$可以表示成某个标量函数的梯度：

$$\vec v=\mathrm{grad}\,\varphi \qquad (10)$$

φ称为势函数。将(10)代入(9)，易见势函数φ满足拉普拉斯方程：

$$\boxed{\nabla^2\varphi=0} \qquad (11)$$

52

流体动力学问题通常具有这样的边界条件：在 ∞ 处流体具有均匀的速度 U，设以这个方向为 x 轴，则边界条件可以表述为：∞ 处 $\varphi = Ux$ $[\vec{v}=(U,0,0)]$。另外，在位于流体中的物体表面上，由于流体不能进入物体，则速度 $\vec{v}$ 在表面的法线方向的投影 v_n 应该为 0，亦即 $\frac{\partial \varphi}{\partial n}=0$。

总之，非压缩性流体（ρ = 常数）的无旋运动，流体的速度 $\vec{v}$ 可通过势函数求得，而势函数应满足拉普拉斯方程和上述边界条件。

（三）弹性弦的横振动

设有一根沿着 x 轴拉紧的弹性弦，张力为 T，单位长度质量为 ρ。如使这弦在横向（y 方向）稍有偏离平衡位置，则它将沿 y 方向作微小的横振动。我们来建立它的振动方程。

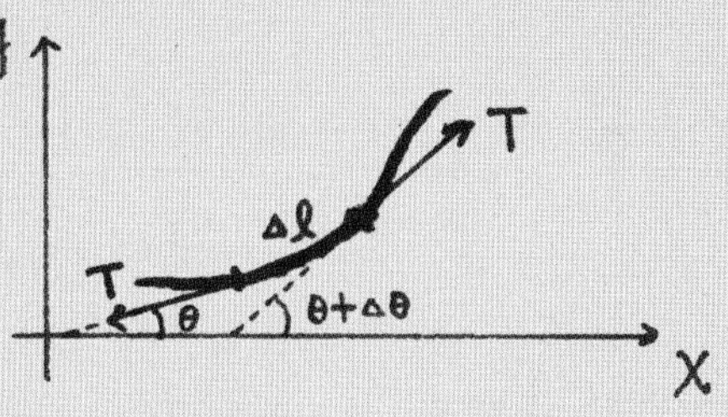

图 21

考察弦的一小段 Δl，它受到上下二个张力的作用，如图 21 所示。如弦只是作微小振动（y 很小），则 θ 将是小角度，这时，Δl 所受的力为：

$$F_y = T[\sin(\theta+\Delta\theta) - \sin\theta] \doteq T[\theta+\Delta\theta-\theta] = T\Delta\theta$$

$$F_x = T[\cos(\theta+\Delta\theta) - \cos\theta] \doteq T[1-1] = 0$$

$F_x=0$，表明弦只有横向运动。令 $\Delta l \to 0$，并设其纵坐标为 y，横坐标为 x，则

$$\frac{\partial y}{\partial x} = \tan\theta \doteq \theta$$

$$\Delta\theta \doteq \Delta\frac{\partial y}{\partial x} = \frac{\partial}{\partial x}\left(\frac{\partial y}{\partial x}\right)\cdot\Delta x = \frac{\partial^2 y}{\partial x^2}\Delta x .$$

弦的振动方程为：

$$(\rho\Delta l)\frac{\partial^2 y}{\partial t^2} = F_y = T\Delta\theta = T\frac{\partial^2 y}{\partial x^2}\Delta x, \qquad (12)$$

但 $\Delta l \doteq \Delta x$，将它们从上式两端消去，则得：

$$\boxed{\frac{\partial^2 y}{\partial x^2} = \frac{1}{c^2}\frac{\partial^2 y}{\partial t^2}}, \quad c^2 = T/\rho \qquad (13)$$

~~这就是弦的横振动方程，这是个典型的一维波动方程，其中 c 是波的传播速度（这一点将在后面说明）。~~

这就是弹性弦的横向自由振动方程。

53

如弦尚受到外力作用，以 $F(x,t)$ 表示时刻 t 时在 x 处每单位质量的弦所受的外力，则 Δl 上所受的外力为 $F(x,t)\rho\Delta l$，这个力应该加到(12)式右端，从而得到弦的受迫振动方程：

$$\frac{\partial^2 y}{\partial x^2}=\frac{1}{c^2}\frac{\partial^2 y}{\partial t^2}-\frac{F(x,t)}{c^2} \qquad (14)$$

为了完全解决弦振动问题，除了振动方程以外，还需要知道弦的初始形状(位置)和速度： $y(x,0)=\varphi(x)$， $\left.\frac{\partial y}{\partial t}\right|_{t=0}=\psi(x)$，这称为初始条件。

如果弦的二端是固定的，而弦长为 l，则就还要附加上边界条件：

$$y(0,t)=y(l,t)=0$$

(四) 波动和波动方程

波动现象广泛地存在于各种物理问题中（声学，弹性力学，电动力学，光学等等）。上述弦振动方程(13)就是一个典型的一维波动方程。这里我们不予备全面地研究(13)式的解答，但可以指出它的一个显而易见的解答：

~~$y=y_0\cos(kx-\omega t)$~~

~~这里 k 和 ω 是任意实数，但具有关系 $k^2=\frac{\omega^2}{c^2}$。通常，令 $k=\frac{2\pi}{\lambda}$，$\omega=2\pi\nu$ $(c=\lambda\nu)$ (15)~~

~~即~~ $y=y_0\cos 2\pi\left(\frac{x}{\lambda}-\nu t\right)$， $\lambda\nu=c$.

这正是大家所熟悉的平面波，其中 y_0 是振幅，λ 是波长，ν 是频率。波(弦的振动)的传播方向是正 x 轴的方向。

一般的，以 A 表示平面波的振幅，λ 表示波长，ν 表示频率，则沿正 x 方向传播的单频平面波为：

$$\psi(x,t)=A\cos 2\pi\left(\frac{x}{\lambda}-\nu t\right) \qquad (15)$$

ψ 称为波函数。在不同的物理问题中，ψ 代表不同的物理量，例如，在上述弦振动问题中，ψ 代表弦的横向位移($\psi=y$)，在光波中，ψ 代表光波的电场强度或磁场强度($\psi=E$ 或 $\psi=H$)，也可以代表电磁场的电势 V。

54

我们再来研究一下平面波(15)的性质。根据三角函数的周期性，易知

$$\psi(x+\lambda,\ t) = \psi(x,\ t). \qquad (16)$$

$$\psi\left(x,\ t+\frac{1}{\nu}\right) = \psi(x,\ t) \qquad (17)$$

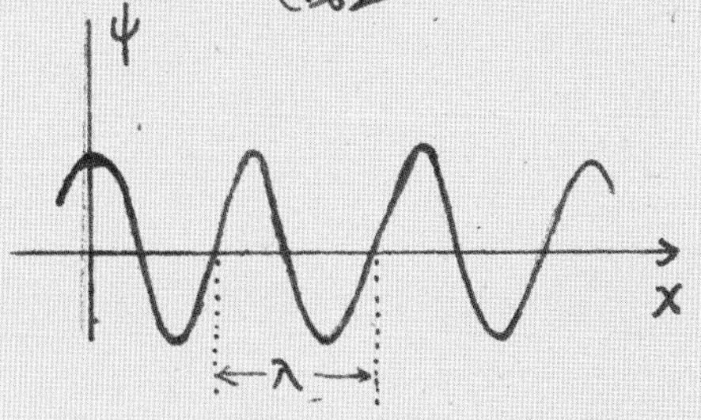

图 22

(16)式说明了波长 λ 的意义：在同一时刻，相距 λ 的二点，运动情况相同（图22）。(17)式说明了，在同一地点，每经过时间 $\frac{1}{\nu}$，运动情况恢复原状。正因为此，$T=\frac{1}{\nu}$ 称为周期。在一秒钟之间，这种周而复始的情况共发生 $1/\frac{1}{\nu}=\nu$ 次，这正是频率的意义。

为了简化(15)式，可令

$$\boxed{k=\frac{2\pi}{\lambda},\quad \omega=2\pi\nu} \qquad (18)$$

则

$$\psi(x,t)=A\cos(kx-\omega t) \qquad (19)$$

ω 称为角频率，k 称为波数（狭义地，$\frac{1}{\lambda}$ 称为波数）。

由(19)式知，平面波的函数形式是完全确定的（三角函数），除此而外，波的情况（各时刻，各地点）由二个量所确定，一个是振幅 A（A^2=波的强度），一个是周相（简称相）$kx-\omega t$，在某个时刻 t，在一个和 x 轴垂直的平面上的各点，x 只有相同的值，因此只有相同的周相，这种面称为等相面。波的传播方向是等相面的法线方向，传播速度是等相面向前移动的速度，由下式决定：

$$\frac{d}{dt}(kx-\omega t)=0$$

亦即：

$$\frac{dx}{dt}=\frac{\omega}{k}=\frac{2\pi\nu}{2\pi/\lambda}=\lambda\nu \qquad (20)$$

因此 $c=\lambda\nu$ 称为相速度。

将(19)式分别对 x 和 t 微分，容易验明，波函数 $\psi(x,t)$ 满足下列一维波动方程：

55

$$\frac{\partial^2\psi}{\partial x^2}=\frac{1}{c^2}\frac{\partial^2\psi}{\partial t^2},\quad c^2=\frac{\omega^2}{k^2}=\lambda^2\nu^2 \qquad (21)$$

从数学观点看，波动方程(21)的解答并不一定限于实函数，(21)式也存在下列复数解：

$$\psi(x,t)=Ae^{i(kx-\omega t)} \qquad (19')$$

如所周知，这正是平面波的复数表示法。允许采用复数表示法时，在运算方面有许多方便，但应注意，这时候波函数 ψ 不再直接代表所研究的物理量，而祗是对波动过程的数学描述；所研究的物理量是由，譬如说，ψ 的实部来代表的。

~~考虑一个沿任意方向传播的平面波~~

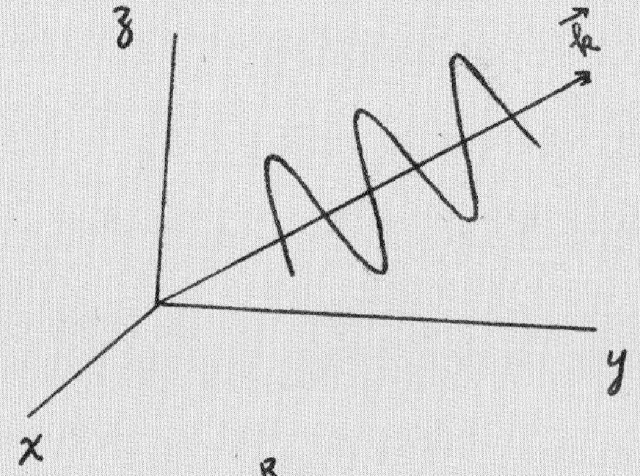

图23

推广到一般情况。设平面波的传播方向不和 x 轴重合，而和坐标轴分别成 α,β,γ 角。这时，我们可先设想一个新的坐标系 x',y',z'，使 x' 和传播方向重合，则这个波的波函数可以表示成

$$\psi=A\cos(kx'-\omega t),$$

~~或者，在复数表示法中，表示成 $\psi=Ae^{i(kx'-\omega t)}$~~

考虑到

$$x'=x\cos\alpha+y\cos\beta+z\cos\gamma,$$

就得到：

$$\psi(x,y,z;t)=A\cos[k(x\cos\alpha+y\cos\beta+z\cos\gamma)-\omega t]$$

如果定义一个波矢量 $\vec{k}$ 如下：$\vec{k}$ 的方向和平面波的传播方向一致，$\vec{k}$ 的绝对值等于 $k=2\pi/\lambda$，亦即

$$\vec{k}=(k\cos\alpha,\ k\cos\beta,\ k\cos\gamma)$$

则

$$\psi(x,y,z,t)=A\cos(\vec{k}\cdot\vec{r}-\omega t) \qquad (22)$$

56

這里 $\vec{r}=(x,y,z)$ 是空间各点的位置向量。

如採用复数表示法，则

$$\psi(x,y,z,t)=Ae^{i(\vec{k}\cdot\vec{r}-\omega t)} \qquad (22')$$

現在，等相面是 X = 常数，这是一个和波矢量 $\vec{k}$ 垂直的平面。反过来说，波矢量的方向（波的传佈方向）是等相面的法线方向。

将 (22) 或 (22') 式分别对空间和时间微分，容易發現，波函数 ψ 满足下列偏微分方程：

$$\boxed{\nabla^2\psi=\frac{1}{c^2}\frac{\partial^2\psi}{\partial t^2}},\quad c^2=\frac{\omega^2}{k^2}=\lambda^2\nu^2 \qquad (23)$$

这称為波动方程。

回到平面波 (22')，它可以寫成 $\psi=Ae^{i\vec{k}\cdot\vec{r}}\,e^{-i\omega t}$，這里波函数中空间变数和时间变数是互相分开的，可以分（这正是复数表示法的优点！）

已经说过，平面波是一个单频率 $\left(\nu=\frac{\omega}{2\pi}\right)$ 的波，这從波函数 ψ 的时间部分 $e^{-i\omega t}$ 是 t 的周期函数可以了解（只要回想一下 $e^{\pm i2\pi}=1$）。单频率的波并不限于平面波，也可以是球面波或其他形式的波，但决定波的频率的应该是波函数的时间部分，因此，单频率波波函数的广义形式是：

$$\psi(x,y,z;t)=\psi(x,y,z)\,e^{-i\omega t} \qquad (24)$$

其中 $\psi(x,y,z)$ 是某个未定函数。如将 (24) 代入波动方程 (23) 中，就得到：

$$\boxed{\nabla^2\psi(x,y,z)+k^2\psi(x,y,z)=0} \qquad (25)$$

這称為海姆霍兹方程，它是（许多）单频波的空间波函数（即波函数的空间部分）所满足的方程。

為了求得波动方程 (23) 或 (25) 的解，也需要一定的初始条件或边界条件，这些将在具体问题中具体讨论之。

57

（五）电磁波

电磁场的产生和变化的规律，可以归结为马克斯韦方程组，在真空中，马克斯韦方程组的微分形式为：

$$\begin{cases} \vec{\nabla}\cdot\vec{E} = 4\pi\rho & (26a) \\ \vec{\nabla}\cdot\vec{H} = 0 & (26b) \\ \vec{\nabla}\times\vec{E} = -\frac{1}{c}\frac{\partial\vec{H}}{\partial t} & (26c) \\ \vec{\nabla}\times\vec{H} = \frac{1}{c}\frac{\partial\vec{E}}{\partial t} + \frac{4\pi}{c}\vec{j} & (26d) \end{cases}$$

$\vec{E}$，$\vec{H}$ 是电场强度和磁场强度，ρ 和 $\vec{j}$ 是电荷密度和电流密度，c是光速。上面的式子表明电磁场是由电荷和电流所产生，而又彼此影响。如果知道了空间各处的电荷和电流分布 $\rho(x,y,z,t)$ 和 $\vec{j}(x,y,z,t)$，应该可以计算出电场 $\vec{E}$ 和磁场 $\vec{H}$。$\vec{E}$ 和 $\vec{H}$ 各有3个分量，因此共有6个未知函数，而(26)式共包括8个方程［(26c)和(26d)各自包含3个方程］，它们相互之间有一定的重复性，直接根据(26)式来进行计算是不方便的，需要进行一定的简化。

将(26d)微分，得到

$$\vec{\nabla}\times(\vec{\nabla}\times\vec{H}) = \frac{1}{c}\frac{\partial}{\partial t}\vec{\nabla}\times\vec{E} + \frac{4\pi}{c}\vec{\nabla}\times\vec{j} \qquad (26d')$$

将(26c)代入上式，并利用下列向量恒等式：

$$\vec{\nabla}\times(\vec{\nabla}\times\vec{H}) = \vec{\nabla}(\vec{\nabla}\cdot\vec{H}) - \nabla^2\vec{H},$$

再考虑到(26b)式，则(26d')变成

$$\nabla^2\vec{H} - \frac{1}{c^2}\frac{\partial^2\vec{H}}{\partial t^2} = -\frac{4\pi}{c}\vec{\nabla}\times\vec{j} \qquad (27)$$

这就是磁场 $\vec{H}$ 所满足的波动方程（注意它包含3个方程）。

同样，将(26c)微分，并利用(26a)和(26d)，可得电场 $\vec{E}$ 所满足的微分方程：

$$\nabla^2\vec{E} - \frac{1}{c^2}\frac{\partial^2\vec{E}}{\partial t^2} = \vec{\nabla}4\pi\rho + \frac{4\pi}{c^2}\frac{\partial\vec{j}}{\partial t} \qquad (28)$$

在没有电流和电荷的地方（$\rho=\vec{j}=0$），(27)和(28)式变成

$$\boxed{\nabla^2\vec{H} - \frac{1}{c^2}\frac{\partial^2\vec{H}}{\partial t^2} = 0} \qquad (27')$$

$$\boxed{\nabla^2\vec{E} - \frac{1}{c^2}\frac{\partial^2\vec{E}}{\partial t^2} = 0} \qquad (28')$$

58

§9 偏微分方程的物理来源

这正是在第(四)段中曾经得到过的波动方程，注意 $\vec{E}$ 和 $\vec{H}$ 的各个分量都满足同样的波动方程。(27')和(28')常被用来研究电磁波的传播。在研究电磁波的发生，亦即当 $\vec{j}$ 和 ρ 不等于0时，利用(27)和(28)式计算 $\vec{H}$ 和 $\vec{E}$，虽然可以，但是不很方便。我们再来建立一组更方便的计算电场和磁场的方程式。

(26b)式表明，磁场 $\vec{H}$ 是无散的（散度为0），在向量分析中证明，无散的向量场一定可以表示成某个向量的旋度，因此，

$$\boxed{\vec{H}=\vec{\nabla}\times\vec{A}=\mathrm{curl}\,\vec{A}} \qquad (29)$$

$\vec{A}$ 称为电磁场的向量势（注即由 $\vec{A}$ 的微商可以求得 $\vec{H}$，但"势"这个词只有形式的意义，因为磁场不是保守力场。）

将(29)代入(26c)中，得到：

$$\vec{\nabla}\times\left(\vec{E}+\frac{1}{c}\frac{\partial\vec{A}}{\partial t}\right)=0, \qquad (30)$$

在向量分析中证明，一个无旋的向量，一定可以表示成某个标量的梯度，因此，

$$\boxed{\vec{E}=-\frac{1}{c}\frac{\partial\vec{A}}{\partial t}-\vec{\nabla}\varphi} \qquad (30')$$

φ 称为电磁场的标量势。在稳定情况下，$\frac{\partial\vec{A}}{\partial t}=0$，$\vec{E}=-\vec{\nabla}\varphi$，$\varphi$ 就是静电场的电势 V。

将(29)，(30)代入(26d)，得到

$$\vec{\nabla}\times\vec{\nabla}\times\vec{A}=-\frac{1}{c^2}\frac{\partial^2\vec{A}}{\partial t^2}-\frac{1}{c}\vec{\nabla}\frac{\partial\varphi}{\partial t}+\frac{4\pi}{c}\vec{j}$$

利用恒等式 $\vec{\nabla}\times\vec{\nabla}\times\vec{A}=\vec{\nabla}(\vec{\nabla}\cdot\vec{A})-\nabla^2\vec{A}$，得到

$$\nabla^2 A-\frac{1}{c^2}\frac{\partial^2\vec{A}}{\partial t^2}=-\frac{4\pi}{c}\vec{j}+\vec{\nabla}\left(\vec{\nabla}\cdot\vec{A}+\frac{1}{c}\frac{\partial\varphi}{\partial t}\right) \qquad (31)$$

但是这个式子比(27)式还要复杂。为了简化(31)式，我们注意，标量势 φ 本身并不是直接的物理量（$\vec{E}$ 和 $\vec{H}$ 才是的），φ 是作为(30)式的解出现在(30')中，而 φ 本身是有一定的任意选择的。向量势 $\vec{A}$ 也一样。通常，要求 $\vec{A}$ 和 φ 满足下列辅助条件（称为洛伦兹规范条件）：

$$\vec{\nabla}\cdot\vec{A}+\frac{1}{c}\frac{\partial\varphi}{\partial t}=0 \qquad (32)$$

这时(31)式简化成：

$$\boxed{\nabla^2\vec{A}-\frac{1}{c^2}\frac{\partial^2\vec{A}}{\partial t^2}=-\frac{4\pi}{c}\vec{j}} \qquad (33)$$

59

另外，(30′)二端取散度，得到

$$\nabla\cdot\vec{E} = -\frac{1}{c}\frac{\partial}{\partial t}\nabla\cdot\vec{A} - \nabla^2\varphi ,$$

将(26a)和(32)式代入，得到

$$\boxed{\nabla^2\varphi - \frac{1}{c^2}\frac{\partial^2\varphi}{\partial t^2} = -4\pi\rho} \qquad (34)$$

(33)和(34)式正是我们所要寻找的方程式(称为达朗贝尔方程)，由它们可以从空间的电流分布和电荷分布分别求出向量势 $\vec{A}$ 和标量势 φ，再由(29)和(30′)求得磁场 $\vec{H}$ 和电场 $\vec{E}$。当然，解(33)和(34)式比解(27)和(28)式要容易些。

(34)和(33)式表明，电磁场的标量势由电荷产生，向量势由电流产生（但二者又是互相联系，互相制约的，这表现在规范条件(32)式）。在没有电荷和电流的地方，(33)和(34)变成一般的波动方程：

$$\boxed{\nabla^2\vec{A} - \frac{1}{c^2}\frac{\partial^2\vec{A}}{\partial t^2} = 0} \qquad (33')$$

$$\boxed{\nabla^2\varphi - \frac{1}{c^2}\frac{\partial^2\varphi}{\partial t^2} = 0} \qquad (34')$$

而在稳定情况下，φ 不随时间改变，(34)变成

$$\nabla^2\varphi = -4\pi\rho \qquad (34'')$$

这正是泊松方程。不用说，在 $\rho=0$ 处，(34″)又进一步变成拉普拉斯方程。

稳定的电荷分布 $\rho(x,y,z)$ 产生静电场，稳定的电流 $\vec{j}(x,y,z)$ 产生静磁场，电磁波产生于随时间变化的电荷和电流分布。如果电荷和电流随时间的变化是单频率的：

$$\rho(x,y,z,t) = \rho(x,y,z)\,e^{-i\omega t}, \quad \vec{j}(x,y,z,t) = \vec{j}(x,y,z)\,e^{-i\omega t}$$

（这里用了复数表示法，真实的 ρ 和 $\vec{j}$ 应该理解成上式的实部。对 φ 和 $\vec{A}$ 也应该有同样的理解）则由此而产生的电磁场也应该是单频率的，亦即

$$\varphi(x,y,z,t) = \varphi(x,y,z)\,e^{-i\omega t}, \quad \vec{A}(x,y,z,t) = \vec{A}(x,y,z)\,e^{-i\omega t}$$

代入(33)和(34)中，得到：

$$\boxed{\nabla^2\vec{A} + k^2\vec{A} = -\frac{4\pi}{c}\vec{j}} \qquad (35)$$

$$\boxed{\nabla^2\varphi + k^2\varphi = -4\pi\rho} \qquad (36)$$

这里 $k^2=\frac{\omega^2}{c^2}$，ω 是电磁波的角频率，c 是光速，k 是波数。在 $\rho=\vec{j}=0$ 处，上二

60

式变成

$$\nabla^2\vec{A}+k^2\vec{A}=0 \qquad (35')$$

$$\nabla^2\varphi+k^2\varphi=0 \qquad (36')$$

它们描写单频率电磁波的传播。注意电场 $\vec{E}$ 和磁场 $\vec{H}$ 也适合同样的方程。

(六) 扩散方程.

在溶液（这里"溶液"一词应作广义了解，它包括固体溶于液体，气体溶于气体等等各种情况）中，如果溶质浓度不均匀，则溶质将从浓度高处向浓度低处扩散而趋于平衡。以 $\rho(x,y,z,t)$ 表示溶质的浓度（密度），$\vec{j}(x,y,z,t)$ 表示每秒每单位面积上由于扩散而"流"过的溶质，则

从一个体积 τ 中每秒减少的溶质为（参看图24）

$$-\frac{\partial}{\partial t}\iiint_\tau \rho\, d\tau = -\iiint_\tau \frac{\partial\rho}{\partial t}\, d\tau = \iint_S \vec{j}\cdot d\vec{S}$$

$$=\iiint_\tau \operatorname{div}\vec{j}\, d\tau$$

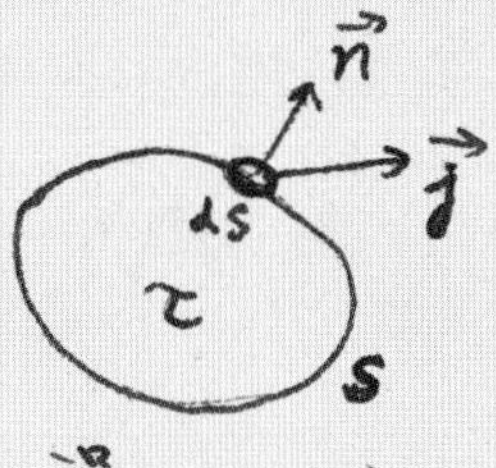

图 24

由于 τ 是任意选的，因此上式给出下列连续性方程：

$$\operatorname{div}\vec{j}=\nabla\cdot\vec{j}=-\frac{\partial\rho}{\partial t} \qquad (37)$$

而实验指出，$\vec{j}$ 和溶质浓度的梯度成正比：

$$\vec{j}=-D\operatorname{grad}\rho=-D\vec{\nabla}\rho \qquad (38)$$

常数 D 称为扩散系数，负号表示扩散的方向是和浓度增加的方向相反。

将(38)代入(37)，得到：

$$\nabla^2\rho=\frac{1}{D}\frac{\partial\rho}{\partial t} \qquad (39)$$

这称为扩散方程。知道了开始时（$t=0$）溶质的浓度分布 $\rho(x,y,z,0)$，由扩散方程就可以计算任何时刻的浓度分布 $\rho(x,y,z,t)$。

(七) 固体中的热传导。

扩散方程经常出现于各种平衡过程中，固体中的热传导就是一个例子。

设固体中存在热流，或者在开始时各处温度不相等，则将产生热从温度高

61

处向温度低处的流动。设每秒每单位面积流过的热量为 $\vec{q}$，则每秒流出体积 τ 的热量为

$$\iint_S \vec{q}\cdot d\vec{s} = \iiint_\tau \mathrm{div}\,\vec{q}\, d\tau$$

设每单位体积每秒产生的热量（由于吸收外界辐射或由于化学变化等原因）为 Q，（Q 是 x, y, z，甚至于温度 ϑ 的函数），则在体积 τ 中每秒纯增加的热量为（这里我们把由于热运动转化为其他形式的运动而造成的热能消耗归併到 Q 中去，即 Q 可正可负）为：

$$\iiint_\tau Q\, d\tau - \iiint_\tau \mathrm{div}\,\vec{q}\, d\tau = \iiint_\tau (Q - \mathrm{div}\,\vec{q})\, d\tau \qquad (40)$$

设固体的密度为 ρ，比热为 c，温度为 ϑ，则在 τ 中的热能为 $\iiint_\tau \rho c\vartheta d\tau$，它对时间的变化率 $\frac{\partial}{\partial t}\iiint_\tau \rho c\vartheta\, d\tau = \rho c\iiint_\tau \frac{\partial\vartheta}{\partial t} d\tau$ 应该等于(40)式。考虑到 τ 的任意性，就得到下列方程：

$$Q - \mathrm{div}\,\vec{q} = \rho c \frac{\partial\vartheta}{\partial t} \qquad (41)$$

实验指出，热流向量 $\vec{q}$ 和温度的梯度成正比（富利叶定律）：

$$\vec{q} = -k\,\mathrm{grad}\,\vartheta \qquad (42)$$

常数 k 称为热传导係数。将(42)代入(41)，就得到下列热传导方程：

$$\boxed{\nabla^2\vartheta = \frac{1}{K}\frac{\partial\vartheta}{\partial t} - \frac{Q}{k}} \qquad (43)$$

这里 $K = \frac{k}{\rho c}$，称为温度传导係数。

如果固体中没有热源（Q = 0），则(43)式就变成和扩散方程具有相同的形式：

$$\boxed{\nabla^2\vartheta = \frac{1}{K}\frac{\partial\vartheta}{\partial t}} \qquad (44)$$

又如果热源的情况是稳定的（Q 与 t 无关），则长时间后各处的温度亦必趋于稳定，$\frac{\partial\vartheta}{\partial t} = 0$，这时(43)式变成：

$$\boxed{\nabla^2\vartheta = -\frac{1}{k}Q(x, y, z)} \qquad (45)$$

这和静电场的泊松方程完全类似。

62

热传导问题的初始条件或边界条件通常是这样的：已知在一定边界上的温度或热流的情况，或者已知在开始时各处的温度分布情况。后面一种条件当然是对于不稳定情况[(43)或(44)式]而言的。

(八) 小结.

总起来说，通过上述各个问题的分析，我们所得到的微分方程可以归纳成下列三种基本类型：

(I) 位势方程

$$\nabla^2\psi=0 \tag{46}$$

或

$$\nabla^2\psi=-4\pi\rho(x,y,z) \tag{47}$$

它被用来描写各种位势的场，也出现于各种稳定情况中。~~在静电学中，~~

1. 在静电学中，ψ表示电势，ρ表示电荷密度。
2. 在流体力学中（对于非压缩性流体的无旋流动），ψ表示势函数，$\rho=0$，而流体的速度 $\vec{v}=\nabla\psi$.
3. 在热传导问题的稳定情况下，ψ表示温度，ρ表示热源产生的热量。

(II) 波动方程

$$\nabla^2\psi-\frac{1}{c^2}\frac{\partial^2\psi}{\partial t^2}=0 \tag{48}$$

或

$$\nabla^2\psi-\frac{1}{c^2}\frac{\partial^2\psi}{\partial t^2}=-4\pi\rho(x,y,z,t) \tag{49}$$

它被用来描写各种振动和波动现象。前者描写波的传播，后者描写波的产生和传播。

1. 弦的横振动问题(一维情况)中，$\psi(x,t)$表示弦的横向位移，ρ表示外力。
2. 对于电磁波，ψ表示电磁场的标量势，或者电场强度，磁场强度和向量势的任何一个分量，ρ表示电荷密度或电流密度的分量。
3. 对于单频率的波，即 $\psi(x,y,z,t)=\psi(x,y,z)e^{-i\omega t}$，(48)式或(49)式简化成亥姆霍兹方程：

$$\nabla^2\psi(x,y,z)+k^2\psi(x,y,z)=0,\quad k^2=\frac{\omega^2}{c^2} \tag{50}$$

或

$$\nabla^2\psi(x,y,z)+k^2\psi(x,y,z)=-4\pi\rho(x,y,z) \tag{51}$$

63

(Ⅲ) 扩散方程

$$\nabla^2\psi - \frac{1}{k}\frac{\partial\psi}{\partial t} = 0 \qquad (52)$$

或

$$\nabla^2\psi - \frac{1}{k}\frac{\partial\psi}{\partial t} = -\frac{Q}{\kappa} \qquad (53)$$

它出现于各种平衡过程中。

1. 溶质扩散问题中，ψ表示溶质的浓度，k为扩散系数。

2. 热传导问题中，ψ表示温度，Q表示热源产生的热量，k和κ表示传导系数。

为了使方程的解能描写真实的物理情况，这些解应该满足一定的初始条件或边界条件，这些条件我们已在各个问题中作过简要的说明了。

自然，上述方程并不能代表在所有各个物理问题中所遇到的重要方程。例如，在量子力学中我们遇到下列薛丁格方程：

$$i\hbar\frac{\partial}{\partial t}\psi = -\frac{\hbar^2}{2m}\nabla^2\psi + V(x,y,z)\psi \qquad (54)$$

其中ψ是描述电子运动的波函数，$\hbar$是普朗克常数，m是电子质量，V是电势；在核力的介子场理论中遇到下列汤川势方程，

$$\nabla^2\psi - \frac{m^2c^2}{\hbar^2}\psi = -4\pi\rho(x,y,z) \qquad (55)$$

其中ψ是核力的介子作用势，ρ为核子的"介子荷"，m为介子质量；这些方程虽然不属于上述三种类型，但其形式和解法都和三种基本类型很相像，~~这些方程我们亦将就某些特殊情况予以适当的研究~~。

练习：

1. 採用球坐标时，静电场的电势 $V=V(r,\theta,\varphi)$，在球对称的情况下，$V=V(r)$，试证明这时拉普拉斯方程(6)简化成 $\frac{d^2}{dr^2}rV(r)=0$，求它的解并说明其物理意义。

2. 求下列一维热传导问题的解：长为l的均匀金属棒，维持其二端的温度为0和θ_0，求棒上各处的温度。（答：$\theta=\theta_0\frac{x}{l}$）

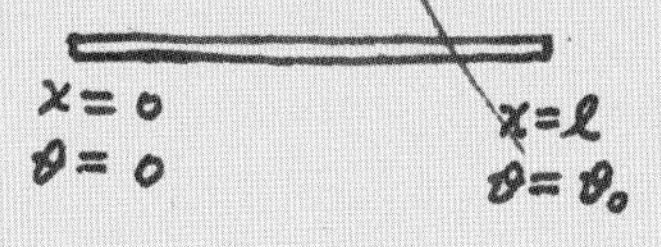

64

§10 行波(传播波) ~~一维波动方程的解—传播波(行波)~~

我们从最简单的一维波动方程

$$\boxed{\frac{\partial^2\psi}{\partial x^2}=\frac{1}{c^2}\frac{\partial^2\psi}{\partial t^2}} \qquad (1)$$

开始。为了物理上明确起见，我们讨论弦振动问题，亦即 ψ 代表弦的横向位移($\psi=y$，见§9 (13)式)。

我们先来研究一下(1)式的通解。在(1)式中，x 和 ct 处于对称的地位，因此，任何一个 $(x+ct)$ 的函数 $f(x+ct)$ 显然是(1)式的解；类似地，(1)式中 x 和 $-ct$ 亦处于~~对称~~的地位，因此，任意函数 $g(x-ct)$ 也是(1)式的解。这样，(1)式的通解可以写成：

$$\boxed{\psi=f(x+ct)+g(x-ct)} \qquad (2)$$

这个解是否(1)式的最普遍的解呢？为了判明这点，可以作下列变数变换：

$$\xi=x+ct\,,\quad \eta=x-ct \qquad (3)$$

~~则 $\frac{\partial\psi}{\partial x}=\frac{\partial\psi}{\partial\xi}\frac{\partial\xi}{\partial x}+\frac{\partial\psi}{\partial\eta}\frac{\partial\eta}{\partial x}=\frac{\partial\psi}{\partial\xi}+\frac{\partial\psi}{\partial\eta}$~~

视 ψ 为 ξ,η 的函数，则

$$\frac{\partial\psi}{\partial x}=\frac{\partial\psi}{\partial\xi}\frac{\partial\xi}{\partial x}+\frac{\partial\psi}{\partial\eta}\frac{\partial\eta}{\partial x}=\frac{\partial\psi}{\partial\xi}+\frac{\partial\psi}{\partial\eta}$$

$$\frac{\partial^2\psi}{\partial x^2}=\frac{\partial}{\partial\xi}\left(\frac{\partial\psi}{\partial\xi}+\frac{\partial\psi}{\partial\eta}\right)+\frac{\partial}{\partial\eta}\left(\frac{\partial\psi}{\partial\xi}+\frac{\partial\psi}{\partial\eta}\right)=\frac{\partial^2\psi}{\partial\xi^2}+\frac{\partial^2\psi}{\partial\eta^2}+2\frac{\partial^2\psi}{\partial\xi\partial\eta}$$

$$\frac{1}{c}\frac{\partial\psi}{\partial t}=\frac{\partial\psi}{\partial\xi}\frac{\partial\xi}{\partial ct}+\frac{\partial\psi}{\partial\eta}\frac{\partial\eta}{\partial ct}=\frac{\partial\psi}{\partial\xi}-\frac{\partial\psi}{\partial\eta}$$

$$\frac{1}{c^2}\frac{\partial^2\psi}{\partial t^2}=\frac{\partial}{\partial\xi}\left(\frac{\partial\psi}{\partial\xi}-\frac{\partial\psi}{\partial\eta}\right)-\frac{\partial}{\partial\eta}\left(\frac{\partial\psi}{\partial\xi}-\frac{\partial\psi}{\partial\eta}\right)=\frac{\partial^2\psi}{\partial\xi^2}+\frac{\partial^2\psi}{\partial\eta^2}-2\frac{\partial^2\psi}{\partial\xi\partial\eta}$$

代入(1)式，得到：

$$\frac{\partial^2\psi}{\partial\xi\partial\eta}=\frac{\partial}{\partial\xi}\frac{\partial\psi}{\partial\eta}=0 \qquad (4)$$

~~此式的解为 $\frac{\partial\psi}{\partial\eta}$ 则~~

由(4)式可知，$\frac{\partial\psi}{\partial\eta}$ 与 ξ 无关，只为 η 的函数：$\frac{\partial\psi}{\partial\eta}=w(\eta)$，积分即得

65

$$\psi=\int^{\eta}w(\eta)\,d\eta+c(\xi)$$

这里 c 为积分常数，与 η 无关，但可以是 ξ 的函数。这个结果和(2)式比较，二者完全一致，只是 $f=c$，$g=\int w\,d\eta$ 而已。由是可知，(1)式的解的最普遍的形式就是(2)式，其中 f, g 是待定函数，要根据适当的初始条件来加以确定。但在这样做以前，我们先来讨论一下 f 和 g 的物理意义。

先看 $g(x-ct)$ 表示怎样性质的一种波动(振动)。在时刻 t_0，x_0 处弦的位移为 $\psi=g(\alpha)$，$\alpha=x_0-ct_0$。在时刻 t_0+dt，具有同样位移的地点移到 x_0+dx，~~$\alpha=x_0+dx-c(t_0+dt)=x_0-ct_0$~~。

$$\alpha=x_0-ct_0=x_0+dx-c(t_0+dt),$$

$$\frac{dx}{dt}=c=\text{常数}.$$

因此，$g(x-ct)$ 表示以速度 c 向正 x 轴方向传播的波动(振动)。同样地，$f(x+ct)$ 表示以速度 c 向负 x 轴方向传播的波动。而(2)式表明，一般的波动是这二者的组合。注意，这二者的传播是互相独立的。

为了确定 f 和 g 的具体函数形式，需要知道弦的初始形状(位置)和初始速度。设 $t=0$ 时弦的形状和速度为：

$$\psi(x,0)=u(x),\quad \left.\frac{\partial\psi}{\partial t}\right|_{t=0}=v(x) \qquad (5)$$

代入(2)式，得到：

$$f(x)+g(x)=u(x) \qquad (6)$$

$$cf'(x)-cg'(x)=v(x) \qquad (7)$$

这二个条件刚好足以确定 f 和 g。因为由(7)式积分，可得

$$f(x)-g(x)=\frac{1}{c}\int v(x)\,dx \qquad (7')$$

(6)±(7')，就得到：

66

$$f(x)=\frac{1}{2}u(x)+\frac{1}{2c}\int v(x)\,dx$$

$$g(x)=\frac{1}{2}u(x)-\frac{1}{2c}\int v(x)\,dx \qquad (8)$$

代入(2)，就得到：

$$\boxed{\psi=\frac{1}{2}\left[u(x+ct)+u(x-ct)\right]+\frac{1}{2c}\int_{x-ct}^{x+ct}v(\alpha)\,d\alpha} \qquad (9)$$

如果弦的初始速度为0，则 $v(x)=0$. (9)式变成

$$\psi=\frac{1}{2}\left[u(x+ct)+u(x-ct)\right] \qquad (9')$$

~~物理意义是：使的振动(波动)由二个振幅相等~~的

物理意义是：二个波形相同的传播波(又称行进波)，$t=0$ 时恰好重合在一起，以后各自向相反的方向传播。

练习：

1. 已知弦的初始速度为0，初始形状为 $\psi(x,0)=\sin x$，求任意时刻弦的形状。(答：$\psi=\sin x\cos ct$)

2. 在什么样的初始条件下可以得到一个向正x方向传播的波(或向负x方向传播的波)？〔答：$v(x)=\pm c\,u'(x)$〕

67

§11. 有界弦和驻波.

在上一节中，为了(9)式在任何时刻成立，必须 $u(x+ct)$ 和 $u(x-ct)$ 对任何 t 值均有意义，这就必须 $u(x)$ 的定义域是 $-\infty < x < +\infty$，亦即弦是无界的（无限长）。如果弦是有界的，长为 l，它的二端被固定在 $x=0, l$ 处，则用上节的传播波法来处理是不方便的。从物理上看，在一根二端固定的弦中，如果有一个行进波，则当这个波到达端点时，就不能再前进，而被反射回去，就像声波在墙上反射一样。反射波和原来的波互相干涉，结果形成驻波。因此，对于有界弦的振动，有现实意义的是驻波，而不是行进波。驻波的特点是，弦上的每一点，均各自以一定的振幅作周期性的振动（各点的振幅可以不相同），亦即：

$$\psi = X(x)\,T(t) \tag{1}$$

其中 $X(x)$ 是 x 的某种函数（是 x 处的振幅），$T(t)$ 是 t 的周期函数。将(1)式代入波动方程

$$\frac{\partial^2\psi}{\partial x^2} = \frac{1}{c^2}\frac{\partial^2\psi}{\partial t^2}, \tag{2}$$

得到

$$X''(x)\,T(t) = \frac{1}{c^2}X(x)\,T''(t),$$

亦即

$$\frac{X''(x)}{X(x)} = \frac{1}{c^2}\frac{T''(t)}{T(t)}$$

但左端是 x 的函数，右端是 t 的函数，因此二者必须等于同一个常数 λ，

$$X''(x) = \lambda X(x) \tag{3}$$

$$T''(t) = \lambda c^2 T(t) \tag{4}$$

这里 λ 是待定常数。对于 $X(x)$，还必须附加下列边界条件：

$$X(0) = X(l) = 0 \tag{3'}$$

这是因为弦的二端点（$x=0$ 和 l）是固定的，振幅应为0。

若 $\lambda=0$，则(3)式变成 $X''(x)=0$，$X(x)=a+bx$，由边界条件(3')求得 $a=b=0$。

下面就来根据边界条件(3')，求(3)式的解。

68

§11 有界弦和驻波

则 $X(x)=0$，$\psi(x,t)=0$，这相当于弦是静止的，没有振动。

如 $\lambda>0$，令 $\lambda=\alpha^2$，则(3)式变成 $X''(x)=\alpha^2 X(x)$，其解为 $X(x)=ae^{\alpha x}+be^{-\alpha x}$，由边界条件(3')仍求得 $a=b=0$，$X(x)=0$，这仍归相当于弦的静止状态。

因此，实际有意义的情况应该是 $\lambda<0$，这时令 $\lambda=-k^2$，(3)式变成

$$X''(x)+k^2X(x)=0,$$

通解为

$$X(x)=a\sin kx+b\cos kx$$

由边界条件(3')，求得

$$X(0)=b=0$$

$$X(l)=a\sin kl=0,\quad kl=n\pi,\quad n=1,2,3,\cdots$$

所以，符合边界条件(3')而且有实际意义的解是：

$$X(x)=a\sin\frac{n\pi x}{l}=X_n(x),\quad n=1,2,3,\cdots \tag{5}$$

相应的 λ 是

$$\lambda=-\frac{n^2\pi^2}{l^2}=\lambda_n \tag{6}$$

将 λ 代入(4)式，求得相应的 $T(t)$：

$$T(t)=A\cos\frac{n\pi ct}{l}+B\sin\frac{n\pi ct}{l}=T_n(x) \tag{7}$$

(5)，(6)，(7)式中的指标 n 取同样的数值。(5)和(7)代入(1)，得到第n种驻波的具体形式：

$$\boxed{\psi_n(x,t)=X_n(x)T_n(t)=\sin\frac{n\pi x}{l}\left[A_n\cos\frac{n\pi ct}{l}+B_n\sin\frac{n\pi ct}{l}\right]} \tag{8}$$

这里已经把常数 A 和 a 合并写成 A_n，B 和 a 合并写成 B_n。

注意，每一个 ψ_n $(n=1,2,\cdots)$ 均满足波动方程(2)以及表示端点固定的边界条件

$$\psi(0,t)=\psi(l,t)=0, \tag{2'}$$

因此，有界弦问题的一般解为

69

$$\psi=\sum_n \psi_n=\sum_{n=1}^{\infty}\sin\frac{n\pi x}{l}\left[A_n\cos\frac{n\pi ct}{l}+B_n\sin\frac{n\pi ct}{l}\right] \qquad (9)$$

常数 A_n 和 B_n 可以由给定的初始条件

初始位置 $\psi(x,0)=u(x)$ (10)

初始速度 $\left.\frac{\partial\psi}{\partial t}\right|_{t=0}=v(x)$ (10′)

来确定。将(9)代入(10)和(10′)，得到

$$u(x)=\sum_n A_n\sin\frac{n\pi x}{l} \qquad (11)$$

$$v(x)=\sum_n B_n\frac{n\pi c}{l}\sin\frac{n\pi x}{l} \qquad (11')$$

它们给出

$$A_n=\frac{2}{l}\int_0^l u(x)\sin\frac{n\pi x}{l}\,dx \qquad (12)$$

$$B_n=\frac{2}{n\pi c}\int_0^l v(x)\sin\frac{n\pi x}{l}\,dx \qquad (12')$$

(亦即 A_n 是 $u(x)$ 的富氏系数，$B_n\frac{n\pi c}{l}$ 是 $v(x)$ 的富氏系数) 总之，二端固定的有界弦存在一系列的驻波，或者说固有振动((8)式)，而一般的振动是这些固有振动的叠合((9)式)，根据给定的初始条件[(10)和(10′)式]可以求得叠合式(9)中的各个系数(A_n和B_n，它们表明在弦的振动中各个驻波所占有的成份)，从而获得所有时刻弦的振动情况。

现在我们来分析一下驻波 $\psi_n(x,t)$ 的物理意义。首先，(7)式可以写成较简单的形式

$$T_n(t)=A\cos\frac{n\pi ct}{l}+B\sin\frac{n\pi ct}{l}=A'\cos\left(\frac{n\pi ct}{l}+\delta\right) \qquad (7')$$

常数 A' 和 δ 由 A,B 决定。令 $A'a=a_n$，则驻波 ψ_n 可以写成

$$\psi_n(x,t)=a_n\sin\frac{n\pi x}{l}\cos\left(\frac{n\pi ct}{l}+\delta\right) \qquad (8')$$

(8′)式表明，弦上每一点均以同样的频率作简谐振动，角频率、频率为：

$$\omega_n=n\frac{\pi c}{l},\quad \nu_n=\frac{\omega_n}{2\pi}=n\frac{c}{2l} \qquad (13)$$

这称为弦振动的固有频率或特征频率。弦的基频$(n=1)$是

$$\omega_1=\frac{\pi c}{l},\quad \nu_1=\frac{c}{2l} \qquad (13')$$

注意各个固有频率均为基频的整倍数。

70

各点的振幅 $a_n\sin\frac{n\pi x}{l}$ 对时间而言，是一个固定的数值（驻波的名称来源于此），它决定了驻波的波形，如图25所示。振幅最大处称为波腹，振幅为0处（即不振动的地点）称为波节。对于第n个驻波，波腹和波节的位置是：

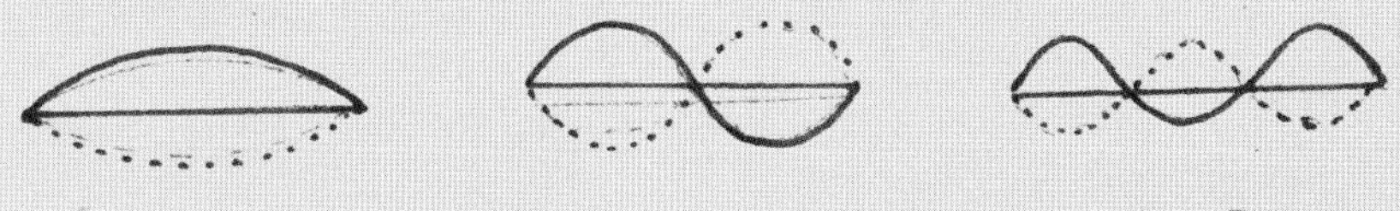

图25

~~波腹：$x=(m+\frac{1}{2})\frac{l}{n}$ ；波节：$x=m\frac{l}{n}$ (14)~~

波节：$x=m\frac{l}{n}$，$m=0,1,2,\cdots n$

波腹：$x=(m+\frac{1}{2})\frac{l}{n}$，$m=0,1,2,\cdots n-1$ (14)

注意端点（$x=0,\ l$）永远是波节；弦的中点（$x=\frac{l}{2}$）或为波腹（n为奇）或为波节（n为偶），这从图25可以看得很清楚。注意，弦长的2倍($2l$)是波长的整(n)倍数。

最后，我们来计算驻波中的能量。已经说明，弦的各个小段（点）均作简谐振动，则动能的时间平均值等于势能的时间平均值，而且等于总能的一半。弦振动的动能是：

$$\varepsilon_{n动}=\int_0^l\frac{\rho\,dx}{2}\left(\frac{\partial y}{\partial t}\right)^2=\int_0^l\frac{\rho\,dx}{2}\left(\frac{\partial y_n}{\partial t}\right)^2$$

以(8)式代入，求得

$$\varepsilon_{n动}=\frac{1}{4}l\rho a_n^2\omega_n^2\cos^2(\omega_n+\delta) \qquad (15)$$

对时间平均，由于 $\cos^2\omega t$ 的平均值为$\frac{1}{2}$，得到：

$$(\varepsilon_{n动})_{平均}=\frac{1}{8}l\rho a_n^2\omega_n^2 \qquad (15')$$

则总能量为

$$\boxed{E_n=2(\varepsilon_{n动})_{平均}=\frac{1}{4}l\rho a_n^2\omega_n^2} \qquad (16)$$

和弦的质量（$l\rho$）成正比，和振幅的平方成正比，和频率的平方成正比。

练习：
1. 将(8')式表示成二个传播波的叠加。
2. 研究基频 ω_1 和弦长l，密度ρ，张力T的关系。
3. 验证(15)式

§12. 分离变量法

上节所用的方法在数学上称为分离变量法，它被广泛地用来解各种偏微分方程，极有成效。一般说来，当我们要解某种多变量 $(x_1, x_2, \cdots x_n)$ 偏微分方程时，往往可先求 $\psi = f_1(x_1)\cdots f_n(x_n)$ 形式的特解，再由它们加起来得到普遍解。在这样做的时候，偏微分方程转化成常微分方程，而方程式中将出现一些参数（例如上节的 α），为了使所求得的解满足一定的物理边界条件，这些参数常只能取某些特定的值（例如 $\lambda = -n^2\frac{\pi^2}{l^2}$，$n=1,2,\cdots$），称为特征值，相应的解则称为特征函数（或本征值和本征函数）。在波动问题中，这些本征函数代表驻波，亦即能够独立存在的基本波动，这在上节已经说过了。

下面我们应用分离变量法来研究其他各个方程的解。由于各种方程大都包含有拉普拉斯算符 (∇^2)，因此我们先回顾一下拉普拉斯算符在各种正交坐标系中的表达式。

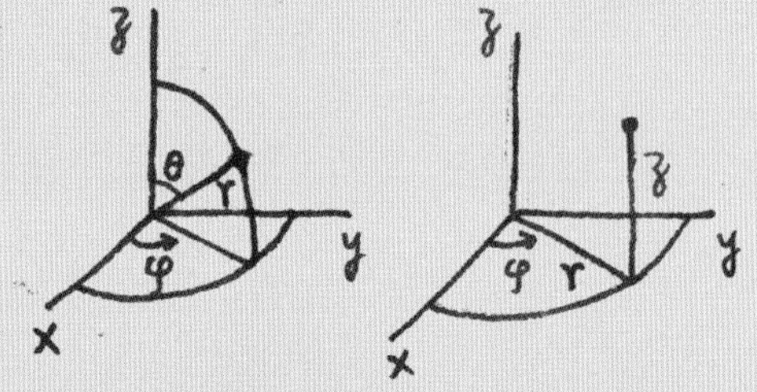

图26

左：球坐标　右：柱坐标.

在直角坐标系中，

$$\nabla^2\psi = \frac{\partial^2\psi}{\partial x^2} + \frac{\partial^2\psi}{\partial y^2} + \frac{\partial^2\psi}{\partial z^2} \tag{1}$$

在球坐标系中（见图26左），

$$\left.\begin{aligned} x &= r\sin\theta\cos\varphi \\ y &= r\sin\theta\sin\varphi \\ z &= r\cos\theta \end{aligned}\right\} \tag{2}$$

$$\nabla^2\psi = \left(\frac{\partial^2\psi}{\partial r^2} + \frac{2}{r}\frac{\partial\psi}{\partial r}\right) + \frac{1}{r^2\sin\theta}\frac{\partial}{\partial\theta}\left(\sin\theta\frac{\partial\psi}{\partial\theta}\right) + \frac{1}{r^2\sin^2\theta}\frac{\partial^2\psi}{\partial\varphi^2} \tag{3}$$

$$= \frac{1}{r}\frac{\partial^2}{\partial r^2}(r\psi) + \frac{1}{r^2\sin\theta}\frac{\partial}{\partial\theta}\left(\sin\theta\frac{\partial\psi}{\partial\theta}\right) + \frac{1}{r^2\sin^2\theta}\frac{\partial^2\psi}{\partial\varphi^2} \tag{3'}$$

在柱坐标系（图26右），

$$\left.\begin{aligned} x &= r\cos\varphi \\ y &= r\sin\varphi \\ z &= z \end{aligned}\right\} \tag{4}$$

$$\nabla^2\psi = \frac{\partial^2\psi}{\partial r^2} + \frac{1}{r}\frac{\partial\psi}{\partial r} + \frac{1}{r^2}\frac{\partial^2\psi}{\partial\varphi^2} + \frac{\partial^2\psi}{\partial z^2} \tag{5}$$

72

在二维问题中，$\psi=\psi(x,y)$，这时常引用平面极坐标系，它相当于柱坐标系中 $z=0$ 的情形。若以 ∇_1^2 表示二维问题中的拉普拉斯算符，则

$$\nabla_1^2\psi=\frac{\partial^2\psi}{\partial x^2}+\frac{\partial^2\psi}{\partial y^2}=\frac{\partial^2\psi}{\partial r^2}+\frac{1}{r}\frac{\partial\psi}{\partial r}+\frac{1}{r^2}\frac{\partial^2\psi}{\partial\varphi^2} \qquad (6)$$

注意不要把球坐标中的 r 和柱坐标及平面极坐标中的 r 混淆。

(一) 二维拉普拉斯方程——平面极坐标

若采用平面极坐标系，则 $\psi=\psi(r,\varphi)$，拉普拉斯方程为

$$\nabla_1^2\psi=\frac{\partial^2\psi}{\partial r^2}+\frac{1}{r}\frac{\partial\psi}{\partial r}+\frac{1}{r^2}\frac{\partial^2\psi}{\partial\varphi^2}=0 \qquad (7)$$

试令
$$\psi(r,\varphi)=R(r)\Phi(\varphi) \qquad (8)$$

则得
$$R''\Phi+\frac{1}{r}R'\Phi+\frac{1}{r^2}R\Phi''=0,$$

除以 $R\Phi$，乘以 r^2，得到

$$\left(\frac{r^2}{R}\frac{d^2R}{dr^2}+\frac{r}{R}\frac{dR}{dr}\right)+\frac{1}{\Phi}\frac{d^2\Phi}{d\varphi^2}=0 \qquad (7')$$

但第一项为 r 之函数，第二项为 φ 之函数，因此它们应该分别等于常数：

$$\frac{r^2}{R}\frac{d^2R}{dr^2}+\frac{r}{R}\frac{dR}{dr}=\lambda=-\frac{1}{\Phi}\frac{d^2\Phi}{d\varphi^2}$$

由此得到二个常微分方程：

$$\begin{cases}\dfrac{d^2}{d\varphi^2}\Phi(\varphi)=-\lambda\Phi(\varphi) & (9)\\[2ex] r^2\dfrac{d^2}{dr^2}R(r)+r\dfrac{d}{dr}R(r)=\lambda R(r) & (10)\end{cases}$$

令 $\lambda=n^2$（暂时，λ 可以是任意常数，包括复数，n 也是），则由(9)式求得

$$\Phi(\varphi)=a_n\cos n\varphi+b_n\sin n\varphi \qquad (11)$$

由(10)式求得
$$R(r)=A_nr^n+B_nr^{-n} \qquad (12)$$

代入(8)式就得到 $\psi(r,\varphi)$，

~~$\psi_n=(A_nr^n+B_nr^{-n})(a_n\cos n\varphi+b_n\sin n\varphi)$ (13)~~

ψ 指一定的物理量（例如静电学中的电势），因此必须是单值函数，亦即

$$\psi(r,\varphi+2\pi)=\psi(r,\varphi) \qquad (13)$$

（因为 φ 是实值的），根据三角函数的周期性，知道，n 只能取实数，而且必须是整数。

73

总之，(7)式的特解是

$$\psi_n(r,\varphi)=(A_n r^n + B_n r^{-n})(a_n\cos n\varphi + b_n\sin n\varphi) \qquad (14)$$

$$n=0,1,2,\cdots$$

（n 取负整数时，并不给出新的解！），而其通解为：

$$\boxed{\psi(r,\varphi)=\sum_{n=0}^{\infty}\psi_n=\sum_{n=1}^{\infty}(A_n r^n+B_n r^{-n})(a_n\cos n\varphi+b_n\sin n\varphi)+C_0} \qquad (15)$$

其中各个常数由适当的边界条件来确定，而后者是根据具体的物理问题确定的。例如，若所研究的问题中要求在原点（$r=0$）ψ 是有限的，则应该取 $B_n=0$（$n=1,2,\cdots$）

（二）三维拉普拉斯方程——球坐标系.

在球坐标中，$\psi=\psi(r,\theta,\varphi)$，拉普拉斯方程为

$$\nabla^2\psi=\frac{1}{r}\frac{\partial^2}{\partial r^2}(r\psi)+\frac{1}{r^2\sin\theta}\frac{\partial}{\partial\theta}\left(\sin\theta\frac{\partial\psi}{\partial\theta}\right)+\frac{1}{r^2\sin^2\theta}\frac{\partial^2\psi}{\partial\varphi^2}=0 \qquad (16)$$

试令

$$\psi=R(r)Y(\theta,\varphi)=R(r)\Theta(\theta)\Phi(\varphi) \qquad (17)$$

则得：

$$\frac{1}{r}\frac{d^2(rR)}{dr^2}Y(\theta,\varphi)+\frac{R}{r^2}\frac{1}{\sin\theta}\frac{\partial}{\partial\theta}\left(\sin\theta\frac{\partial Y}{\partial\theta}\right)+\frac{R}{r^2}\frac{1}{\sin^2\theta}\frac{\partial^2 Y}{\partial\varphi^2}=0$$

乘 r^2，除 RY，得到：

$$r^2\frac{(rR)''}{rR}+\frac{1}{Y}\left[\frac{1}{\sin\theta}\frac{\partial}{\partial\theta}\left(\sin\theta\frac{\partial Y}{\partial\theta}\right)+\frac{1}{\sin^2\theta}\frac{\partial^2 Y}{\partial\varphi^2}\right]=0 \qquad (16')$$

第一项是 r 的函数，第二项是 θ,φ 的函数，因此必须分别等于常数，由此得到：

$$\begin{cases} r^2(rR)''=\lambda\cdot rR & (18)\\ \dfrac{1}{\sin\theta}\dfrac{\partial}{\partial\theta}\left(\sin\theta\dfrac{\partial Y}{\partial\theta}\right)+\dfrac{1}{\sin^2\theta}\dfrac{\partial^2 Y}{\partial\varphi^2}+\lambda Y=0 & (19)\end{cases}$$

~~(18)式的解显然是 $rR=r^{n+1}$ 或 r^{-n}，只要 $\lambda=n(n+1)$，因此，(18)式的通解是~~

~~$rR=Ar^{n+1}$ 或 r^{-n}~~

$$R(r)=A_l r^l+B_l r^{-l-1} \qquad \text{~~(20)~~}$$

相应的 λ 等于：

$$\lambda=l(l+1) \qquad (21)$$

~~这里 l 是常数（暂时 l 不一定是正整数）。将 λ 的值代入(19)式中，并考虑到 $Y=\Theta(\theta)\Phi(\varphi)$，就得到~~

74

(18)式的解显然是 $rR=r^{l+1}$，只要 $\lambda=l(l+1)$，此外，$rR=r^{-l}$ 也是解，因此(18)式的通解是

$$R(r)=A_l r^{l}+B_l r^{-l-1},\qquad \lambda=l(l+1) \tag{20}$$

这里 l 是常数(以后将证明 l 应该取正整数)。

考虑到 $\lambda=l(l+1)$，$Y=\Theta(\theta)\Phi(\varphi)$，(19)式变成：

$$\Phi\frac{1}{\sin\theta}\frac{d}{d\theta}\left(\sin\theta\frac{d\Theta}{d\theta}\right)+\Theta\frac{1}{\sin^2\theta}\frac{d^2\Phi}{d\varphi^2}+l(l+1)\Theta\Phi=0$$

除以 $\Theta\Phi$，得到

$$\frac{1}{\sin\theta}\frac{d}{d\theta}\left(\sin\theta\frac{d\Theta}{d\theta}\right)+\frac{\Theta}{\sin^2\theta}\frac{1}{\Phi}\frac{d^2\Phi}{d\varphi^2}+l(l+1)\Theta=0 \tag{21}$$

第一、三项为 θ 之函数，因此第二项中与 φ 有关的部分应等于常数，由此得到：

$$\Phi''=\alpha\Phi=-m^2\Phi\qquad(\alpha=-m^2) \tag{22}$$

其解为

$$\Phi(\varphi)=a\cos(m\varphi+b) \tag{23}$$

这里 m 为未定常数(包括复数在内)。角度 φ 是多值的，而 $\Phi(\varphi)$ 应该是单值函数：

$$\Phi(\varphi+2\pi)=\Phi(\varphi) \tag{24}$$

为此，m 必须取实数，而且只能取整数。为了运算方便，常取(22)式的复数解：

$$\Phi(\varphi)=a\,e^{im\varphi+ib}=a_m e^{im\varphi},\qquad m=0,\pm1,\pm2,\cdots \tag{25}$$

这里 $a_m=a\,e^{ib}$，为常数。注意(25)包括了满足单值性条件(24)的全部可能的解答。将(25)或(22)代入(21)中，得到 $\Theta(\theta)$ 所满足的方程式：

$$\frac{1}{\sin\theta}\frac{d}{d\theta}\left(\sin\theta\frac{d}{d\theta}\Theta\right)+\left[l(l+1)-\frac{m^2}{\sin^2\theta}\right]\Theta=0$$

考虑到

$$\frac{d}{d\cos\theta}=\frac{d\theta}{d\cos\theta}\frac{d}{d\theta}=-\frac{1}{\sin\theta}\frac{d}{d\theta},$$

引入新的变数 $\mu=\cos\theta$，则

$$\frac{1}{\sin\theta}\frac{d}{d\theta}=-\frac{d}{d\mu},\qquad \sin^2\theta=(1-\mu^2)$$

如果将 $\Theta(\theta)$ 写成 $P(\mu)$，就得到

75

$$\boxed{\frac{d}{d\mu}\left[(1-\mu^2)\frac{dP(\mu)}{d\mu}\right]+\left[l(l+1)-\frac{m^2}{1-\mu^2}\right]P(\mu)=0} \tag{26}$$

这称为缔合勒让德方程，其解以 $P_l^m(\mu)$ 表示之，其具体形式将在下章研究。

$m=0$ 时，(26) 式变成勒让德方程：

$$\boxed{\frac{d}{d\mu}\left[(1-\mu^2)\frac{dP(\mu)}{d\mu}\right]+l(l+1)P(\mu)=0} \tag{27}$$

其解以 $P_l(\mu)$ 表示之，称为勒让德函数，具体形式亦将在下章研究。

(26) 式中，m 必须取整数，这在上面已经说明过了，下章将证明，为了保证 $P(\mu)$ 即 $\Theta(\theta)$ 对 θ 的一切值 $(0—\pi)$ 均为有限，l 应该取正整数，而且 $l\geqslant|m|$，这样，l 和 m 的可能值是：

$$l=0,1,2,\cdots\quad;\quad m=0,\pm1,\pm2,\cdots\pm l \tag{28}$$

$P_l^m(\mu)$ 称为缔合勒让德函数，它和 中 的乘积就是 $Y(\theta,\varphi)$，称为球函数，通常以 $Y_l^m(\theta,\varphi)$ 表示之，亦即

$$\boxed{Y_l^m(\theta,\varphi)=a_m P_l^m(\cos\theta)\,e^{im\varphi}} \tag{29}$$

由 (17)，(20) (29) 知道，在球坐标中拉普拉斯方程的特解是：

$$\psi_{lm}(r,\theta,\varphi)=(A_l r^l+B_l r^{-l-1})\,Y_l^m(\theta,\varphi) \tag{30}$$

通解则为诸特解之和：

$$\boxed{\psi(r\theta\varphi)=\sum_{l,m}C_{lm}\psi_{lm}=\sum_{l=0}^{\infty}\sum_{m=-l}^{l}(a_{lm}r^l+b_{lm}r^{-l-1})\,Y_l^m(\theta,\varphi)} \tag{31}$$

常数 a_{lm}，b_{lm} 由边界条件确定。如果在所研究的问题中要求在原点 $(r=0)$ ψ 是有限的（例如，在静电学中，如原点没有点电荷，就是这种情况），则应该令 $b_{lm}=0$。如果 $\psi=\psi(r,\theta)$，与 φ 无关，则就应该只取 $m=0$ 的项（见 (29) 式），这时 $Y(\theta\varphi)=P_l(\cos\theta)$，特解为

$$\psi_l(r,\theta)=(a_l r^l+b_l r^{-l-1})\,P_l(\cos\theta) \tag{32}$$

通解为

$$\boxed{\psi(r,\theta)=\sum\psi_l=\sum_{l=0}^{\infty}(a_l r^l+b_l r^{-l-1})\,P_l(\cos\theta)} \tag{33}$$

76

（三）三维拉普拉斯方程——柱坐标系

採用柱坐标时，$\psi=\psi(r,\varphi,z)$，拉普拉斯方程為：

$$\nabla^2\psi=\frac{\partial^2\psi}{\partial r^2}+\frac{1}{r}\frac{\partial\psi}{\partial r}+\frac{1}{r^2}\frac{\partial^2\psi}{\partial\varphi^2}+\frac{\partial^2\psi}{\partial z^2}=0 \qquad (34)$$

令 $\psi=R(r)\Phi(\varphi)Z(z)$ (35)

则得：

$$\frac{d^2R}{dr^2}\Phi Z+\frac{1}{r}\frac{dR}{dr}\Phi Z+\frac{R}{r^2}\frac{d^2\Phi}{d\varphi^2}Z+R\Phi\frac{d^2Z}{dz^2}=0$$

除以 $R\Phi Z$，得到

$$\frac{1}{R}\frac{d^2R}{dr^2}+\frac{1}{rR}\frac{dR}{dr}+\frac{1}{r^2\Phi}\frac{d^2\Phi}{d\varphi^2}+\frac{1}{Z}\frac{d^2Z}{dz^2}=0$$

前二项为 r 之函数，因此第四项和第三项中与 z 及 φ 有关的部分应分别等于常数；由此得到

$$\frac{1}{Z}\frac{d^2Z}{dz^2}=\alpha^2 \qquad (36)$$

$$\frac{1}{\Phi}\frac{d^2\Phi}{d\varphi^2}=-n^2 \qquad (37)$$

$$\frac{1}{R}\frac{d^2R}{dr^2}+\frac{1}{rR}\frac{dR}{dr}-\frac{n^2}{r^2}+\alpha^2=0 \qquad (38)$$

(36)式的解為

$$Z(z)=A_\alpha e^{-\alpha z}+B_\alpha e^{\alpha z}，\alpha\text{为任意常数} \qquad (39)$$

~~$Z(z)=A_k e^{-kz}+B_k e^{+kz}$，k为任意常数 (39)~~

(37)式的解為（参看第(一)段）

$$\Phi(\varphi)=a_n\cos n\varphi+b_n\sin n\varphi，\quad n=0,1,2,\cdots \qquad (40)$$

(38)式可以写成

$$r^2\frac{d^2R}{dr^2}+r\frac{dR}{dr}+(\alpha^2r^2-n^2)R=0 \qquad (38')$$

引入新的变數 $\rho=\alpha r$，并写 $R(r)=u(\rho)$，则成為

$$\rho^2\frac{d^2u(\rho)}{d\rho^2}+\rho\frac{du(\rho)}{d\rho}+(\rho^2-n^2)u(\rho)=0 \qquad (41)$$

这称為贝塞尔方程，它的解称為贝塞尔函数，其具体形式将在下章讨论之。

总之，柱坐标中拉普拉斯方程的特解是

$$\psi_{n\alpha}(r,\varphi,z)=(A_\alpha e^{-\alpha z}+B_\alpha e^{\alpha z})(a_n\cos n\varphi+b_n\sin n\varphi)u_n(\alpha r) \qquad (42)$$

u_n 為(41)式的解

注意，$n=0,1,2,\cdots$ 这是為了保证 ψ 的单值性所必须的，α 则不是整数。如 α 為虚数，则 $Z(z)$

77

都是周期函数，在物理上应该代表某种振动，但是拉普拉斯方程是位势方程，它并不描写振动现象，因此，α应该是实数，并且，为了确定起见，可以取α为正实数（α为负时，并不给出任何新的解答，见(36),(38)式）。除此以外，α是可以任意变化的。因此，拉普拉斯方程的通解应该是：

$$\psi(r,\varphi,z)=\sum_{n=0}^{\infty}\int_0^{\infty}\psi_{n\alpha}(r,\varphi,z)\,d\alpha \tag{43}$$

当然，$\psi_{n\alpha}$中的各个系数由（物理）边界条件来确定，例如，如果ψ与角度φ无关，则就应该只取$n=0$的项；如果在$z\to+\infty$处，$\psi\to0$，则就应该令$B_\alpha=0$。

（四）波动方程。

如果用分离变量法解波动方程 $\nabla^2\psi=\frac{1}{c^2}\frac{\partial^2\psi}{\partial t^2}$，即令

$$\psi(x,y,z,t)=\psi(xyz)T(t) \tag{44}$$

则得

$$T(t)\nabla^2\psi(xyz)=\psi(xyz)\frac{1}{c^2}\frac{d^2}{dt^2}T(t)$$

以$T\psi$除之，变成：

$$\frac{1}{\psi}\nabla^2\psi=\frac{1}{T}\frac{1}{c^2}\frac{d^2T}{dt^2}$$

左边是xyz的函数，右边是t的函数，因此必须等于常数$-k^2$，从而得到

$$\begin{cases}\dfrac{d^2T}{dt^2}+c^2k^2T=0 & (45)\\[2ex] \nabla^2\psi(xyz)+k^2\psi(xyz)=0 & (46)\end{cases}$$

由(45)式求得

$$T(t)=\cos ckt,\ \sin ckt \text{ 或 } e^{-ickt},\ e^{+ickt} \tag{47}$$

这正是§9第（四）段中说明过的单频率波函数的时间部分（$ck=\omega$）。注意$e^{i\omega t}$是$e^{-i\omega t}$的复数共轭，$\cos\omega t$和$-\sin\omega t$是$e^{-i\omega t}$的实部和虚部，在物理上描写的是同一个东西。

(46)式正是单频率波函数的空间部分所满足的方程，即亥姆霍兹方程。

注意k必须是实数（而为了确定起见，取$k>0$），如k是虚数，$k=i\gamma$，则(45)式的解为$T(t)=e^{\pm c\gamma t}$，随时间t单调上升或衰减，不能描写以周期性变化为特点的波动现象。

78

(五) 亥姆霍兹方程——平面极坐标系和柱坐标系.

当 $\psi(x\,y\,z)$ 与 z 无关时，(46)式变成二维亥姆霍兹方程：

$$\nabla_1^2\psi + k^2\psi = 0,\quad k>0 \qquad (48)$$

在平面极坐标中，$\psi=\psi(r,\varphi)$，(48)式变成

$$\frac{\partial^2\psi}{\partial r^2}+\frac{1}{r}\frac{\partial\psi}{\partial r}+\frac{1}{r^2}\frac{\partial^2\psi}{\partial\varphi^2}+k^2\psi=0 \qquad (48')$$

令

$$\psi = R(r)\Phi(\varphi) \qquad (49)$$

就得到

$$R''\Phi+\frac{1}{r}R'\Phi+\frac{R}{r^2}\Phi''+k^2R\Phi=0$$

以 $R\Phi$ 除之，并乘 r^2，得到

$$r^2\frac{R''}{R}+r\frac{R'}{R}+k^2r^2+\frac{\Phi''}{\Phi}=0$$

前三项为 r 之函数，第四项为 φ 之函数，因此应等于常数，从而得到

$$\begin{cases}\Phi''=-\lambda\Phi=-n^2\Phi & (50)\\ r^2\frac{R''}{R}+r\frac{R'}{R}+k^2r^2-n^2=0 & (51)\end{cases}$$

(50)式的解为

$$\Phi = a_n\cos n\varphi + b_n\sin n\varphi$$

这里 $n=0,1,2,\cdots$，这是保证 Φ 为单值函数所必须的。

(51)式和(38′)式完全一样，其解为 $R(r)=u_n(\rho)=u_n(kr)$（贝塞尔函数）

因之，平面极坐标系中二维亥姆霍兹方程的特解是：

$$\psi_n(r\varphi)=(a_n\cos n\varphi+b_n\sin n\varphi)\,u_n(kr) \qquad (52)$$

通解为：

$$\boxed{\psi(r,\varphi)=\sum_{n=0}^{\infty}(a_n\cos n\varphi+b_n\sin n\varphi)\,u_n(kr)} \qquad (53)$$

注意，常数 k 是由波的频率直接决定的 ($k=\omega/c$)，所以(53)式中不对 k 积分。系数 a_n, b_n 由边界条件决定。若已知 ψ 仅为 r 的函数，则当然应该只取 $n=0$ 的项，

$$\psi(r) = a_0 u_0(kr) \qquad (54)$$

在柱坐标系中，亥姆霍兹方程表现为

$$\frac{\partial^2\psi}{\partial r^2}+\frac{1}{r}\frac{\partial\psi}{\partial r}+\frac{1}{r^2}\frac{\partial^2\psi}{\partial\varphi^2}+\frac{\partial^2\psi}{\partial z^2}+k^2\psi=0 \qquad (55)$$

79

令 $$\psi = R(r)\Phi(\varphi)Z(z) \tag{56}$$

得到 $$R''\Phi Z + \frac{1}{r}R'\Phi Z + \frac{R}{r^2}\Phi'' Z + R\Phi Z'' + k^2 R\Phi Z = 0,$$

以 $R\Phi Z$ 除之，得到

$$\frac{R''}{R} + \frac{R'}{rR} + \frac{1}{r^2}\frac{\Phi''}{\Phi} + \frac{Z''}{Z} + k^2 = 0$$

和前面屡次说过的理由一样，与 z 和 φ 有关的部分应分别等于常数，从而得到：

$$\begin{cases} Z'' = -\gamma^2 Z \quad (\text{相当于(36)中 } \alpha = i\gamma) & (57) \\ \Phi'' = -n^2 \Phi & (58) \\ R'' + \frac{1}{r}R' + \left(k^2 - \gamma^2 - \frac{n^2}{r^2}\right)R = 0 & (59) \end{cases}$$

(58)式的解为 $\Phi(\varphi) = a_n \cos n\varphi + b_n \sin n\varphi, \quad n = 0, 1, 2, \cdots$

(57)式的解为 $$Z(z) = A_\gamma e^{-i\gamma z} + B_\gamma e^{i\gamma z} \tag{60}$$

(59)式就是贝塞方程，其解为

$$R(r) = u_n(\lambda r), \quad \lambda = \sqrt{k^2 - \gamma^2} \tag{61}$$

因此，在柱坐标系中海姆霍兹方程的特解为：

u_n 为贝塞函数

$$\boxed{\psi_{n\gamma}(r,\varphi,z) = (a_n \cos n\varphi + b_n \sin n\varphi)(A_\gamma e^{-i\gamma z} + B_\gamma e^{i\gamma z})\, u_n(\lambda r)} \tag{62}$$

这里 $n = 0, 1, 2, \cdots$，其理由已经多次说过了。γ 一般取实数，这时 $Z(z)$ 描写波沿 z 轴的传佈；当然，γ 也可以取虚数，$\alpha = i\gamma$，这时(60)式就回复到(39)式。注意，当 γ 取虚数时，$\lambda = \sqrt{k^2 - \gamma^2}$ 一定是实数，γ 取实数时，λ 可以是实数，也可以是虚数，视 $k > \gamma$ 或 $k < \gamma$ 而定，λ 为虚数时，我们得到虚宗量的贝塞函数。

通解为诸特解的和（包括对 n 求和及对 γ 积分），这是不言而喻的。

(六) 海姆霍兹方程——球坐标系

在(16)式中添入一项 $k^2\psi$，就得到海姆霍兹方程：

$$\frac{1}{r}\frac{\partial^2}{\partial r^2}(r\psi) + \frac{1}{r^2\sin\theta}\frac{\partial}{\partial\theta}\left(\sin\theta\frac{\partial\psi}{\partial\theta}\right) + \frac{1}{r^2\sin^2\theta}\frac{\partial^2\psi}{\partial\varphi^2} + k^2\psi = 0 \tag{63}$$

令 $$\psi = R(r)Y(\theta,\varphi) \tag{64}$$

得到 $$\frac{1}{r}(rR)''Y + \frac{R}{r^2}\frac{1}{\sin\theta}\frac{\partial}{\partial\theta}\left(\sin\theta\frac{\partial Y}{\partial\theta}\right) + \frac{R}{r^2}\frac{1}{\sin^2\theta}\frac{\partial^2 Y}{\partial\varphi^2} + k^2RY = 0$$

80

除 RY，乘 r^2，得到

$$\frac{r}{R}\frac{d^2}{dr^2}(rR)+k^2r^2+\frac{1}{Y}\left[\frac{1}{\sin\theta}\frac{\partial}{\partial\theta}\left(\sin\theta\frac{\partial Y}{\partial\theta}\right)+\frac{1}{\sin^2\theta}\frac{\partial^2 Y}{\partial\varphi^2}\right]=0$$

~~这个方程只是比(16')多了一项 k^2r^2，因此第(二)段中关于 $Y(\theta,\varphi)$ 的结论这里~~

r 部分和 θ,φ 部分分别等于常数，就得到

$$\begin{cases}\dfrac{1}{\sin\theta}\dfrac{\partial}{\partial\theta}\left(\sin\theta\dfrac{\partial Y}{\partial\theta}\right)+\dfrac{1}{\sin^2\theta}\dfrac{\partial^2 Y}{\partial\varphi^2}+\lambda Y=0\\ \dfrac{r}{R}\dfrac{d^2}{dr^2}(rR)+k^2r^2-\lambda=0\end{cases}$$

第一式和(19)式完全一样，~~令 $\lambda=l(l+1)$~~，解答为 ~~$Y=Y_{lm}(\theta,\varphi)$，$\lambda=l(l+1)$~~

$$Y=Y_l^m(\theta,\varphi),\quad \lambda=l(l+1) \tag{65}$$

第二式写开来，就是：

$$r^2\frac{d^2R}{dr^2}+2r\frac{dR}{dr}+\left[k^2r^2-l(l+1)\right]R=0 \tag{66}$$

令 $kr=\rho$，$R(r)=w(\rho)$，就得到

$$\rho^2\frac{d^2w}{d\rho^2}+2\rho\frac{dw}{d\rho}+\left[\rho^2-l(l+1)\right]w=0$$

这和贝塞尔方程(41)非常相像。事实上，只要令

$$w(\rho)=\rho^{-\frac{1}{2}}u(\rho)$$

就得到贝塞方程：

$$\boxed{\rho^2\frac{d^2u(\rho)}{d\rho^2}+\rho\frac{du(\rho)}{d\rho}+\left[\rho^2-\left(l+\frac{1}{2}\right)^2\right]u(\rho)=0} \tag{67}$$

这在形式上不过将(41)式中 n 换成 $l+\frac{1}{2}$ 而已。因此(67)式的解可以写成 $u_{l+\frac{1}{2}}(\rho)$，这的具体形式将在下章研究。

总之，球坐标系中海姆霍兹方程的特解是

$$\psi_{lm}(r,\theta,\varphi)=\frac{1}{\sqrt{kr}}u_{l+\frac{1}{2}}(kr)\,Y_l^m(\theta\varphi) \tag{68}$$

l 和 m 均为整数，这在前面第(二)段已经说明过了。不用说，通解是诸特解的和：

$$\boxed{\psi(r,\theta,\varphi)=\sum_{l=0}^{\infty}\sum_{m=-l}^{l}c_{lm}\frac{1}{\sqrt{kr}}u_{l+\frac{1}{2}}(kr)\,Y_l^m(\theta\varphi)} \tag{69}$$

81

这里 $u_{l+\frac{1}{2}}$ 是贝塞函数，Y_l^m 是球函数。

(七) 扩散方程和热传导方程.

没有热源时，热传导方程和扩散方程具有相同的形式：

$$\nabla^2\psi = \frac{1}{K}\frac{\partial\psi}{\partial t}, \quad K>0 \qquad (70)$$

在热传导问题中，ψ 代表温度，K 为温度传导系数；在扩散问题中，ψ 代表扩散物质的浓度，K 为扩散系数。试用分离变量法解(70)，令

$$\psi = W(xyz)\,T(t) \qquad (71)$$

代入(70)中，得到

$$T(t)\,\nabla^2 W(xyz) = W(xyz)\,\frac{1}{K}\frac{dT(t)}{dt}$$

以 TW 除之，得到

~~$\frac{1}{W}\nabla^2 W = \frac{1}{T}\frac{dT}{K\,dt} = \lambda$，$\lambda$ 为常数。~~

~~(二端各为 xyz 和 t 的函数，因此应该等于常数)~~

$$\frac{1}{W}\nabla^2 W = \lambda = \frac{1}{K}\frac{1}{T}\frac{dT}{dt}, \quad \lambda\text{为常数} \qquad (72)$$

(二端各为 xyz 和 t 的函数，因此必须等于常数)

对于 $T(t)$，求得

$$T(t) = e^{\lambda K t}$$

在一般情况下，随着时间的增加，热量逐渐消散，温度降低，因此 λ 应该小于0。令 $\lambda = -\alpha^2\ (\alpha>0)$，则得

$$\boxed{T(t) = e^{-K\alpha^2 t}} \qquad (73)$$

对于 W，由(72)式得到

$$\nabla^2 W + \alpha^2 W = 0 \qquad (74)$$

这正是亥姆霍兹方程，因此可以援引上面第(六)段的结果，或者，在一维问题中，援引§11的结果。以 $W_\alpha(xyz)$ 表示(74)式的解，则(70)式的特解为

$$\psi_\alpha(xyzt) = W_\alpha(xyz)\,e^{-K\alpha^2 t} \qquad (75)$$

它表示各处的温度以同样的速度减低。

(70)式的通解为诸 ψ_α 之和，而为了代表真实的物理情况，还必须满足一定的初始条件和

82

$\lambda=0$ $\quad \dfrac{d^2\Phi}{d\varphi^2}=0$，$\Phi=a+b\varphi$，由周期性条件 $\Phi(2\pi+\varphi)=\Phi(\varphi)$，$b=0$，$\Phi=a$

$r^2R''+rR'=0$，$\quad r\dfrac{d}{dr}R'=-R'$，$\quad \dfrac{dR'}{R'}=-\dfrac{dr}{r}$，$\quad \ln R'=-\ln r+C=\ln\dfrac{c'}{r}$

$R'=\dfrac{c'}{r}$，$\quad R=c'\ln r+c''$ $\quad \psi=A\ln r+B$

此页为插页

边界条件。

（八）小结.

在上面各段中，我们研究了在不同坐标系中用分离变量法求齐次方程（方程式中每一项均含有 ψ）特解的方法。方程式的通解可以表示成诸特解的和，其中包括一些未定常数，需要根据适当的边界条件或初始条件来加以确定。

各种方程特解的性质可以归纳如下：

1. 拉普拉斯方程 $\nabla^2\psi=0$

在平面极坐标中，ψ 的径向部分（r部分）为 $(A_n r^n+B_n r^{-n})$，$A_0 \ln r$ ~~$n=0,1,2,\cdots$~~

角度部分（φ部分）为 $(a_n\cos n\varphi+b_n\sin n\varphi)$，$n=0,1,2,\cdots$

在球坐标中，ψ 的径向部分（r部分）为 $(A_l r^l+B_l r^{-l-1})$，$l=0,1,2,\cdots$

φ部分为 $e^{im\varphi}$，$m=0,\pm1,\cdots\pm l$

θ部分为 $P_l^m(\cos\theta)$ — 缔合勒让德函数.

在柱坐标中，ψ 的 r部分为 $u_n(\alpha r)$ — 贝塞函数

φ部分为 $(a_n\cos n\varphi+b_n\sin n\varphi)$，$n=0,1,2,\cdots$

z部分为 $(A_\alpha e^{-\alpha z}+B_\alpha e^{+\alpha z})$，$\alpha>0$

2. 海姆霍兹方程 $\nabla^2\psi+k^2\psi=0$

在平面极坐标中，ψ 的径向部分为 $u_n(kr)$ — 贝塞函数.

角度部分为 $(a_n\cos n\varphi+b_n\sin n\varphi)$，$n=0,1,2,\cdots$

在柱坐标中，ψ 的 r 部分为 $u_n(\lambda r)$ — 贝塞函数

φ 部分为 $(a_n\cos n\varphi+b_n\sin n\varphi)$，$n=0,1,2,\cdots$

z 部分为 $(A_\gamma e^{-i\gamma z}+B_\gamma e^{i\gamma z})$，$\lambda=\sqrt{k^2-\gamma^2}$

在球坐标中，ψ 的径向部分为 $u_{l+\frac{1}{2}}(kr)$ — 贝塞函数.

φ部分为 $e^{im\varphi}$

θ部分为 $P_l^m(\cos\theta)$，$l=0,1,2,\cdots$；$m=0,\pm1,\cdots\pm l$.

3. 波动方程 $\nabla^2\psi=\frac{1}{c^2}\frac{\partial^2\psi}{\partial t^2}$，

ψ 的时间部分为 $e^{-i\omega t}$（或类似的周期函数）

空间部分满足海姆霍兹方程，$\omega=ck$.

83

4. 热传导方程 $\nabla^2\psi=\frac{1}{k}\frac{\partial\psi}{\partial t}$，$k>0$

ψ的时间部分为 $e^{-k\alpha^2 t}$，$\alpha>0$

空间部分满足亥姆霍兹方程。($k=\alpha$)

总之，波动方程和热传导方程可经由分离变量法化成亥姆霍兹方程，拉普拉斯方程可视为亥姆霍兹方程的特例（$k=0$）。而用分离变量法解亥姆霍兹方程（或拉普拉斯方程）时，又引导到贝塞尔方程和勒让德方程（以及缔合勒让德方程），这是一些二阶线性常微分方程，是在下一章所要研究的主要对象。

另外，在存在源（热源或电荷）的情况下，我们还遇到非齐次方程，这就是：

泊松方程 $\nabla^2\psi=-4\pi\rho$

达朗贝尔方程 $\nabla^2\psi-\frac{1}{c^2}\frac{\partial^2\psi}{\partial t^2}=-4\pi\rho$

热传导方程 $\nabla^2\psi-\frac{1}{k}\frac{\partial\psi}{\partial t}=-\frac{Q}{k}$

这些方程的解法是：求一个特解 ψ_1，再和相应的齐次方程（即令 ρ 或 Q 等于0后得到的方程）的通解 ψ_0 加起来，就得到非齐次方程的通解 $\psi=\psi_0+\psi_1$，然后再令它满足初始条件和边界条件。具体的方法将在最后一章中讲述。

练习：

~~1. 从微分方程的角度来~~

1. 研究在直角坐标系 (xyz) 中拉普拉斯方程的特解。先研究一维情况，再研究二维和三维情况。

2. 研究在直角坐标系中亥姆霍兹方程的特解，和上题结果比较，并解释其物理意义。

3. 从分离变量法的角度去体会§9 (19')和(22')式的由来，并说明它们实质上包括了波动方程的全部特解。

84

第二章 习题

（第4题选做，第6,7题选一个，第8,9题选一个，其他必做）

1. 无限長的弦作横向振动，已知其初始速度為0，初始形状為

$$y(x,0)=\psi(x,0)=u(x)=\begin{cases}2b\,, & |x|<a\\ 0 & |x|>a\end{cases}$$

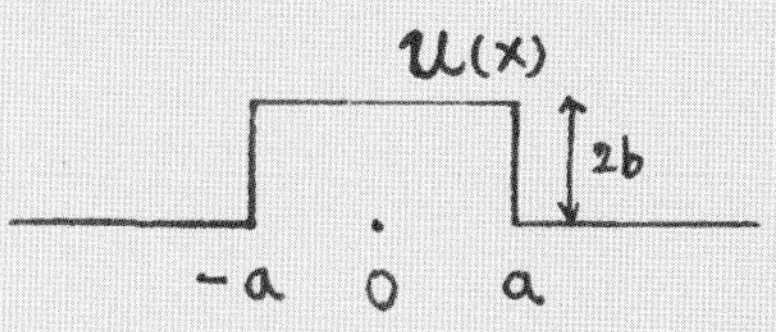

试根据传播波法画出在下列時刻弦的形状：

$$t=0,\ \frac{a}{2c},\ \frac{2a}{2c},\ \frac{3a}{2a},\ \frac{4a}{2c}$$ （c是波的传播速度）

2. 研究波动方程 $\nabla^2\psi=\frac{1}{c^2}\frac{\partial^2\psi}{\partial t^2}$ 的球面波解的一般形式，并解释其物理意义。（球面波，是指波函数 ψ 仅為 r,t 的函数，与 θ,φ 無关）

［答：$\psi(r,t)=\frac{1}{r}f(r+ct)+\frac{1}{r}g(r-ct)$ ］

3. 長為 l，二端固定的弦，初速為0，初始形状為

$$y(x,0)=\psi(x,0)=u(x)=\begin{cases}\frac{2b}{l}x\,, & x<\frac{l}{2}\\ \frac{2b}{l}(l-x), & x>\frac{l}{2}\end{cases}$$

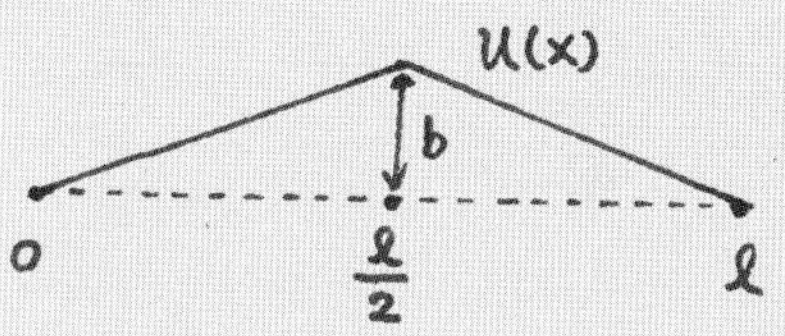

求各時刻弦的形状 $y(x,t)=\psi(x,t)$，和弦振动的能量。（假定 $2b\ll l$）

［答：$\psi(x,t)=\sum_{n=0}^{\infty}(-1)^n\frac{8b}{\pi^2}\frac{1}{(2n+1)^2}\sin(2n+1)\frac{\pi x}{l}\cos(2n+1)\frac{\pi ct}{l}$

$E=2b^2T/l$，T 為张力 ］

4. 無限長的弦，$t\leq 0$ 时，$x>0$ 的部分处于静止状态（位移和速度均為0），$t\geq 0$ 时，$x=0$ 这一点按下列规律作微小振动：

$$y(0,t)=\psi(0,t)=A\sin\omega t\,,\quad t\geq 0$$

试証明 $t\geq 0$ 時，$x>0$ 的部分的振动情况是

$$\psi(x,t)=\begin{cases}0\,, & x>ct\\ A\sin\omega\left(t-\frac{x}{c}\right), & x<ct\end{cases},$$

并解释其物理意义。

［提示：只有向右传播的波，$\psi(x,t)=g(x-ct)$，再利用边界条件和初始条件］

85

5. 求满足下列边界条件的平面调和函数(二维拉普拉斯方程的解) $\psi(r,\varphi)$:

在半径等于 a 的圆上, $\psi(a,\varphi)=A\cos^2\varphi$; 在圆内 $\psi(r,\varphi)$ 有限。

[答: $\psi(r,\varphi)=\frac{A}{2}\left(1+\frac{r^2}{a^2}\cos 2\varphi\right)$]

6. 求下列泊桑方程的解并说明所代表的物理(静电学)情况。

$$\nabla^2\psi=-4\pi\rho,\quad \rho=\begin{cases}\frac{3}{4\pi}, & r<1\\ 0, & r>1\end{cases}$$

边界条件为 i ψ 有限, ii $r\to\infty$ 处, $\psi\to 0$, iii $r=1$ 的球面上, $\psi=1$.

(提示: ρ 和边界条件都是球对称的, 因此 $\psi=\psi(r)$)

[答: $\psi(r)=\begin{cases}\frac{1}{2}(3-r^2), & r<1\\ \frac{1}{r}, & r>1\end{cases}$]

7. 解下列二维泊桑方程并说明所代表的物理(静电学)情况。

$$\nabla_1^2\psi=-4,\quad r\leq 1$$

边界条件为 i ψ 有限, ii $r=1$ 的圆上 $\psi=0$

[答: $\psi=\psi(r)=1-r^2,\quad r\leq 1$]

8. 长为 l 之均匀金属棒, 二端($x=0$ 和 l)的温度维持为 0, 设棒的初始温度

$$\theta(x,0)=\psi(x,0)=u(x)$$

为已知, 求以后的温度分布 $\theta(x,t)=\psi(x,t)$. (假定没有热源)

[答: $\psi(x,t)=\sum_{n=1}^{\infty}a_n\sin\frac{n\pi x}{l}e^{-kn^2\pi^2t/l^2},\quad a_n=\frac{2}{l}\int_0^l u(x)\sin\frac{n\pi x}{l}dx$]

9. 半径为 l 的均匀金属球, 表面温度维持为 0, 设初始温度仅为 r 之函数:

$$\theta(r,\theta,\varphi,0)=\psi(r,0)=f(r)\quad (f(r)\text{ 已知}),$$

求以后的温度分布 $\psi(r,t)$, 假定没有热源.

[答: $\psi(r,t)=\sum_{n=1}^{\infty}a_n\frac{1}{r}\sin\frac{n\pi r}{l}e^{-kn^2\pi^2t/l^2},\quad a_n=\frac{2}{l}\int_0^l rf(r)\sin\frac{n\pi r}{l}dr$]

86

第二章习题

第三章 球函数和柱函数

§13 阶乘函数(Γ函数)
§14 勒让特方程的初步研究
§15 二阶线性常微分方程的级数解法
§16 勒让特多项式
§17 球函数
§18 贝塞尔函数
§19 柱函数
§20 应用贝塞尔函数的简单例子

第三章 球函数和柱函数.

在上一章中,我们从物理问题中引出了各种类型的偏微分方程,当用分离变量法解这些方程时,又引导到一些特殊的常微分方程,即勒让德方程,缔合勒让德方程和贝塞尔方程(§12 (27),(26),(41),(67)式),它们都是二阶线性常微分方程。在这一章里我们要研究这些方程的解法,解答,它的数学性质和物理意义,以及它们在物理问题上的应用。数学方法上将採用复变函数论方法。

§13. 阶乘函数(Γ函数)

这是一种特殊函数,不满足任何微分方程,但在运算过程中经常遇到。在这里我们极简易地叙述一下它的性质。

在实数领域中,阶乘函数 $\Gamma(x)$ 的定义是:

$$\Gamma(x)=\int_0^{\infty} t^{x-1} e^{-t}\, dt \quad , \quad x>0 \qquad (1)$$

(注意,$x\leqslant 0$ 时,积分是发散的)。推广到复数领域,可以定义

$$\Gamma(z)=\int_0^{\infty} t^{z-1} e^{-t}\, dt \quad , \quad R(z)>0 \qquad (2)$$

这里 z 是复变数,t 是实参数,z 的实部 $R(z)$ 必须大于0,否则积分将发散。

"高等数学"课程中对 $\Gamma(x)$ 已经作过详细的研究,所用的方法对于 $\Gamma(z)$ 也完全适用,这里就不再重复,而只是列出 $\Gamma(z)$ 的重要性质如下:

$$\Gamma(1)=1 \quad , \quad \Gamma(\tfrac{1}{2})=\sqrt{\pi} \qquad (3)$$

$$\Gamma(n+1)=n!=n(n-1)\cdots 1 \quad , \quad n \text{ 为正整数} \qquad (4)$$

$$\Gamma(z+1)=z\Gamma(z) \qquad (5)$$

$$\Gamma(z)\Gamma(1-z)=\pi/\sin\pi z \qquad (6)$$

$$\Gamma(z)\sim\sqrt{2\pi}\, e^{-z} z^{z-\frac{1}{2}} \quad , \quad |z|\gg 1 \qquad (7)$$

当 z 的实部小於0时,以(5)式作为 $\Gamma(z)$ 的定义,例如,令 $z=-\frac{1}{2}$,有:

$$\Gamma(\tfrac{1}{2})=-\tfrac{1}{2}\Gamma(-\tfrac{1}{2})=(-\tfrac{1}{2})(-\tfrac{3}{2})\Gamma(-\tfrac{3}{2})=\cdots\cdot$$

$$\Gamma(\tfrac{1}{2})=\int_0^{\infty}\frac{e^{-t}}{\sqrt{t}}dt \overset{t=x^2}{=\!=\!=} \int_0^{\infty}\frac{e^{-x^2}}{x}\cdot 2x\,dx=\int_{-\infty}^{\infty}e^{-x^2}dx=\sqrt{\pi}$$

87

则
$$\Gamma(-\tfrac{1}{2}) = -2\,\Gamma(\tfrac{1}{2}) = -2\sqrt{\pi} \qquad (8)$$
$$\Gamma(-\tfrac{3}{2}) = \tfrac{4}{3}\,\Gamma(\tfrac{1}{2}) = \tfrac{4}{3}\sqrt{\pi} \qquad (8')$$

以此类推。~~但注意 $z=0,-1,-2,\cdots$ 时，(5)式~~

但注意(5)式不能推广到 $z=0,-1,-2,\cdots$ 的情况，对于这些数值，$\Gamma(z)$ 没有定义（实际上，当 $z\to 0,-1,-2,\cdots$ 时，$\Gamma(z)\to\infty$）。

$\Gamma(z)$ 的具体数值，可以查阅有关的数学表册。

在有些运算中，还遇到所谓的 B 函数，它的定义是，

$$B(p,q)=\int_0^1 x^{p-1}(1-x)^{q-1}\,dx , \quad R(p)>0,\ R(q)>0 \qquad (9)$$

这里 p,q 是复数。

仿照实数的情形，可以证明

$$B(p,q)=\Gamma(p)\,\Gamma(q)/\Gamma(p+q) \qquad (10)$$

当然，由此也就知道

$$B(p,q)=B(q,p) \qquad (11)$$

在烦复的运算中，Γ函数常起简化公式的作用。例如，如遇到下列乘积，

$$\frac{1}{2}\cdot\frac{3}{2}\cdot\frac{5}{2}\cdots\frac{2n-1}{2},$$

利用Γ函数，就可以写成

$$\frac{1}{2}\cdot\frac{3}{2}\cdot\frac{5}{2}\cdots\frac{2n-1}{2}=\frac{1}{\sqrt{\pi}}\,\Gamma(n+\tfrac{1}{2}) \qquad (12)$$

或者：

$$1\cdot 3\cdot 5\cdots(2n-1)=\frac{2^n}{\sqrt{\pi}}\,\Gamma(n+\tfrac{1}{2}) \qquad (13)$$

正是这样，Γ函数有时也被称为阶乘函数。

练习：

1. 对(2)式分部积分，证明(5)式。

2. 证明 $\Gamma(\tfrac{1}{2}+n)\,\Gamma(\tfrac{1}{2}-n)=(-1)^n\pi$ ， $n=1,2,3,\cdots$

88

§13 阶乘函数(Γ函数)

§14. 勒让特方程的初步研究

我们从比较简单的勒让特方程

$$\frac{d}{d\mu}\left[(1-\mu^2)\frac{dP(\mu)}{d\mu}\right]+l(l+1)P(\mu)=0,\quad \mu=\cos\theta \qquad (1)$$

开始，来阐明常微分方程的一种基本解法——级数解法。级数的理论是建立在复变函数论的基础上的，因此我们采用复变函数论中的记号，将变数 $\mu=\cos\theta$ 写成 z，未知函数 $P(\mu)$ 写成 $w(z)$，在运算时把 z 当作复变数，$w(z)$ 当作复变函数。当然，在结合到物理问题时，必须记得 $z=\cos\theta$，它的变化范围是从 -1 到 $+1$ $(\theta=\pi-0)$。

按照上述计划，把(1)式写开来，就成为：

$$\boxed{(1-z^2)w''(z)-2zw'(z)+l(l+1)w(z)=0} \qquad (2)$$

物理上，通常要求 $P(\mu)$ 亦即 $w(z)$ 是解析函数，因此 $w(z)$ 可以展成一个幂级数。为方便计，我们将 $w(z)$ 展开成 $z_0=0$ $(\theta=\frac{\pi}{2})$ 附近的幂级数：

$$w(z)=\sum_{n=0}^{\infty}a_nz^n=a_0+a_1z+a_2z^2+\cdots \qquad (3)$$

则

$$w'(z)=a_1+2a_2z+3a_3z^2+\cdots=\sum_{n=0}^{\infty}(n+1)a_{n+1}z^n$$

$$w''(z)=2\cdot1\,a_2+3\cdot2\,a_3z+\cdots=\sum_{n=0}^{\infty}(n+2)(n+1)a_{n+2}z^n$$

代入(2)式，得到：

$$(2\cdot1\,a_2+3\cdot2\,a_3z+\cdots)-(2\cdot1\,a_2z^2+3\cdot2\,a_3z^3+\cdots)-2(a_1z+2a_2z^2+3a_3z^3+\cdots)$$
$$+l(l+1)(a_0+a_1z+a_2z^2+\cdots)=0$$

将 z 的幂次相同的项归併到一起，成为：

$$[2\cdot1\,a_2+l(l+1)a_0]+z[3\cdot2\,a_3-2a_1+l(l+1)a_1]+\cdots$$
$$+z^n[(n+2)(n+1)a_{n+2}-n(n-1)a_n-2na_n+l(l+1)a_n]+\cdots=0 \qquad (4)$$

上式作为一个幂级数，既然恒等于0，则各项的系数应该统统为0。由此得到：

$$\boxed{\begin{aligned}&a_2=\frac{-l(l+1)}{2\cdot1}a_0,\quad a_3=\frac{2-l(l+1)}{3\cdot2}a_1=\frac{(1-l)(2+l)}{3\cdot2}a_1\\&a_{n+2}=\frac{n(n+1)-l(l+1)}{(n+2)(n+1)}a_n,\quad n=0,1,2,\cdots\ 2n,\ n=0,1,2,\cdots\end{aligned}} \qquad (5)$$

$$=\frac{(n-l)(n+l+1)}{(n+2)(n+1)}$$

89

(5)式表明，a_2 由 a_0 决定，a_3 由 a_1 决定；一般地，a_{n+2} 由 a_n 决定；∴ a_0 和 a_1 则是任意常数。~~以 $u(z)$ 表示 $a_1=0$ 的特解，$v(z)$ 表示~~

以 $w_1(z)$ 表示 $a_0=1$，$a_1=0$ 时的特解，$w_2(z)$ 表示 $a_0=0$，$a_1=1$ 时的特解，则

$$w_1(z)=1+\frac{-l(1+l)}{2\cdot 1}z^2+\frac{(2-l)(-l)(3+l)(1+l)}{4\cdot 3\cdot 2\cdot 1}z^4+\cdots$$
$$+\frac{(n-l)(n-2-l)\cdots(2-l)(-l)(n+1+l)(n-1+l)\cdots(3+l)(1+l)}{(n+2)!}z^{n+2}$$
$$+\cdots \qquad (6)$$

$$w_2(z)=z+\frac{(1-l)(2+l)}{3\cdot 2}z^3+\frac{(3-l)(1-l)(4+l)(2+l)}{5\cdot 4\cdot 3\cdot 2}z^5+\cdots$$
$$+\frac{(n-l)(n-2-l)\cdots(1-l)(n+1+l)(n-1+l)\cdots(2+l)}{(n+2)!}z^{n+2}+\cdots \qquad (7)$$

通解为
$$w(z)=c_1w_1(z)+c_2w_2(z) \qquad (8)$$

（这里 c_1 即 a_0，c_2 即 a_1，为任意常数）注意 w_1 中只包括 n 是偶数的项，是偶函数，w_2 中只包括 n 是奇数的项，是奇函数。

级数(6)可以视为 z^2 的幂级数，级数(7)提出因子 z 后也成为 z^2 的幂级数，它们的收敛半径都是1［这可以从(5)式，$n\to\infty$ 知，$\frac{a_n}{a_{n+2}}\to 1$ 知道］，即 $|z^2|<1$，亦即 $|z|<1$，因此，在复平面上，$|z|=1$ 的圆上，必然存在 w_1 和 w_2 的奇点。$z=\pm1$ 时，级数(6)和(7)发散得最快，因此 $z=\pm1$ 是 w_1 和 w_2 的奇点［w_1 中，后一项等于前一项乘 $z^2(n-l)(n+1+l)/(n+2)(n+1)$，当 z 取实数时，（只要 $n>l$）这是正的，级数的后一项和前一项有相同的符号，收敛得慢些（比起 z 取复数的情况）；在 $|z|=1$ 的圆上既然有 w_1 的奇点，则必然是 $z=\pm1$。w_2 也一样］。

$z=\pm1$，相当于 $\theta=0$ 和 π，亦就是说，$P(\cos\theta)$ 当 $\theta\to0$ 和 π 时，趋于 ∞，这在一般情况下是不符合物理要求的。避免这种情况的唯一可能是，级数(6)或(7)在某一项中断，变成一个多项式，则对于任何 z 的值，相应的解總是有限的。这个情况出现也仅仅出现于 l 是整数，即 $l=0,1,2,\cdots$。当 l 取偶数 $(0,2,4,\cdots)$ 时，$w_1(z)$

90

变成 l 次多项式，而 $w_2(z)$ 仍是无穷级数；l 取奇数时（$l=1,3,5,\cdots$）$w_2(z)$ 变成 l 次多项式，而 $w_1(z)$ 仍是无穷级数。这样得到的多项式，乘上适当的常数（为了运算方便）后，称为勒上特多项式，以 $P_l(z)$ 或 $P_l(\cos\theta)$ 表示之，它们的最初几个如下：

$$P_0(z)=1,\quad P_1(z)=z,\quad P_2(z)=\frac{1}{2}(3z^2-1),\quad P_3(z)=\frac{1}{2}(5z^3-3z) \tag{9}$$

（乘上去的常数恰好使 $P_l(1)=1$）

总之，当勒上特方程(1)或(2)中的参数 l 不是整数时，方程式的解在 $z=\pm1$ 处，亦即 $\theta=0,\pi$ 处，存在奇点，这在一般情况下是不合乎物理要求的。为了使(1)式的解对于所有的 θ 值都是解析的，l 必须取正整数（$l=0,1,2,\cdots$），相应的解是一个 $\cos\theta$ 或 z 的 l 次多项式，称为勒上特多项式；至于第二个解，则仍是无穷级数，而且在 $\theta=0,\pi$ 处（$z=\pm1$ 处）是发散的，通常以 Q_l 之，称为第二类勒上特函数，仔细的研究表明，它和对数函数有关，例如

$$Q_0(z)=\frac{1}{2}\ln\frac{z+1}{z-1},\quad Q_1(z)=\frac{z}{2}\ln\frac{z+1}{z-1}-1 \tag{10}$$

这可以代入(2)式直接验明（相应的 $l=0$ 和 1）。

勒上特多项式 $P_l(\cos\theta)$ 在物理中有极广泛的应用，它的性质和应用在下面还将详细研究。$Q_l(z)$ 则用处较少（也有用处的），我们不予备去研究它。

练习：

1. 用级数解法求方程 $\frac{d^2w}{dz^2}+k^2w=0$ 的解，说明所得的结果就是 $\sin kz$ 和 $\cos kz$

2. 根据"高等数学"课程中曾讲过的从微分方程的第一个解求第二个解的方法，证明(10)式。〔所用公式见下节(30)式〕

91

§15. 二阶线性常微分方程的一般性讨论 级数解法

这是指下列类型的方程：

$$w''(z)+p(z)\,w'(z)+q(z)\,w(z)=0 \tag{1}$$

z是自变数，w(z)是未知函数，p(z)和q(z)是给定的已知函数。例如，对于勒让德方程

$$(1-z^2)w''-2zw'+l(l+1)w=0, \tag{2}$$

相应于

$$p(z)=-\frac{2z}{1-z^2},\quad q(z)=\frac{l(l+1)}{1-z^2} \tag{2'}$$

联属勒让德方程 ~~$\{(1-z^2)w'\}'+\{l(l+1)-m$~~

$$(1-z^2)w''-2zw'+\left[l(l+1)-\frac{m^2}{1-z^2}\right]w=0 \tag{3}$$

相应于

$$p(z)=-\frac{2z}{1-z^2},\quad q(z)=\frac{l(l+1)}{1-z^2}-\frac{m^2}{(1-z^2)^2} \tag{3'}$$

贝塞尔方程

$$z^2w''+zw'+(z^2-n^2)w=0 \tag{4}$$

相应于

$$p(z)=\frac{1}{z},\quad q(z)=1-\frac{n^2}{z^2} \tag{4'}$$

在不同的方程中，p(z)和q(z)具有不同的形式。现在我们就从复变函数论的角度来研究一下(1)式的解的可能形式和它的性质。在这个基础上再来阐明求解的具体方法，步骤。

显然，如 $w_1(z)$ 和 $w_2(z)$ 是(1)式的二个独立解（即 $w_1\neq c\,w_2$），则它们的线性组合

$$w=c_1w_1+c_2w_2 \tag{5}$$

也是(1)式的解，c_1,c_2 是任意常数（复数）。这正是(1)式称为线性微分方程的原因。

可以证明，(1)式只存在二个互相独立的解，亦即任何第三个解一定可以表示成 w_1 和 w_2 的线性组合，亦即(5)式是解的普遍形式（证明从略）。

w_1 或 w_2 到底可能具有什么样的形式呢？当然，我们希望最好是对于所有的z的数值，w_1 和 w_2 都是解析的，那末它们的普遍形式就是一个幂级数。但事实上不是这样。由于 p(z) 和 q(z) 可能存在奇点〔例如，在(2')中，$z=\pm1$ 就是奇点，在(4')中 $z=0$ 是奇点〕，因此方程的解 w_1 和 w_2 一般说来是会有奇点的，而且，它们也可能是多值函数。我们从最复杂的可能出发，设想 w_1 和 w_2 是多值函数。去任意选一点

92

$$w'' + p(z)w' + q(z)w = 0.$$

如 $p(z) = \frac{1}{z}(a_0 + a_1 z + \cdots)$

$$q(z) = \frac{1}{z^3}(b_0 + b_1 z + \cdots)$$

$$w = z^{\rho}(c_0 + c_1 z + \cdots)$$

$$\rho(\rho-1)c_0 z^{\rho-2} + (\rho+1)\rho c_1 z^{\rho-1} + \cdots$$

$$+ a_0 c_0 \rho z^{\rho-2} + (a_1 c_0 \rho + a_0 c_1(\rho+1)) z^{\rho-1}$$

$$+ b_0 c_0 z^{\rho-3} + (b_1 c_0 + b_0 c_1) z^{\rho-2} + \cdots = 0$$

$z^{\rho-3}$: $b_0 c_0 = 0$. 不可解!

方程不能平衡，故

$$w = \sum_{n=-\infty}^{\infty} c_n z^n$$

此页为插页

ζ_0，~~为明确起见，设 $\zeta_0=0$.（否则，可作坐标变换，令 $\zeta-\zeta_0$ 为新的变数，则以下结果……的复平面……~~ 在 ζ_0 近旁，任取一点 ζ，当 ζ 变化时，$w_1(\zeta)$ 和 $w_2(\zeta)$ 也随着变化。如令 ζ 绕 ζ_0 一周，回到原来的地点，$w_1(\zeta)$ 和 $w_2(\zeta)$ 是否也恢复回到原来的数值呢？如果它们是单值的，则就应该回复到原来的数值，如果是多值函数，则当 ζ 绕 ζ_0 一周后，$w_1(\zeta)$ 和 $w_2(\zeta)$ 就可能变成另外二个函数，和原来的不一样。这样我们就得到了(1)式的另外二个解。这二个解当然是 w_1 和 w_2 的某种组合，亦即：

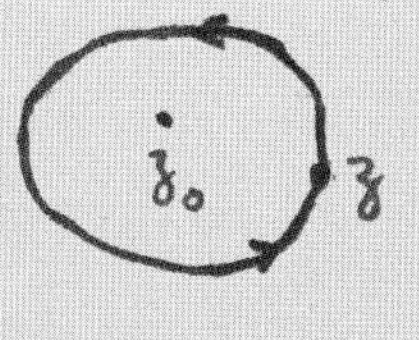

图27.

$$\begin{cases} w_1 \to a_1 w_1 + a_2 w_2 \\ w_2 \to b_1 w_1 + b_2 w_2 \end{cases} \qquad (6)$$

这里"→"表示上面所说的过程，或者说解析延拓。a_1, a_2, b_1, b_2 的具体数值当然是决定于 w_1 和 w_2 的具体函数形式。暂时假定 w_1, w_2 已经求得，因此 a_1, a_2, b_1, b_2 是一些确定的常数。

不难想到，只要将 w_1 和 w_2 适当地组合，也许可以得到(1)式的这样一个解 $w=c_1w_1+c_2w_2$，它经过解析延拓后，和原来的数值只差一个常数因子：

$$w \to \lambda w \qquad (7)$$

我们就来研究一下，如果这种情况是存在的，则 c_1 和 c_2 应取何种比例，λ 可取什么数值。将 $w=c_1w_1+c_2w_2$ 代入(7)中，并利用(6)式，得到：

$$\begin{aligned} w=c_1w_1+c_2w_2 &\to c_1(a_1w_1+a_2w_2)+c_2(b_1w_1+b_2w_2) \\ &=(a_1c_1+b_1c_2)w_1+(a_2c_1+b_2c_2)w_2=\lambda w \\ &=\lambda c_1 w_1+\lambda c_2 w_2 \end{aligned}$$

因为 w_1 和 w_2 是互相独立的，则上式要求

$$\begin{cases} (a_1-\lambda)c_1 + b_1 c_2 = 0 \\ a_2 c_1 + (b_2-\lambda)c_2 = 0 \end{cases} \qquad (8)$$

为了 c_1, c_2 不全为 0.（否则 $w=0$，没有意义），首先必须其系数行列式等于0：

$$\begin{vmatrix} a_1-\lambda & b_1 \\ a_2 & b_2-\lambda \end{vmatrix} = 0 \qquad (9)$$

从(9)式可求得 λ 的二种数值 λ_1 和 λ_2，将 λ_1 或 λ_2 代入(8)式就可以求出 c_1

93

和 c_2 的比例 c_1/c_2，从而得到所要寻找的 w（二个），这二个解的性质既然比原来的解要简单些，我们就可以把它作为(1)式的基本解，符号上仍以 w_1 和 w_2 表记之。总之，(1)式存在这样一组基本解，它们经过解析延拓以后，添出一个常数因子：

$$w_1 \to \lambda_1 w_1, \quad w_2 \to \lambda_2 w_2 \tag{10}$$

注意，由这一组 w_1 和 w_2 不可能再组合成具有同样性质的解，因此，方程(1)只存在二个具有性质(10)的解答，它们的形式和 λ_1, λ_2 的具体数值完全由(1)式中 $p(z)$ 和 $q(z)$ 的具体形式决定。

我们知道，函数 $(z-z_0)^\alpha$，当 α 不是整数时，也是具有同样性质的多值函数，当 z 绕 z_0 一周时，添出因子 $e^{i2\pi\alpha}$，亦即：

$$(z-z_0)^\alpha \to (z-z_0)^\alpha e^{i2\pi\alpha} \tag{11}$$

如令

$$\left.\begin{aligned} e^{i2\pi\alpha_1} &= \lambda_1, \quad 即 \quad \alpha_1 = \frac{1}{2\pi i}\ln\lambda_1 \\ e^{i2\pi\alpha_2} &= \lambda_2, \quad 即 \quad \alpha_2 = \frac{1}{2\pi i}\ln\lambda_2 \end{aligned}\right\} \tag{12}$$

则函数 $w_1/(z-z_0)^{\alpha_1}$ 和 $w_2/(z-z_0)^{\alpha_2}$，经过解析延拓后，数值不变，亦即它们在 z_0 附近是单值函数。单值函数可以展开成罗朗级数。因此我们得到结论：方程(1)的基本解具有下列形式：

这些线不要

$$\left\{\begin{aligned} w_1 &= (z-z_0)^{\alpha_1}\sum_{n=-\infty}^{\infty} a_n (z-z_0)^n \\ w_2 &= (z-z_0)^{\alpha_2}\sum_{n=-\infty}^{\infty} a_n' (z-z_0)^n \end{aligned}\right. \tag{13}$$

α_1, α_2 以及各个 a_n, a_n' 的数值的具体求法，将在下面叙述。

当然，(13)式中的级数有一定的收敛半径，亦即(13)式只适用于 z_0 的某个邻区，而 z_0 是任意的。z_0 可以选 $p(z)$ 或 $q(z)$ 的奇点，也可以选它们的正常点。z_0 的选择视 $p(z)$ 和 $q(z)$ 的具体形式而定，一般的原则是，计算方便，而所得的解有较大的收敛半径。

上面的结论，都是在(9)式存在二个不相等的根（$\lambda_1 \neq \lambda_2$）的前提下得到的。如果(9)式具有重根（$\lambda_1 = \lambda_2$），则方程(1)具有性质(10)的解可能就只有一个，另一个解必须具有(6)式的性质，亦即，

$$\left\{\begin{aligned} w_1 &\to \lambda_1 w_1 \\ w_2 &\to b_1 w_1 + b_2 w_2 \end{aligned}\right. \tag{14}$$

94

这时，w_1的可能形式当然仍由(13)式表示。那末，w_2的可能形式又是什么呢？我们作如下的分析：在(14)式的情况下，如果明知故犯地仍去寻找一个满足(7)式的解，即寻找一个 $w=c_1w_1+c_2w_2$，使具有性质 $w\to\lambda w$，则重复到(9)式为止的运算，得到

$$\begin{vmatrix}\lambda_1-\lambda & b_1\\ 0 & b_2-\lambda\end{vmatrix}=0,$$

它的二个根是λ_1和b_2。b_2就是λ_2，它应该等于λ_1（这是开始这一段分析的前提！），因此，代替(14)式的，实际上应该是：

$$\begin{cases} w_1\to\lambda_1 w_1 \\ w_2\to b_1w_1+\lambda_1w_2\end{cases} \qquad (14')$$

则w_2/w_1经解析延拓后，变成：

$$\frac{w_2}{w_1}\to\frac{b_1}{\lambda_1}+\frac{w_2}{w_1}, \qquad (15)$$

只是多了一个常数。我们知道，$\ln(z-z_0)$也具有同样的性质，当z绕z_0一周时，

$$\ln(z-z_0)\to\ln(z-z_0)+2\pi i \qquad (16)$$

则

$$\frac{b_1}{2\pi i\lambda_1}\ln(z-z_0)\to\frac{b_1}{2\pi i\lambda_1}\ln(z-z_0)+\frac{b_1}{\lambda_1},$$

~~和(15)式合起来，~~

和(15)式合起来，可知 $\frac{w_2}{w_1}-\frac{b_1}{2\pi i\lambda_1}\ln(z-z_0)$ 经解析延拓后，数值不变，因此是单值函数，~~可以展开成罗朗级数，~~以$f(z)$表示之，则

$$w_2=f(z)\,w_1+c\,w_1\ln(z-z_0) \qquad (17)$$

这里 $c=b_1/2\pi i\lambda_1$，$f(z)$是某个单值函数，可以展开成z_0附近的罗朗级数。$f(z)$和w_1中的罗朗级数（见(13)式）相乘，仍为罗朗级数。因此，w_1和w_2的可能形式是：

$$\begin{cases} w_1=(z-z_0)^{\alpha_1}\sum\limits_{n=-\infty}^{\infty}a_n(z-z_0)^n \\ w_2=(z-z_0)^{\alpha_1}\sum\limits_{n=-\infty}^{\infty}a'_n(z-z_0)^n+c\,w_1\ln(z-z_0)\end{cases} \qquad (18)$$

各个系数的数值可将(18)式代入(1)式而求得。当然，也可能出现$c=0$的特殊情况。

上面我们研究了(1)式的解的可能形式，下面就来阐明求解的具体方法步骤。在上节中我们实际上已经揭示了微分方程的级数解法的基本要点，那就是，将(13)式或(18)式代入(1)式，设法找出确定各个系数的循环公式，从而定出各个系数，得到解答。从

95

上节的实际例子可知，要这种级数解法成为实际可行，必须相应的级数从某个最低次项开始，亦即(13)或(18)式中的罗朗级数只包括有限个负幂项，甚至是从某个正幂项开始。这时只要将 α_1 增/减一个整数，则 w_1 可以写成下面的形式：(可以使(13)式中的级数从0次项开始)

$$w_1=(z-z_0)^\rho\sum_{n=0}^{\infty}a_n(z-z_0)^n,\quad a_0\neq 0 \tag{19}$$

这种形式的解，称为正则解。下面我们分二种情况来讨论。

(一) 正常点附近的解

设 z_0 是 $p(z)$ 和 $q(z)$ 的正常点(也称为方程式的正常点)，亦即 $p(z)$ 和 $q(z)$ 在 z_0 是解析的。这时候它们可以在 z_0 附近展开成幂级数。为讨论方便计，设 z_0 等于0 (以 $z-z_0$ 作为新的变数，就可以做到这一点)，则

$$\begin{aligned}p(z)&=p_0+p_1z+p_2z^2+\cdots\\ q(z)&=q_0+q_1z+q_2z^2+\cdots\end{aligned}\tag{20}$$

各个系数可从 p，q 的具体形式求得，是已知常数【例如，对于勒让德方程(2)，

$p(z)=-\dfrac{2z}{1-z^2}=-2z(1+z^2+z^4+\cdots)$，$p_0=0$，$p_1=-2$，$p_2=0$，$\cdots$

$q(z)=l(l+1)(1+z^2+z^4+\cdots)$，$q_0=l(l+1)$，$q_1=0$，$\cdots$ 】。

将(19)，(20)一起代入(1)式

$$w''+p(z)w'+q(z)w=0 \tag{1}$$

中，归并 z 的幂次相同的项，再让各项的系数等于0，就可以求出 ρ 和各个 a_n。先看 z 的最低次项，w'' 中最低次项是 $\rho(\rho-1)a_0z^{\rho-2}$，$pw'$ 最低次项是 $\rho a_0p_0z^{\rho-1}$，qw 中最低次项是 $q_0a_0z^{\rho}$，因此，(1)式左边 z 最低次项系数是 $\rho(\rho-1)a_0$，它应该等于0。由于已经假定 $a_0\neq0$，因此 $\rho=0$ 或 1。这样，我们得到一个重要结论：在正常点附近，方程的解可以表示成幂级数：

$$w=\sum_{n=0}^{\infty}a_nz^n=a_0+a_1z+a_2z^2+\cdots \tag{21}$$

(a_0 和 a_1 至少有一个不等于0) 亦即 w 是解析的。

96

对(21)式微分，得到：

$$w'=1\cdot a_1+2a_2 z+3a_3 z^2+4a_4 z^3+\cdots$$

$$w''=2\cdot 1\, a_2+3\cdot 2\, a_3 z+4\cdot 3\, a_4 z^2+\cdots$$

和(20),(21)一起代入(1)中，得到：

$$(2\cdot 1\, a_2+3\cdot 2\, a_3 z+4\cdot 3\, a_4 z^2+\cdots)+(p_0+p_1 z+p_2 z^2+\cdots)(1a_1+2a_2 z+3a_3 z^2+\cdots)+$$
$$+(q_0+q_1 z+q_2 z^2+\cdots)(a_0+a_1 z+a_2 z^2+\cdots)=0$$

将z的幂次相同的项目归并到一起，并令各项系数为0，就得到：

$$\begin{cases} 2\cdot 1\cdot a_2+p_0 a_1+q_0 a_0=0 \\ 3\cdot 2\, a_3+2p_0 a_2+1p_1 a_1+q_0 a_1+q_1 a_0=0 \\ \cdots\cdots \\ (n+2)(n+1)a_{n+2}+[(n+1)p_0 a_{n+1}+n\, p_1 a_n+\cdots+1\cdot p_n a_1]+ \\ \quad +[q_0 a_n+a_1 a_{n-1}+\cdots+q_n a_0]=0 \\ \cdots\cdots \end{cases} \tag{22}$$

由第一个式子，求得 $a_2=-\frac{1}{2}(p_0 a_1+q_0 a_0)$，代入第二个式子，就求得 a_3，依次进行，可求得全部系数。a_0 和 a_1 则是任意的（二阶线性常微分方程的普遍解包含二个任意常数）。作为(1)式的特解，可分别令 $a_1=0$ 和 $a_0=0$，亦即：

特解 w_1 相应于 $a_1=0,\ a_0=1$

特解 w_2 相应于 $a_0=0,\ a_1=1$ (23)

普遍解则是二个特解的线性组合：

$$w=c_1 w_1+c_2 w_2$$

系数 c_1, c_2 的选择，视具体情况而定。

注意，这样求得的特解 w_1 和 w_2 以及普遍解 w，都是z的幂级数（亦即 $(z-z_0)$ 的幂级数，如果当初不令 $z_0=0$ 的话）因此在 $z=0$ 处是解析的。它们的收敛区域，亦即这些解成立的区域，是以原点(即 z_0)为中心的一个圆，圆的半径等于从原点(z_0)到 $p(z)$ 或 $q(z)$ 的最近的奇点的距离。~~上节具体研究勒让德方程所得到的结果和这里的分析是完全符合的~~ 如果要求所得到的解有更大的适用范围，则必须幂级数(21)在某一项中断，变成多项式，这种情况只有当 $p(z)$ 或 $q(z)$ 取某些特殊形式时才可能发生，这在上面具体研究勒上

97

特方程时已经说明过了。

(二). 正则奇点附近的解.

从物理问题中得到的二阶线性常微分方程，一般 $p(z)$ 的奇点的级不超过1，$q(z)$ 的奇点的级不超过2.［参看(2)—(4)式］这种奇点称为微分方程的正则奇点（对 p 和 q 来说则是极点）。因为在这种奇点附近方程存在(19)式形式的正则解，下面就来阐述解的求法，当然同时也就证明了解的存在。

设 z_0 是 $p(z)$ 的或 $q(z)$ 的或共同的奇点，并设 $z_0=0$（理由同前）。

~~$z^2W''+z^2p(z)W'+z^2q(z)W=0$~~

根据上述，$p(z)$ 和 $q(z)$ 可以展开成如下的级数：

$$
\begin{aligned}
p(z)&=\frac{1}{z}(b_0+b_1z+b_2z^2+\cdots)\\
q(z)&=\frac{1}{z^2}(c_0+c_1z+c_2z^2+\cdots)
\end{aligned}
\tag{24}
$$

这时(1)式可以写成：

$$z^2W''+z(b_0+b_1z+b_2z^2+\cdots)W'+(c_0+c_1z+c_2z^2+\cdots)W=0 \tag{25}$$

我们要求找下列形式的正则解：

$$W=z^\rho\sum_0^\infty a_nz^n=a_0z^\rho+a_1z^{\rho+1}+a_2z^{\rho+2}+\cdots \tag{26}$$

$(a_0\neq0)$ 将(26)代入(25)，得到

$$
\begin{aligned}
&[\rho(\rho-1)a_0z^\rho+(\rho+1)\rho a_1z^{\rho+1}+(\rho+2)(\rho+1)a_2z^{\rho+2}+\cdots]+\\
&+(b_0+b_1z+b_2z^2+\cdots)[\rho a_0z^\rho+(\rho+1)a_1z^{\rho+1}+(\rho+2)a_2z^{\rho+2}+\cdots]+\\
&+(c_0+c_1z+c_2z^2+\cdots)(a_0z^\rho+a_1z^{\rho+1}+a_2z^{\rho+2}+\cdots)=0
\end{aligned}
$$

消去共同的因子 z^ρ，再归并 z 的同次相同的项，并令各项系数为0，得到：

$$
\begin{cases}
\rho(\rho-1)a_0+\rho b_0a_0+c_0a_0=0\\
(\rho+1)\rho a_1+[\rho b_1a_0+(\rho+1)b_0a_1]+[c_1a_0+c_0a_1]=0\\
\cdots\cdots\\
(\rho+n)(\rho+n-1)a_n+[\rho b_na_0+(\rho+1)b_{n-1}a_1+\cdots+(\rho+n)b_0a_n]+\\
\qquad+[c_na_0+c_{n-1}a_1+\cdots+c_0a_n]=0\\
\cdots\cdots
\end{cases}
$$

由第一式求得

$$\rho(\rho-1)+b_0\rho+c_0=0 \tag{27}$$

98

这称为指标方程，由它可以确定 ρ 的数值。其他的式子，经过整理，简化变成：

$$
\begin{aligned}
&(2\rho+b_0)a_1+(\rho b_1+c_1)a_0=0\\
&\cdots\cdots\\
&n(2\rho+n-1+b_0)a_n+[\rho b_n+c_n]a_0+[(\rho+1)b_{n-1}+c_{n-1}]a_1+\\
&\qquad+\cdots+[(\rho+n-1)b_1+c_1]a_{n-1}=0\\
&\cdots\cdots\quad(n=1,2,3,\cdots)
\end{aligned}
\tag{28}
$$

a_0 是任意常数（$\neq 0$），可以任选一个方便的数值（例如 $a_0=1$）。将指标方程(27)式的根代入(28)式，就可以逐个求得 $a_1, a_2, \cdots$ 再代入(26)，就得到正则解 w。它一般说来是个无穷级数，收敛半径等于从原点到 $p(z)$ 或 $q(z)$ 的最近一个奇点的距离。当然，如果级数在某一项中断，只有有限项，则所得的解就到处成立了。

指标方程的二个根以 ρ_1, ρ_2 表示，则由(27)式得到

$$\rho(\rho-1)+b_0\rho+c_0=(\rho-\rho_1)(\rho-\rho_2)=0,$$

$$\rho_1+\rho_2=1-b_0,\quad \rho_1\rho_2=c_0$$

令 $s=\rho_1-\rho_2$，并规定 ρ_1, ρ_2 的命名标准是在 ρ_1 和 ρ_2 都是实数时，$s\geq 0$，则(28)式中 a_n 的系数可以简化成：

$$n(2\rho+n-1+b_0)=\begin{cases} n(n+s), & \rho=\rho_1\\ n(n-s), & \rho=\rho_2\end{cases}\tag{29}$$

如果 $\rho_1\neq\rho_2$，而且 $s=\rho_1-\rho_2$ 不是正整数，则(29)式不等于0，这时将 ρ_1 和 ρ_2 分别代入(28)式，就得到二套不同的 a_n，再代入(26)就得到方程(1)的二个独立的正则解；如 $\rho_1=\rho_2$，则就只能得到一个(26)形式的解；如 $s=\rho_1-\rho_2$ 是整数$(0,1,2\cdots)$，则将 ρ_1 代入(28)，便可求得各个 a_n，从而得到一个(26)形式的正则解，而将 ρ_2 代入(28)时，由于 a_s 的系数等于0，就求不到 $n\geq s$ 的各个 a_n，一般说来就得不到(26)形式的正则解。【回顾一下(18)式后面的讨论可以理解这点，ρ_1, ρ_2 是将(13)式中 α_1, α_2 加减某个整数后得来的，当 $\rho_1-\rho_2$ 是整数时，α_1, α_2 相差一个整数，但这个整数可以归并到 n 中去（因为 n 是从 $-\infty\to\infty$）则 α_1 就等于 α_2，w_1 和 w_2 就很可能是一个函数。】总之，当指标方程的二根之差$(\rho_1-\rho_2)$不是整数时，可以求得二个独立的正则解，它们具有(26)的形式；当 $\rho_1-\rho_2=0,1,2,\cdots$ 时，一般讲只有一个正则解$(\rho=\rho_1)$，至于第二个解，可由下面的公式求得（这公式在数学中讲过，这里不证明了）：

99

$$w_2 = c\, w_1 \int e^{-\int p(z)dz} \frac{dz}{w_1^2} . \qquad (30)$$

仔细的分析表明，w_2 具有下面的形式：

$$w_2 = z^{\rho_2} \sum_{n=0}^{\infty} a_n' z^n + c\, w_1 \ln z , \quad a_0' \neq 0. \qquad (31)$$

注意(31)式和(18)式中的 w_2 形式上非常相像，只是现在(31)式中不包含 n 为负的各项。常数 c 和 a_n' 可以将(31)式代入(25)式求得之。当然，如果(30)式中的积分不难计算，就可以由(30)式直接计算 w_2。

上面所讲的内容，可以扼要概括如下：二阶线性常微分方程

$$w'' + p(z)\, w' + q(z)\, w = 0 \qquad (1)$$

只有二个独立解。在 $p(z)$ 和 $q(z)$ 的正常点附近，二个解都可以表示成幂级数：

$$w = a_0 + a_1 z + a_2 z^2 + \cdots \qquad (21)$$

各个系数可由(20)(22)式求得。在方程式的正则奇点（$p(z)$ 和 $q(z)$ 的极点）附近，解的形式是：

$$w = z^{\rho}(a_0 + a_1 z + a_2 z^2 + \cdots) \qquad (26)$$

指标 ρ 由指标方程(27)式决定。如果指标方程的二个根 ρ_1 和 ρ_2 之差不是整数，则二个解都具有(26)的形式，即

$$\begin{cases} w_1 = z^{\rho_1}(a_0 + a_1 z + a_2 z^2 + \cdots) & (32) \\ w_2 = z^{\rho_2}(a_0 + a_1 z + a_2 z^2 + \cdots) & (32') \end{cases}$$

（二者的系数是不同的！）各个系数由(24),(28)式确定。如 $\rho_1 - \rho_2 = 0, 1, 2, \cdots$，则一般只有 w_1 具有(32)的形式，第二个解中将包含对数函数 $\ln z$，其形式是

$$w_2 = z^{\rho_2}(a_0' + a_1' z + a_2' z^2 + \cdots) + c\, w_1 \ln z \qquad (31)$$

如 z_0 是 $p(z)$ 的高于一级的极点或本性奇点，或 $q(z)$ 的高于二级的极点或本性奇点（这种点称为方程(1)的非正则奇点），则在 z_0 附近，解的形式是(13)式或(18)式。

在物理学中用得较多的是(21)和(26)形式的解，(31)形式的解用处较少。

应该强调指出，在大多数情况下，$p(z)$ 和 $q(z)$ 具有极其简单的形式，这时甚至可以不必利用现成的公式(22)和(28)，只要将(21)或(26)直接代入方程(1)中，就可以求得解答。在上节，对于勒让德方程，我们正是这样做的。

为了物理问题的实际需要，常常要研究方程(1)在 ∞ 处的性质。这可借变换

100

$$t=\frac{1}{z} \tag{33}$$

来实现，即把(1)式中变数换成t，再研究在$t=0$处方程的性质。这样做的时候，(1)式变成

$$\frac{d^2W}{dt^2}+\left[\frac{2}{t}-\frac{1}{t^2}p\left(\frac{1}{t}\right)\right]\frac{dW}{dt}+\frac{1}{t^4}q\left(\frac{1}{t}\right)W=0 \tag{34}$$

由(34)的具体形式可知，$t=0$，即$z=\infty$，很可能是方程式的非正则奇点。∞处解的性质的具体研究方法以后再讲。

最后，我们来研究一个具体的例子，作为所述方法的应用。在量子力学中遇到下列汇合超比方程：

$$\boxed{zW''+(\beta-z)W'-\alpha W=0} \tag{35}$$

α，β是常数，可以是复数，但β不得为负整数（理由可从下面(37)式看出）。

和标准形式(1)比较，相当于

$$p(z)=\frac{\beta-z}{z}，\text{即}\quad b_0=\beta,\ b_1=-1,\ b_2=b_3=\cdots=0$$

$$q(z)=-\frac{\alpha}{z},\quad \text{即}\quad c_0=0,\ c_1=-\alpha,\ c_2=c_3=\cdots=0$$

指标方程为

$$\rho(\rho-1)+b_0\rho+c_0=\rho(\rho-1)+\beta\rho=\rho(\rho-1+\beta)=0$$

根为 $\rho_1=0,\quad \rho_2=1-\beta$

则第一个解的形式是

$$W_1=a_0+a_1z+a_2z^2+\cdots$$

按照(28)式，或直接代入(35)式，求得

$$n(n-1+\beta)a_n+[(n-1)-\alpha]a_{n-1}=0,\quad n=1,2,\cdots$$

即

$$a_n=\frac{n+\alpha-1}{n(n+\beta-1)}a_{n-1}, \tag{36}$$

选$a_0=1$，则得到：

$$a_1=\frac{\alpha}{1\cdot\beta}a_0=\frac{\alpha}{1\cdot\beta}$$

$$a_2=\frac{\alpha+1}{2(\beta+1)}a_1=\frac{\alpha(\alpha+1)}{1\cdot2\cdot\beta(\beta+1)}$$

$$a_3=\frac{\alpha+2}{3(\beta+2)}a_2=\frac{\alpha(\alpha+1)(\alpha+2)}{1\cdot2\cdot3\cdot\beta(\beta+1)(\beta+2)}$$

$$\cdots\cdots$$

101

因此．
$$W_1 = 1+\frac{\alpha}{\beta}\frac{z}{1!}+\frac{\alpha(\alpha+1)}{\beta(\beta+1)}\frac{z^2}{2!}+\frac{\alpha(\alpha+1)(\alpha+2)}{\beta(\beta+1)(\beta+2)}\frac{z^3}{3!}+\cdots \qquad (37)$$

通常以 $F(\alpha,\beta;z)$ 表记这个级数，称为汇合超比级数。它的收敛半径等于：

$$R=\lim_{n\to\infty}\left|\frac{a_{n-1}}{a_n}\right|=\lim_{n\to\infty}\frac{n(n+\beta-1)}{n-\alpha-1}=\lim_{n\to\infty} n=\infty$$

因此，$F(\alpha,\beta;z)$ 是整个复平面上的解析函数，(37)式就是它的定义。

对于很大的 z，$F(\alpha,\beta;z)$ 的性质和 e^z 很相像。事实上，e^z 是它的一个特例，

~~$e^z = F(\alpha,\alpha;z)$~~

$$e^z = 1+\frac{z}{1!}+\frac{z^2}{2!}+\frac{z^3}{3!}+\cdots = F(\alpha,\alpha;z) \qquad (38)$$

又，如果 α 等于负整数，~~即~~ $\alpha=-n$，则(37)式变成 n 次多项式：

~~$F(-n,\beta,z)=1-\frac{n}{\beta}z+\frac{n(n-1)}{2!\beta(\beta+1)}z^2-+\cdots+(-1)^n\frac{n!}{n!\beta\cdots(\beta+n-1)}z^n \quad (39)$~~

$$F(-n,\beta;z)=1-\frac{n}{\beta}\frac{z}{1!}+\frac{n(n-1)}{\beta(\beta+1)}\frac{z^2}{2!}-+\cdots+(-1)^n\frac{n!}{\beta(\beta+1)\cdots(\beta+n-1)}\frac{z^n}{n!} \qquad (39)$$

这称为拉盖尔多项式。

(35)式的第二个解，求出来是

$$W_2 = z^{1-\beta}F(\alpha+1-\beta,2-\beta;z) \qquad (40)$$

$F(\alpha+1-\beta,2-\beta;z)$ 的意思是将(37)中 α 换成 $\alpha+1-\beta$，β 换成 $2-\beta$

练习：

1. 研究贝塞尔方程和汇合超比方程在 ∞ 点的性质（答：非正则奇点）
2. 求贝塞尔方程在 $n=0$ 的情况下的正则解。
3. 证明(40)式。
4. 通过这一节的学习，对第一章（复变函数）的有关内容有何新的体会？

W_2 可这样求：$W_2=z^{1-\beta}\cdot u$，$u=1+a_1z+a_2z^2+\cdots$

u 满足 $zu''+(2-\beta-z)u'+(\alpha+1-\beta)u=0$，∴ $u=F(\alpha+1-\beta,2-\beta;z)$

（且 $u(0)=1$）

102

§16. 勒上特多项式

在§14 我们研究了勒上特方程

$$(1-z^2)w''-2zw'+l(l+1)w=0 \qquad (1)$$

的解，为了使解答符合物理的要求（在 $\theta=0,\pi$ 亦即 $z=\pm1$ 处 w 有限），l 只能取整数 $0,1,2,\cdots$，这时得到一个多项式解，称为勒上特多项式，它在物理上有许多应用，因此有必要较全面地研究一下它的性质。在§12 讲过，勒上特方程是缔合勒上特方程

$$(1-z^2)w''-2zw'+\left[l(l+1)-\frac{m^2}{1-z^2}\right]w=0 \qquad (2)$$

当 $m=0$ 时的特例，因此我们先研究一下后者的解。

(2)式和标准形式 $w''+p(z)w'+q(z)w=0$ 比较，相当于

$$p(z)=-\frac{2z}{1-z^2}, \quad q(z)=\frac{l(l+1)}{1-z^2}-\frac{m^2}{(1-z^2)^2}$$

$z=\pm1$ 是正则奇点，$z_0=0$ 是正常点。当然，原则上可以直接求(2)式在 $z_0=0$ 附近的幂级数解，但是，研究清楚在奇点附近解的性质，常有助于解的实际求得。在 $z_0=1$ 附近，

$$p(z)=\frac{2z}{(z-1)(z+1)}=\frac{1}{z-1}\left[b_0+b_1(z-1)+\cdots\right], \quad b_0=\left.\frac{2z}{z+1}\right|_{z=1}=1$$

$$q(z)=\frac{(1-z^2)l(l+1)-m^2}{(z-1)^2(z+1)^2}=\frac{1}{(z-1)^2}\left[c_0+c_1(z-1)+\cdots\right], \quad c_0=-\frac{m^2}{4}$$

指标方程是：

$$\rho(\rho-1)+b_0\rho+c_0=\rho^2-\frac{m^2}{4}=0. \quad \rho_1=\frac{m}{2};\ \rho_2=-\frac{m}{2} \qquad (3)$$

因此，在 $z_0=1$ 附近，存在一个正则解

$$w=(z-1)^{\frac{m}{2}}\left[a_0+a_1(z-1)+\cdots\right]$$

同样地计算发现，在 $z_0=-1$ 附近，指标方程的根仍是 $\frac{m}{2}$ 和 $-\frac{m}{2}$，正则解是

$$w=(z+1)^{\frac{m}{2}}\left[a_0+a_1(z+1)+\cdots\right]$$

因此，如果作变换

$$w=(1-z)^{\frac{m}{2}}(1+z)^{\frac{m}{2}}u=(1-z^2)^{\frac{m}{2}}u(z) \qquad (4)$$

103

则就可以希望 $u(\xi)$ 具有较简单的性质——在 $\xi=\pm1$ 处 $u(\xi)$ 解析。

按照上述计划，将(4)式代入(2)式，得到：

$$(1-\xi^2)u''-2(m+1)\xi u'+[l(l+1)-m(m+1)]u=0 \qquad (5)$$

即

$$\frac{d}{d\xi}[(1-\xi^2)u']-2m\xi u'+[l(l+1)-m(m+1)]u=0 \qquad (5')$$

研究发现，这个方程可以经过巧妙的办法化成勒让德方程，如下：将(5')式积分，得到

$$(1-\xi^2)u'-2m\left(\xi u-\int u\,d\xi\right)+[l(l+1)-m(m+1)]\int u\,d\xi=0$$

为简写

$$\int u\,d\xi=u_1,\quad \int u_1\,d\xi=u_2,\quad \int u_2\,d\xi=u_3,\ \cdots\cdots$$

则上式就是：

$$(1-\xi^2)u_1''-2m\xi u_1'+[l(l+1)-(m-1)m]u_1=0 \qquad (6)$$

(6)式和(5)式的差别在于：u 换成了 u_1，m 换成了 $(m-1)$。如果对(6)式继续积分，则经过一共 m 次积分后，(5)式中的 u 就换成 u_m，m 就换成 0，从而得到下式：

$$(1-\xi^2)u_m''-2\xi u_m'+l(l+1)u_m=0 \qquad (7)$$

这正是勒让德方程，它的解在§14已经研究过。这样，我们就有：

$$u_m=P_l(\xi),\qquad u=\left(\frac{d}{d\xi}\right)^m u_m=\left(\frac{d}{d\xi}\right)^m P_l(\xi) \qquad (8)$$

这里 $P_l(\xi)$ 是勒让德方程的解（暂时 l 不一定是整数）。在§14说过，如 l 不是整数，则 $\xi=\pm1$ 将是 $P_l(\xi)$ 的奇点，则对于 $u(\xi)$ 来说，~~奇点的~~ $\xi=\pm1$ 至少是它的 m 级奇点，再由(4)式可知 $\xi=\pm1$ 至少是 $w(\xi)$ 的 $\frac{m}{2}$ 级奇点，这一般是不符合物理要求的。由§14知道，l 是整数时可以克服这个困难，那时 $P_l(\xi)$ 是 ξ 的 l 次多项式，在 $\xi=\pm1$ 处是解析的，从而 u 以及 w 都是解析的。当然，为了保证 $u(\xi)$ 不等于0，l 不能比 m 小。结论是：为了保证(2)式的解在 $\xi=\pm1$ 处 $(\theta=0,\pi)$ 解析，l 必须取整数 $(0,1,2,\cdots)$，而且 $l\geq m$，（m 是整数，这在§12已经说过了）。在这条件下，(2)式的解称为缔合勒让德多项式，以 $P_l^m(\xi)$ 表示之：

$$\boxed{P_l^m(\xi)=(1-\xi^2)^{\frac{m}{2}}\left(\frac{d}{d\xi}\right)^m P_l(\xi)} \qquad (9)$$

它的性质将在下节研究。(2)式的第二个解一般写作 $Q_l^m(\xi)$，~~它含有对数函数，在 $\xi=\pm1$ 处是不解析的，用处较少，我们不打算去研究它。~~

104

$$Q_l^m(z) = (1-z^2)^{\frac{m}{2}} \left(\frac{d}{dz}\right)^m Q_l(z) \qquad (10)$$

它含有对数函数，在 $z=\pm1$ 处不解析，用处较少，我们不予备去研究它。

回到本节的主要研究对象，勒上特多项式 $P_l(z)$。(7)式就是(1)式，它形式上仍可以写得和(5)式一样：

$$(1-z^2)W'' - 2(0+1)zW' + [l(l+1) - 0(0+1)]W = 0$$

只是 $m=0$ 而已。如果积分 $l+1$ 次，则 W 换成 W_{l+1}，0 换成 $(-l-1)$。上式成为

$$(1-z^2)W''_{l+1} + 2lzW'_{l+1} = 0$$

即

$$(1-z^2)W_l' + 2lzW_l = 0$$

即

$$\frac{W_l'}{W_l} = \frac{2lz}{z^2-1}$$

，积分，即得：

$$\ln W_l = \ln(z^2-1)^l + c', \qquad W_l = c(z^2-1)^l,$$

微分 l 次，就得到：

$$W = P_l(z) = c\left(\frac{d}{dz}\right)^l (z^2-1)^l = c\left(\frac{d}{dz}\right)^l \left[(z-1)^l(z+1)^l\right], \qquad (11)$$

常数 c 这样选择，使 $z=1$ 处，$P_l(1)=1$。上式中，凡是对 z 的 l 次微分不是全部作用在因子 $(z-1)^l$ 上，因此仍然含有因子 $(z-1)$ 的项，当 $z\to1$ 时，均变成 0，由此可知，

$$P_l(1) = \left[c(z+1)^l\left(\frac{d}{dz}\right)^l(z-1)^l\right]_{z=1} = c\,2^l l! = 1.$$

亦即，$c = 1/2^l l!$，代入(11)式，就得到

$$\boxed{P_l(z) = \frac{1}{2^l l!}\left(\frac{d}{dz}\right)^l (z^2-1)^l} \qquad (12)$$

这称为 $P_l(z)$ 的微分表达式。令 $l=0,1,2,\cdots$ 可以得到各个 $P_l(z)$ 的具体展开式：

$$\boxed{\begin{aligned} &P_0(z)=1,\quad P_1(z)=z,\quad P_2(z)=\tfrac{1}{2}(3z^2-1),\quad P_3(z)=\tfrac{1}{2}(5z^3-3z) \\ &P_4(z)=\tfrac{1}{8}(35z^4-30z^2+3),\quad P_5(z)=\tfrac{1}{8}(63z^5-70z^3+15z) \end{aligned}} \qquad (13)$$

一般地，考虑到

$$\left(\frac{d}{dz}\right)^l (z^2-1)^l = \left(\frac{d}{dz}\right)^l \sum_{k=0}^{l} (-1)^k \frac{l!}{k!(l-k)!} z^{2l-2k}$$

$$= \sum_{k=0}^{n} (-1)^k \frac{l!}{k!(l-k)!}\frac{(2l-2k)!}{(l-2k)!} z^{l-2k}$$

(这里 $n=\frac{l}{2}$ 或 $\frac{l-1}{2}$，以保证 z 的指数 $l-2k\geqslant0$)，就得到(12)式的展开式：

105

$$P_l(z)=\sum_{k=0}^{n}(-1)^k\frac{(2l-2k)!}{2^l k!\,(l-k)!\,(l-2k)!}z^{l-2k},\quad n=\begin{cases}l/2, & l\text{偶}\\ l-1/2, & l\text{奇}\end{cases}\qquad(14)$$

这和§14的结果是完全一致的。

(12)式清楚地表明，$P_l(z)$是z的l次多项式；l偶，$P_l(z)$是偶函数，l奇，$P_l(z)$是奇函数。因此，$P_l(z)$具有以下的简单性质：

$$\boxed{P_l(-z)=(-1)^l P_l(z),\quad P_l(1)=1,\quad P_l(-1)=(-1)^l}\qquad(15)$$

下面讲一个重要的例子，作为勒让德多项式的应用。通过这个例子，再进一步深入研究$P_l(z)$的其他性质。

在距原点a处，有一单位电荷，则在任一点P的电势为：

$$V=\frac{1}{\rho}=\frac{1}{(r^2+a^2-2ar\cos\theta)^{\frac12}}\qquad(16)$$

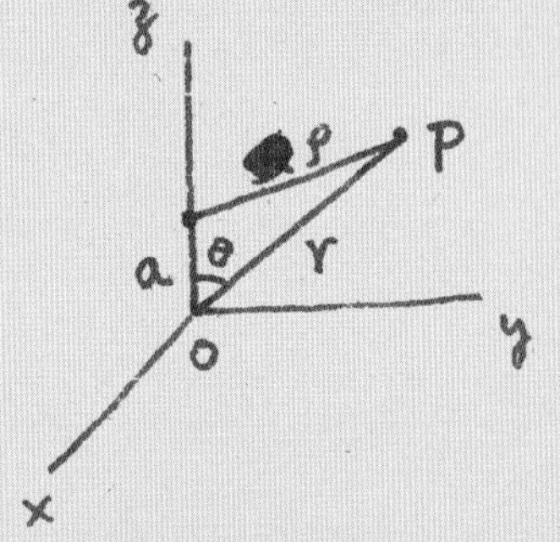

图28

如P点离电荷甚远$(r\gg a)$，则可近似地认为$V\approx\frac{1}{r}$，精确点，可以把V展开成$\frac{a}{r}$的级数：

$$V=\frac{1}{r}\frac{1}{\left(1+\frac{a^2}{r^2}-\frac{a}{r}2\cos\theta\right)^{\frac12}}=\frac{1}{r}\left[1-\frac12\left(\frac{a^2}{r^2}-\frac{a}{r}2\cos\theta\right)+\frac38\left(\frac{a^2}{r^2}-\frac{a}{r}2\cos\theta\right)^2-\cdots\right]$$

$$=\frac{1}{r}\left[1+\left(\frac{a}{r}\right)\cos\theta+\left(\frac{a}{r}\right)^2\left(\frac32\cos^2\theta-\frac12\right)+\cdots\right]$$

静电势V满足拉普拉斯方程，因此V可以写成§12(33)式的形式，亦即：

$$V=\sum_{l=0}^{\infty}b_l r^{-l-1}P_l(\cos\theta)=\frac{1}{r}\left[1+\left(\frac{a}{r}\right)^1c_1P_1(\cos\theta)+\left(\frac{a}{r}\right)^2c_2P_2(\cos\theta)+\cdots\right]$$

当$\theta=0$时，$\cos\theta=1$，利用$P_l(1)=1$，就有：

$$V(r,\theta)\big|_{\theta=0}=\frac{1}{r}\left[1+c_1\left(\frac{a}{r}\right)^1+c_2\left(\frac{a}{r}\right)^2+\cdots\right]$$

而由(16)式，$$V(r,\theta)\big|_{\theta=0}=\frac{1}{r-a}=\frac{1}{r}\left[1+\frac{a}{r}+\left(\frac{a}{r}\right)^2+\cdots\right]$$

由此可知，$c_1=c_2=\cdots=1$，从而得到

$$V(r,\theta)=\frac{1}{\rho}=\frac{1}{r}\left(1+\frac{a^2}{r^2}-\frac{a}{r}2\cos\theta\right)^{-\frac12}=\frac{1}{r}\left[1+\left(\frac{a}{r}\right)P_1(\cos\theta)+\left(\frac{a}{r}\right)^2P_2(\cos\theta)+\cdots\right]\qquad(17)$$

第一项相当于位于原点的点电荷产生的电势，第二项相当于位于原点的电偶极子产生的电势，第三项相当于位于原点的电四极子产生的电势，……。推广而言，任何一个电荷系统在远

106

处产生的电势，从其表现形式而言，和处于原点的一系列点电荷，电偶极子，电四极子，……所产生的电势相同。（参看下节末的说明）

以上是物理方面的结论。在数学上，(17)式是一个重要公式。引用复数记号，如令 $\frac{a}{r}=\zeta$，$\cos\theta=x$，则(17)式可以写成：

$$\boxed{(1+\zeta^2-2\zeta x)^{-\frac{1}{2}}=1+\zeta P_1(x)+\zeta^2P_2(x)+\cdots=\sum_{l=0}^{\infty}\zeta^l P_l(x)} \qquad (18)$$

函数 $(1+\zeta^2-2\zeta x)^{-\frac{1}{2}}$ 揭露了各个 $P_l(x)$ 之间的内在联系，因此称为 $P_l(x)$ 的母函数。通过母函数，可以阐明 $P_l(x)$ 的一系列性质。

首先，令 $x=0$，由(18)式得到：

$$\sum_{l=0}^{\infty}\zeta^l P_l(0)=(1+\zeta^2)^{-\frac{1}{2}}=1-\frac{1}{2}\zeta^2+\frac{1}{2}\frac{3}{2}\frac{1}{2!}\zeta^4-\frac{1}{2}\frac{3}{2}\frac{5}{2}\frac{1}{3!}\zeta^6+-\cdots$$

右端没有 ζ 的奇次项，故知 l 为奇数时，$P_l(0)=0$，即

$$\boxed{P_{2n+1}(0)=0} \qquad n=0,1,2,\cdots \qquad (19)$$

对于 $l=2n$，比较二端系数，得到

$$\boxed{P_{2n}(0)=(-1)^n\frac{(2n-1)!!}{2^n n!}=(-1)^n\frac{1\cdot3\cdot5\cdots(2n-1)}{2\cdot4\cdot6\cdots(2n)}} \qquad (20)$$

这里

$$(2n-1)!!\equiv1\cdot3\cdot5\cdots(2n-1),\quad n=1,2,\cdots \qquad (21)$$

其次，将(18)式二端对 ζ 微分，得到：

$$\sum_{l=0}^{\infty}l\zeta^{l-1}P_l(x)=-\frac{1}{2}(1+\zeta^2-2\zeta x)^{-3/2}(2\zeta-2x)=(x-\zeta)(1+\zeta^2-2\zeta x)^{-3/2},$$

$$(1+\zeta^2-2\zeta x)\sum_{l=0}^{\infty}l\zeta^{l-1}P_l(x)=(x-\zeta)(1+\zeta^2-2\zeta x)^{-\frac{1}{2}}=(x-\zeta)\sum_{l=0}^{\infty}\zeta^l P_l(x)$$

二端 ζ^l 的系数应相等，由此得到

$$\boxed{(l+1)P_{l+1}(x)+lP_{l-1}(x)=(2l+1)xP_l(x)} \qquad (22)$$

将(18)式对 x 微分，得到

$$\sum_{l=0}^{\infty}\zeta^l P_l'(x)=\zeta(1+\zeta^2-2\zeta x)^{-\frac{3}{2}}=\zeta(1+\zeta^2-2\zeta x)^{-1}\sum_{l=0}^{\infty}\zeta^l P_l(x)$$

即
$$(1+\zeta^2-2\zeta x)\sum_{l=0}^{\infty}\zeta^l P_l'(x)=\sum_{l=0}^{\infty}\zeta^{l+1}P_l(x).$$

二端 ζ^{l+1} 的系数应相等，由此得到

107

$$P'_{l+1}(z) - 2z P'_l(z) + P'_{l-1}(z) = P_l(z) \qquad (23)$$

(22)式对 z 微分，和(23)合併，可得：

$$P'_{l+1}(z) - z P'_l(z) = (l+1) P_l(z) \qquad (24)$$

$$z P'_l(z) - P'_{l-1}(z) = l P_l(z) \qquad (25)$$

(24)加(25)，可得形式较对称的公式：

$$P'_{l+1}(z) - P'_{l-1}(z) = (2l+1) P_l(z) \qquad (26)$$

(24)式中，l 换成 $l-1$，再和(25)式合併，消去 P'_{l-1}，就得到：

$$(1-z^2) P'_l(z) = l P_{l-1}(z) - l z P_l(z) \qquad (27)$$

将(27)和(22)合併，可得

$$(z^2-1) P'_l(z) = (l+1)\left[P_{l+1}(z) - z P_l(z)\right] \qquad (28)$$

$$(2l+1)(z^2-1) P'_l(z) = l(l+1)\left[P_{l+1}(z) - P_{l-1}(z)\right] \qquad (29)$$

将(27)对 z 微分，和(25)合併，消去 P'_{l-1}，就得到勒上特方程

$$\frac{d}{dz}\left[(1-z^2) P'_l(z)\right] + l(l+1) P_l(z) = 0 \qquad (30)$$

这也就是(1)式。

(22)—(29)式称为各勒上特多项式之间的邻次关係或循环公式，利用这些公式可以从少数几个 $P_l(z)$ 求出其他各个 $P_l(z)$ 及其微商；邻次关係也常用来简化公式或运算过程。

下面证明勒上特多项式的"正交性"。将(30)式中 l 换成另一个整数 n，

$$\frac{d}{dz}\left[(1-z^2) P'_n(z)\right] + n(n+1) P_n(z) = 0 \qquad (30')$$

$P_n(z)\times(30) - P_l(z)\times(30')$，得到

$$\left[l(l+1) - n(n+1)\right] P_n(z) P_l(z) = P_l \frac{d}{dz}\left[(1-z^2) P'_n\right] - P_n \frac{d}{dz}\left[(1-z^2) P'_l\right]$$

$$= \frac{d}{dz}\left[(1-z^2)(P'_n P_l - P'_l P_n)\right]$$

积分，从 $-1 \to +1$，$\int_{-1}^{1} \frac{d}{dz}[\quad]\,dz = \left[(1-z^2)(P'_n P_l - P'_l P_n)\right]_{-1}^{1} = 0$

$$\therefore \int_{-1}^{1} P_n(z) P_l(z)\, dz = 0, \quad n \neq l \qquad (31)$$

108

亦即，勒上特多项式是区间 (-1, 1) 上的正交函数系。除了物理的原因而外，正是这个"正交性"使勒上特多项式获得广泛的应用。

~~当 $l=n$ 时，由於 $l(l+1)=n(n+1)=0$，故~~

当 $l=n$ 时，$\int_{-1}^{1} P_n^2(z)\,dz$ 当然是大于 0 的。它的数值可由下法求得：(22)式中 l 换成 $(l-1)$，再乘 $(2l+1)P_l$；另外，(22)式直接乘 $(2l-1)P_{l-1}$；二者相减，积分，并计及正交性(31)，就得到：

$$\int_{-1}^{1} P_l^2(z)\,dz = \frac{2l-1}{2l+1}\int_{-1}^{1} P_{l-1}^2(z)\,dz \qquad (32)$$

继续利用此式，得到：

$$\int_{-1}^{1} P_l^2\,dz = \frac{2l-1}{2l+1}\int_{-1}^{1} P_{l-1}^2\,dz = \frac{2l-1}{2l+1}\,\frac{2l-3}{2l-1}\int_{-1}^{1} P_{l-2}^2\,dz = \cdots$$

$$= \frac{2l-1}{2l+1}\,\frac{2l-3}{2l-1}\cdots\frac{1}{3}\int_{-1}^{1} P_0^2\,dz$$

上式中係数为 $\frac{1}{2l+1}$，而 $P_0=1$，所以，

$$\boxed{\int_{-1}^{1} P_l^2(z)\,dz = \frac{2}{2l+1}} \qquad (33)$$

(31)和(33)常合成一个统一的式子：

$$\boxed{\int_{-1}^{1} P_n(z)\,P_l(z)\,dz = \frac{2}{2l+1}\,\delta_{nl}} \qquad (34)$$

这里

$$\delta_{nl} = \begin{cases} 1, & n=l \\ 0 & n\neq l \end{cases} \qquad (35)$$

如将变数 z 还原成 $\cos\theta$，则(34)式可以写成：

$$\boxed{\int_{0}^{\pi} P_n(\cos\theta)\,P_l(\cos\theta)\,\sin\theta\,d\theta = \frac{2}{2l+1}\,\delta_{nl}} \qquad (36)$$

从数学上看，$P_l(z)$ 无非是各个 z^l 的组合；反之，各个 z^l 也可认为是各个 $P_l(z)$ 的组合（例如 $z=P_1(z)$，$z^2=\frac{2}{3}P_2(z)+\frac{1}{3}P_0(z)$，等等）。任何解析函数都可以展开成 z 的幂级数，则当然也可以展成 $P_l(z)$ 的级数：

$$f(z) = \sum_{l=0}^{\infty} f_l\,P_l(z) \qquad (37)$$

由于各个 $P_l(z)$ 彼此正交，因此係数 f_l 可以很容易地求出来：

$$f_l = \frac{2l+1}{2}\int_{-1}^{1} f(z)\,P_l(z)\,dz \qquad (37')$$

当然，这里 $f(z)$ 是指在区间 (-1, 1) 上定义的函数。注意，如 $f(z)$ 是 z 的 n 次多项式，则(37)中 $l\leq n$。

109

考虑到 $\xi=\cos\theta$，则可知任意函数 $f(\theta)$ 的展开式是：

$$f(\theta)=\sum_{l=0}^{\infty} f_l P_l(\cos\theta)$$

$$f_l=\frac{2l+1}{2}\int_0^{\pi} f(\theta)P_l(\cos\theta)\sin\theta\, d\theta \qquad (38)$$

另外，$P_l(\cos\theta)$ 既然是 $\cos\theta$ 的多项式，则它也可以展开成富氏级数（三角级数）。

例如，

$$\left.\begin{aligned}
&P_0(\cos\theta)=1, \qquad P_1(\cos\theta)=\cos\theta\\
&P_2(\cos\theta)=\frac{1}{4}(3\cos2\theta+1), \qquad P_3(\cos\theta)=\frac{1}{8}(5\cos3\theta+3\cos\theta)\\
&P_4(\cos\theta)=\frac{1}{64}(35\cos4\theta+20\cos2\theta+9)\\
&P_5(\cos\theta)=\frac{1}{128}(63\cos5\theta+35\cos3\theta+30\cos\theta)
\end{aligned}\right\} \qquad (39)$$

一般地，可以证明

$$P_l(\cos\theta)=\sum_{n=0}^{l} A_n A_{l-n}\cos(2n-l)\theta$$

$$A_n=\frac{(2n)!}{(2^n n!)^2}=\frac{1\cdot3\cdot5\cdots(2n-1)}{2\cdot4\cdot6\cdots(2n)} \qquad (40)$$

利用这公式，可以把 $f(\theta)$ 的勒上特级数(38)换成富氏级数——如果需要的话。

练习：

~~1. 说明 ξ 的 n 次多项式的勒上特级数[(37)式]~~

1. 说明：如 $f(\xi)$ 是 ξ 的 n 次多项式，则其勒上特级数(37)中只包含 $l\leq n$ 的项目。

2. 证明 $\int_{-1}^{1} P_l(\xi)d\xi=0$ [提示：利用正交性(31)式]

3. $P_l(\xi)$ 的根由方程式 $P_l(\xi)=0$ 决定，试论证下列各点：
   - i $P_l(\xi)$ 没有重根 [提示：利用勒上特方程(1)]
   - ii 在 $(-1,1)$ 间 $P_l(\xi)$ 至少有一个根 [提示：利用练习2的结果]
   - iii 在 $(-1,1)$ 间 $P_l(\xi)$ 有 l 个根 [提示：利用(37)式和练习2]

   由此可知，$P_l(\xi)$ 在 $(-1,1)$ 间有 l 个互不相同的实根。

4. 既然任何函数都可以展开成富氏级数，那末勒上特级数又有什么用处？（通过本节所举的例子）从微分方程的角度来说明之。

110

§17. 球函数.

在上节已经求得缔合勒让德方程

$$(1-z^2)W''-2zW'+\left[l(l+1)-\frac{m^2}{1-z^2}\right]W=0 \qquad (1)$$

的解：

$$\boxed{P_l^m(z)=(1-z^2)^{\frac{m}{2}}\left(\frac{d}{dz}\right)^m P_l(z)} \qquad (2)$$

把 $P_l(z)$ 的微分表达式〔§16 (12)式〕代入，就成为

$$\boxed{P_l^m(z)=\frac{1}{2^l l!}(1-z^2)^{\frac{m}{2}}\left(\frac{d}{dz}\right)^{l+m}(z^2-1)^l} \qquad (3)$$

或者，考虑到 $z=\cos\theta$，则又可以写成

$$P_l^m(\cos\theta)=\sin^m\theta\left(\frac{d}{d\cos\theta}\right)^m P_l(\cos\theta) \qquad (4)$$

或

$$\boxed{P_l^m(\cos\theta)=\frac{\sin^m\theta}{2^l l!}\left(\frac{d}{d\cos\theta}\right)^{l+m}(\cos^2\theta-1)^l} \qquad (5)$$

(5)式表明，$P_l^m(\cos\theta)$ 等于 $\sin^m\theta$ 乘上一个 $\cos\theta$ 的 $(l-m)$ 次多项式。为了保证 $P_l^m\neq0$，必须 $l\geq m$。

公式(2)—(5)，是对于 $m\geq0$ 而言的，但在方程式(1)中，m 本来也可以取负整数，亦即 $m<0$，可以证明，$m<0$ 时，(5)式仍然是(1)式的解，如下：

仿照上节，令 $\qquad W=(1-z^2)^{\frac{m}{2}}u \quad , m<0 \qquad (6)$

代入(1)中，则仍得到上节(5)式：

$$(1-z^2)u''-2(m+1)zu'+[l(l+1)-m(m+1)]u=0$$

~~求解. $(1-z^2)u$~~

对 z 微分，得到：

$$(1-z^2)\left(\frac{du}{dz}\right)''-2(m+2)z\left(\frac{du}{dz}\right)'+[l(l+1)-(m+1)(m+2)]\frac{du}{dz}=0.$$

一共微分 $|m|=-m$ 次以后得到：

$$(1-z^2)\left[\left(\frac{d}{dz}\right)^{-m}u\right]''-2z\left[\left(\frac{d}{dz}\right)^{-m}u\right]'+\left[l(l+1)-\underbrace{(m+(-m))}_{0}(m+(-m)+1)\right]\left(\frac{d}{dz}\right)^{-m}u=0$$

这正是勒让德方程，由此可知，~~当 $m<0$ 时，(1)式的解是~~

~~$P_l^m(z)=(1-z^2)$~~

$$\left(\frac{d}{dz}\right)^{-m}u=P_l(z)$$

但 $P_l(z)=\frac{1}{2^l l!}\left(\frac{d}{dz}\right)^l(z^2-1)^l$，由此可知 $u=\frac{1}{2^l l!}\left(\frac{d}{dz}\right)^{l+m}(z^2-1)^l$，代入(6)式，

111

正好得到(3)式。

但是，从方程式看，将 m 换成 $-m$（这里 $m\geqslant 0$，下同）时，(1)式不变，因此由(3)式表示的 $P_l^m(z)$ 和 $P_l^{-m}(z)$ 实际上是一个东西，只相差一个常数而已（注意 P_l^{-m} 不可能是方程式的第二个独立解，因后者含有对数函数）。因此，

$$P_l^{-m}(z)=c\,P_l^m(z)\quad,\ m\geqslant 0$$

由(3)式，
$$(1-z^2)^{-\frac{m}{2}}\left(\frac{d}{dz}\right)^{l-m}(z^2-1)^l=c\,(1-z^2)^{\frac{m}{2}}\left(\frac{d}{dz}\right)^{l+m}(z^2-1)^l,$$

乘 $(1-z^2)^{\frac{m}{2}}$，
$$\left(\frac{d}{dz}\right)^{l-m}(z^2-1)^l=c\,(1-z^2)^m\left(\frac{d}{dz}\right)^{l+m}(z^2-1)^l,$$

比较 z 的最高次项系数，得到：
$$\frac{(2l)!}{[2l-(l-m)]!}=c\,(-1)^m\frac{(2l)!}{[2l-(l+m)]!}$$

$$c=(-1)^m\frac{(l-m)!}{(l+m)!}$$

因此，
$$\boxed{P_l^{-m}(z)=(-1)^m\frac{(l-m)!}{(l+m)!}P_l^m(z)\ ,\quad m\geqslant 0} \tag{7}$$

这个结果对于(5)式当然也是成立的。如果写出开头几个 P_l^m 来，更能信服这点：

$$\boxed{\begin{aligned}&P_0^0(\cos\theta)=1,\quad P_1^0(\cos\theta)=\cos\theta,\quad P_1^1(\cos\theta)=\sin\theta,\quad P_1^{-1}(\cos\theta)=-\tfrac{1}{2}\sin\theta\\&P_2^0(\cos\theta)=\tfrac{1}{2}(3\cos^2\theta-1),\quad P_2^1(\cos\theta)=3\cos\theta\sin\theta,\quad P_2^2(\cos\theta)=3\sin^2\theta\\&\qquad P_2^{-1}(\cos\theta)=-\tfrac{1}{2}\cos\theta\sin\theta,\quad P_2^{-2}(\cos\theta)=\tfrac{1}{8}\sin^2\theta\end{aligned}} \tag{8}$$

下面我们来建立 P_l^m 的递推关系。

将上节(26)式微分 m 次，再乘 $(1-z^2)^{\frac{m+1}{2}}$，得到
$$\boxed{P_{l+1}^{m+1}(z)-P_{l-1}^{m+1}(z)=(2l+1)(1-z^2)^{\frac{1}{2}}P_l^m(z)} \tag{9}$$

将上节(22)式微分 m 次，再乘 $(1-z^2)^{\frac{m}{2}}$，得到
$$(l+1)P_{l+1}^m+l\,P_{l-1}^m=m(2l+1)(1-z^2)^{\frac{1}{2}}P_l^{m-1}+(2l+1)z\,P_l^m,$$

将(9)式中 m 换成 $m-1$，用来消去上式右端第一项，就得到：
$$\boxed{(l+1-m)P_{l+1}^m(z)+(l+m)P_{l-1}^m(z)=(2l+1)z\,P_l^m(z)} \tag{10}$$

将上节(8)式代入(5)式，可以写成
$$(1-z^2)\left(\frac{d}{dz}\right)^{m+2}P_l(z)-2(m+1)z\left(\frac{d}{dz}\right)^{m+1}P_l(z)+(l+m+1)(l-m)\left(\frac{d}{dz}\right)^m P_l(z)=0,$$

112

乘 $(1-\xi^2)^{\frac{m}{2}}$，得到

$$P_l^{m+2}-2(m+1)\xi(1-\xi^2)^{-\frac{1}{2}}P_l^{m+1}+(l+m+1)(l-m)P_l^m=0$$

将 m+1 换成 m，就成为：

$$P_l^{m+1}(\xi)+(l+m)(l-m+1)P_l^{m-1}(\xi)=2m\xi(1-\xi^2)^{-\frac{1}{2}}P_l^m(\xi) \qquad (11)$$

将上式中 l 分别换成 $l+1$ 和 $l-1$，用来消去(9)式左端的二项，并利用(9)和(10)式，可得到：

$$\boxed{(2l+1)(1-\xi^2)^{\frac{1}{2}}P_l^m(\xi)=(l+m)(l+m-1)P_{l-1}^{m-1}(\xi)-(l-m+2)(l-m+1)P_{l+1}^{m-1}(\xi)} \qquad (12)$$

对(3)式微分，再乘 $(2l+1)(1-\xi^2)$，得到

$$(2l+1)(1-\xi^2)\frac{d}{d\xi}P_l^m(\xi)=(2l+1)(1-\xi^2)^{\frac{1}{2}}P_l^{m+1}(\xi)-m(2l+1)\xi P_l^m(\xi)$$

再利用(10)和(12)式变化上式右端，经过化简后，得到：

$$\boxed{(2l+1)(1-\xi^2)\frac{d}{d\xi}P_l^m(\xi)=(l+1)(l+m)P_{l-1}^m(\xi)-l(l-m+1)P_{l+1}^m(\xi)} \qquad (13)$$

考虑到 $\xi=\cos\theta$，$(1-\xi^2)^{\frac{1}{2}}=\sin\theta$，则(9)，(10)，(12)，(13)式又可以写成：

$$(2l+1)\sin\theta\, P_l^m(\cos\theta)=P_{l+1}^{m+1}(\cos\theta)-P_{l-1}^{m+1}(\cos\theta) \qquad (9')$$

$$(2l+1)\cos\theta\, P_l^m(\cos\theta)=(l+1-m)P_{l+1}^m(\cos\theta)+(l+m)P_{l-1}^m(\cos\theta) \qquad (10')$$

$$(2l+1)\sin\theta\, P_l^m(\cos\theta)=(l+m)(l+m-1)P_{l-1}^{m-1}(\cos\theta)-(l-m+2)(l-m+1)P_{l+1}^{m-1}(\cos\theta) \qquad (12')$$

$$(2l+1)\sin^2\theta\frac{d}{d\cos\theta}P_l^m(\cos\theta)=-(2l+1)\sin\theta\frac{d}{d\theta}P_l^m(\cos\theta)=$$
$$=(l+1)(l+m)P_{l-1}^m(\cos\theta)-l(l-m+1)P_{l+1}^m(\cos\theta) \qquad (13')$$

这些循环公式都是比较有用的。在证明过程中，我们假定了 $m\geqslant 0$，但是利用(7)式容易验明，(9)—(13′)式对于 $m<0$ 的情况也是成立的。

下面来研究 P_l^m 的正交性。任意选二个缔合勒让特多项式，$P_l^m(\xi)$ 和 $P_{l'}^{m'}(\xi)$，它们满足缔合勒让特方程：

$$\frac{d}{d\xi}\left[(1-\xi^2)\frac{d}{d\xi}P_l^m\right]+\left[l(l+1)-\frac{m^2}{1-\xi^2}\right]P_l^m=0$$

$$\frac{d}{d\xi}\left[(1-\xi^2)\frac{d}{d\xi}P_{l'}^{m'}\right]+\left[l'(l'+1)-\frac{m'^2}{1-\xi^2}\right]P_{l'}^{m'}=0$$

以 $P_{l'}^{m'}$ 乘第一式，P_l^m 乘第二式，相减，~~再从−1到+1积分，得到~~ 得到：

113

$$\left\{[l(l+1)-l'(l'+1)]-\frac{m^2-m'^2}{1-z^2}\right\}P_l^m P_{l'}^{m'}=$$

$$=P_l^m\frac{d}{dz}\left[(1-z^2)\frac{d}{dz}P_{l'}^{m'}\right]-P_{l'}^{m'}\frac{d}{dz}\left[(1-z^2)\frac{d}{dz}P_l^m\right]=\frac{d}{dz}\left\{(1-z^2)\left[P_l^m(P_{l'}^{m'})'-P_{l'}^{m'}(P_l^m)'\right]\right\}$$

对z积分，从 $-1\to 1$，右端由于存在因子$(1-z^2)$，积分得0，于是得到：

$$[l(l+1)-l'(l'+1)]\int_{-1}^{1}P_l^m(z)P_{l'}^{m'}(z)\,dz=(m^2-m'^2)\int_{-1}^{1}\frac{1}{1-z^2}P_l^m(z)P_{l'}^{m'}(z)\,dz$$

当 $l=l'$, $|m|\neq|m'|$ 时 和 $l\neq l'$, $|m|=|m'|$ 时，分别得到：

$$\boxed{\int_{-1}^{1}P_l^m(z)P_{l}^{m'}(z)\frac{dz}{1-z^2}=0,\quad |m|\neq|m'|}\qquad(14)$$

$$\boxed{\int_{-1}^{1}P_l^m(z)P_{l'}^{m}(z)\,dz=0,\quad l\neq l'}\qquad(15)$$

(15)式表明，指标m相同，l不同的缔合勒让德多项式是[在区间$(-1,1)$上]互相正交的；(14)式表明，指标l相同，m不同的缔合勒让德多项式，以$\frac{1}{1-z^2}$作为权函数时，是在区间$(-1,1)$上互相正交的。

下面来计算 $\int_{-1}^{1}(P_l^m)^2dz$。将(9)式中 $l+1$ 和 $m+1$ 换成 l 和 m，成为

$$P_l^m-P_{l-2}^m=(2l-1)(1-z^2)^{\frac{1}{2}}P_{l-1}^{m-1}$$

乘 P_l^m，积分，并考虑到正交性(15)，就得到

$$\int_{-1}^{1}(P_l^m)^2dz=(2l-1)\int_{-1}^{1}(1-z^2)^{\frac{1}{2}}P_l^mP_{l-1}^{m-1}dz,$$

利用(12)式消去 $(1-z^2)^{\frac{1}{2}}P_l^m$，并计及正交性(15)，就得到：

$$\int_{-1}^{1}(P_l^m)^2dz=\frac{2l-1}{2l+1}(l+m)(l+m-1)\int_{-1}^{1}(P_{l-1}^{m-1})^2dz$$

连续利用此式，就得到：

$$\int_{-1}^{1}(P_l^m)^2dz=\frac{2l-1}{2l+1}\,\frac{2l-3}{2l-1}\cdots\frac{2l-2m+1}{2l-2m+3}(l+m)(l+m-1)\cdots(l-m+1)\int_{-1}^{1}(P_{l-m}^{m-m})^2dz,$$

但 $P_{l-m}^0=P_{l-m}$，则右端的积分等于 $2/2(l-m)+1$，这样~~就得到~~右端等于：

$$\frac{2}{2l+1}(l+m)(l+m-1)\cdots(l-m+1)=\frac{2}{2l+1}\frac{(l+m)!}{(l-m)!}$$

则 ~~$\int_{-1}^{1}P_l^m$~~

$$\boxed{\int_{-1}^{1}[P_l^m(z)]^2dz=\frac{2}{2l+1}\frac{(l+m)!}{(l-m)!}}\qquad(16)$$

(15)和(16)式也可合在一起写成

$$\int_{-1}^{1} P_l^m(\xi)\, P_{l'}^m(\xi)\, d\xi = \frac{2}{2l+1}\frac{(l+m)!}{(l-m)!}\delta_{ll'} \qquad (17)$$

或者：

$$\int_0^{\pi} P_l^m(\cos\theta)\, P_{l'}^m(\cos\theta)\sin\theta\, d\theta = \frac{2}{2l+1}\frac{(l+m)!}{(l-m)!}\delta_{ll'} \qquad (18)$$

现在我们来讨论§12中提到过的球函数 $Y_l^m(\theta,\varphi)$，它在量子力学中有广泛的应用。球函数的定义是

$$Y_l^m(\theta,\varphi) = (-1)^m\sqrt{\frac{2l+1}{4\pi}\cdot\frac{(l-m)!}{(l+m)!}}\; P_l^m(\cos\theta)\, e^{im\varphi} \qquad (19)$$

$$l = 0, 1, 2, \cdots\; ; \quad m = 0, \pm1, \pm2, \cdots \pm l.$$

其中的常数是为了运算方便加上去的。Y_l^m 有时也写作 Y_{lm}。有的书上 Y_l^m 的定义中不包括因子 $(-1)^m$，当然这并非原则性区别。

~~我们来研究一下球函数的正交性。首先~~，

我们来证明各个不同的球函数之间具有由下式表明的正交性：

$$\iint Y_{lm}^* Y_{l'm'}\, d\Omega = \delta_{ll'}\delta_{mm'} \qquad (20)$$

这里 Y_{lm}^* 是 Y_{lm} 的复数共轭，即将(19)式中 $e^{im\varphi}$ 换成 $e^{-im\varphi}$，另外，

$$\iint \cdots d\Omega \equiv \int_0^{\pi}\sin\theta\, d\theta \int_0^{2\pi}\cdots d\varphi \qquad (21)$$

证明(20)式时，首先注意到其中与角度 φ 有关的部分是：

$$\int_0^{2\pi} e^{-im\varphi} e^{im'\varphi} d\varphi = \frac{i}{m-m'}\, e^{i(m'-m)\varphi}\Big|_0^{2\pi} = 0, \quad m \neq m'.$$

$$\int_0^{2\pi} e^{-im\varphi} e^{im\varphi} d\varphi = \int_0^{2\pi} d\varphi = 2\pi, \quad m = m'$$

因此，凡指标 m 不同的 Y_l^m 都是互相正交的（注意，Y_l^m 是复函数，二个复函数 f 和 g 是否正交，不是由 fg 而是由 f^*g 的积分是否为0来决定的），(20)式中的 $\delta_{mm'}$ 表明了这点。当 $m=m'$ 时，由(18)(19)式立刻可以得到(20)式。(19)式中的常数称为规格化常数，因为它使得 $\iint |Y_{lm}|^2 d\Omega = 1$。开头几个球函数的具体形式如下：

$$\begin{aligned} &Y_0^0 = \sqrt{\frac{1}{4\pi}} && Y_2^0 = \sqrt{\frac{5}{16\pi}}\,(3\cos^2\theta - 1) \\ &Y_1^0 = \sqrt{\frac{3}{4\pi}}\cos\theta && Y_2^1 = \sqrt{\frac{15}{8\pi}}\sin\theta\cos\theta\, e^{i\varphi} \\ &Y_1^1 = -\sqrt{\frac{3}{8\pi}}\sin\theta\, e^{i\varphi} && Y_2^2 = \sqrt{\frac{15}{32\pi}}\sin^2\theta\, e^{2i\varphi} \end{aligned} \qquad (22)$$

~~$Y_1^1 = \sqrt{\frac{3}{8\pi}}\sin\theta\, e^{i\varphi}$~~

115

而 Y_l^m 和 Y_l^{-m} 是有下列关系：

$$Y_l^{-m}(\theta,\varphi)=(-1)^m\left(Y_l^m(\theta,\varphi)\right)^* \qquad (23)$$

这从(19)和(7)式容易知道。

任何 θ,φ 的单值函数 $f(\theta,\varphi)$ 都可以展开成球函数的级数：

$$f(\theta,\varphi)=\sum_{l=0}^{\infty}\sum_{m=-l}^{l} f_{lm}Y_{lm}(\theta,\varphi) \qquad (24)$$

$$f_{lm}=\iint Y_{lm}^*(\theta\varphi)\,f(\theta\varphi)\,d\Omega \qquad (24')$$

决定系数 f_{lm} 的(24')式是考虑到球函数的正交性(20)而求得的。当然，如果 f 只是 θ 的函数，与 φ 无关的话，展开式(24)中将只包括 $m=0$ 的项，这实际上就是 §16(38)式〔注意 Y_{l0} 和 $P_l(\cos\theta)$ 只差一个常数〕。

诸球函数间的递次关系可从(9')—(13')乘上适当的 φ 的指数函数($e^{im\varphi}$)而得到。下面的公式是在实际运算中常用的：

$$\cos\theta\, Y_l^m=\left[\frac{(l+1+m)(l+1-m)}{(2l+3)(2l+1)}\right]^{\frac12}Y_{l+1}^m+\left[\frac{(l+m)(l-m)}{(2l+1)(2l-1)}\right]^{\frac12}Y_{l-1}^m$$

$$\sin\theta\, e^{-i\varphi}\, Y_l^m=\left[\frac{(l+2-m)(l+1-m)}{(2l+3)(2l+1)}\right]^{\frac12}Y_{l+1}^{m-1}-\left[\frac{(l+m)(l+m-1)}{(2l+1)(2l-1)}\right]^{\frac12}Y_{l-1}^{m-1} \qquad (25)$$

$$\sin\theta\, e^{i\varphi}\, Y_l^m=\left[\frac{(l-m)(l-m-1)}{(2l+1)(2l-1)}\right]^{\frac12}Y_{l-1}^{m+1}-\left[\frac{(l+m+2)(l+m+1)}{(2l+3)(2l+1)}\right]^{\frac12}Y_{l+1}^{m+1}$$

当然，这些公式用不着硬背，只是供查阅用的。

在量子力学中将说明，球函数 Y_l^m 描写具有一定角动量的电子的运动，角动量的平方等于 $l(l+1)h^2/4\pi^2$，角动量在 z 轴的投影等于 $mh/2\pi$，h 是普朗克常数。

在静电学中，球函数描写各级电矩（电偶极矩，电四极矩，等等）产生的电势对于 θ 的依赖关系。以电偶极矩为例。设有一个电矩 $p=qa$，位于原点，方向指向正 z 轴，则在空间任意一点 (x,y,z) 处的电势是 $V=\frac{q}{r_1}-\frac{q}{r}=\frac{q}{rr_1}(r-r_1)$，

但 $r-r_1\doteq a\cos\theta=az/r$，$rr_1\doteq r^2$，则

$$V=\frac{p}{r^2}\frac{z}{r}=\frac{p}{r^2}\cos\theta \qquad (26)$$

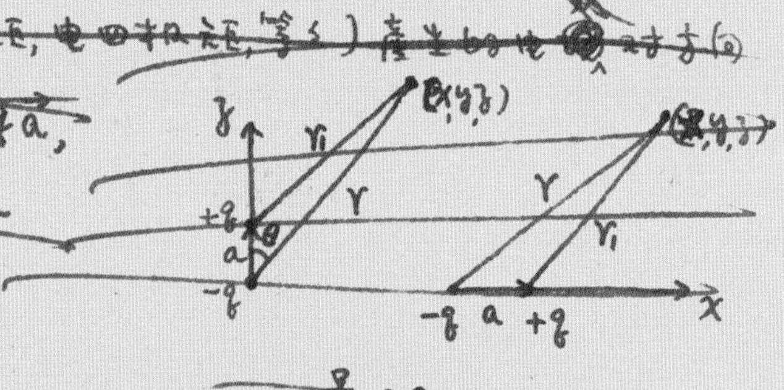

图29

如电矩方向指向正 x 轴，则 $(x\,y\,z)$ 点的电势为

$$V=\frac{p}{r^2}\cdot\frac{x}{r}=\frac{p}{r^2}\sin\theta\cos\varphi \qquad (26')$$

116

如电矩方向指向正y轴，则(xyz)点的电势为：

$$V=\frac{p}{r^2}\frac{y}{r}=\frac{p}{r^2}\sin\theta\sin\varphi \qquad (26'')$$

其中的角度部分刚好可以表示成 $l=1$ 的球函数，事实上，利用(22)式，可得到

$$\left.\begin{aligned}
&\text{电矩}p\text{沿}z\text{轴，} && V=\frac{p}{r^2}\cos\theta=\frac{p}{r^2}\sqrt{\frac{4\pi}{3}}Y_1^0\\
&x && V=\frac{p}{r^2}\sin\theta\cos\varphi=\frac{p}{r^2}\sqrt{\frac{2\pi}{3}}\left(Y_1^{-1}-Y_1^{1}\right)\\
&y && V=\frac{p}{r^2}\sin\theta\sin\varphi=\frac{p}{r^2}\,i\sqrt{\frac{2\pi}{3}}\left(Y_1^{1}+Y_1^{-1}\right)
\end{aligned}\right\} \qquad (27)$$

一般地，可以证明，电 2^l 极矩所产生的电势可通过 Y_l^m 表示出来，

$$V\sim\frac{1}{r^{l+1}}\sum_{m=-l}^{l}C_mY_l^m$$

~~这正是§12(31)式的一种特殊情况。[我们在~~

在电学中，球函数描写各种电多极矩产生的电势。

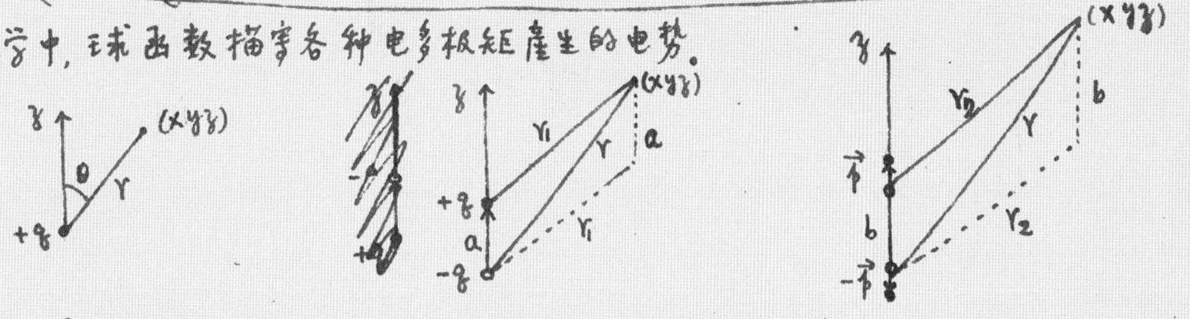

图29. 左：点电荷. 中：电偶极子，右：电四极子.

位於原点的点电荷q，在空间任一点(xyz)所生的电势是

$$V_0=\frac{q}{r},\quad r=\sqrt{x^2+y^2+z^2} \qquad (26)$$

大小相等符号相反，离得很近的一对电荷，组成一个偶极子(见图29中)，$p=qa$ 称为偶极子的强度，又称偶极矩。$\vec p$ 的方向是从负电荷指向正电荷。设偶极矩 $\vec p$ 指向z轴，则在空间任一点(xyz)的电势是

$$V_1=\frac{q}{r_1}-\frac{q}{r}$$

由于 $a\ll r$，$\frac{1}{r_1}$ 和 $\frac{1}{r}$ 相差甚微，可仅计及第一级小量，则

~~$\frac{1}{r_1}-\frac{1}{r}=\frac{\partial}{\partial z}\left(\frac{1}{r}\right)\cdot a\quad \Delta\left(\frac{1}{r}\right)=\frac{\Delta\frac{1}{r}}{\Delta z}(-a)=-a\frac{\partial}{\partial z}\frac{1}{r}$~~

$$\frac{1}{r_1}-\frac{1}{r}=\Delta\left(\frac{1}{r}\right)=\frac{\Delta\left(\frac{1}{r}\right)}{\Delta z}\Delta z=(-a)\frac{\partial}{\partial z}\left(\frac{1}{r}\right),\quad(\Delta z=-a)$$

因此，

$$V_1=-qa\frac{\partial}{\partial z}\left(\frac{1}{r}\right)=p\left(-\frac{\partial}{\partial z}\right)\left(\frac{1}{r}\right) \qquad (27)$$

117

写开来，就是：

$$V_1 = p\frac{z}{r^3} = p\frac{\cos\theta}{r^2} = \frac{p}{r^2}P_1(\cos\theta) \qquad (28)$$

如果偶极矩 $\vec{p}$ 的方向指向 x 轴，则 (xyz) 点的电势当然就是

$$V_1 = p\frac{x}{r^3} = p\frac{\sin\theta\cos\varphi}{r^2} = \frac{p}{r^2}\sqrt{\frac{2\pi}{3}}\left(Y_1^{-1}(\theta\varphi) - Y_1^{1}(\theta\varphi)\right) \qquad (28')$$

如果偶极矩 $\vec{p}$ 的方向指向 y 轴，则

$$V_1 = p\frac{y}{r^3} = p\frac{\sin\theta\sin\varphi}{r^2} = \frac{p}{r^2}i\sqrt{\frac{2\pi}{3}}\left(Y_1^{1}(\theta\varphi) + Y_1^{-1}(\theta\varphi)\right) \qquad (28'')$$

大小相等，方向相反，离得很近的一对电偶极矩，组成一个电四极子（图29右），以 $pb = Q$ 表示其强度（四极矩）。由图29可见，这个四极子在 (xyz) 处产生的电势是

$$V_2 = \Delta(V_1) = (-b)\frac{\partial}{\partial z}V_1 = Q\left(-\frac{\partial}{\partial z}\right)^2\left(\frac{1}{r}\right) \qquad (29)$$

具体计算出来，是：

$$V_2 = \frac{Q}{r^3}(3\cos^2\theta - 1) = \frac{Q}{r^3}2P_2(\cos\theta) \qquad (30)$$

以此类推。一般地，沿 z 轴方向的 2^l 级电矩（$l=1$，偶极矩，$l=2$，四极矩，$l=3$，八极矩，⋯）所产生的电势是：

$$V_l \propto \left(-\frac{\partial}{\partial z}\right)^l\left(\frac{1}{r}\right) \qquad (31)$$

但可证明

$$\boxed{P_l(\cos\theta) = \frac{r^{l+1}}{l!}\left(-\frac{\partial}{\partial z}\right)^l\left(\frac{1}{r}\right)} \qquad (32)$$

则

$$V_l \propto \frac{1}{r^{l+1}}P_l(\cos\theta) \qquad (33)$$

如果电矩不是沿 z 轴方向，则可以证明

$$V_l \propto \frac{1}{r^{l+1}}\sum_{m=-l}^{l} c_m Y_l^m(\theta,\varphi) \qquad (33')$$

这就是球函数的静电学定义。

练习：

1. 验证(8)式。
2. 讨论沿 x 轴的电四极矩产生的电势，并表示成球函数 Y_2^m 之和。
3. 学完了本节后，应该复习一下 §12 第(二)段，以得到新的理解和体会。
4. 在 $\theta = 0$ 和 π 处（即 z 轴上），$\psi(r,\theta,\varphi)$ 的值应该与 φ 无关。试说明球函数 Y_l^m 的性质（在§12中）的确保证了这一点。

118

§18. 贝塞尔函数

在§12中，用分离变量法研究拉普拉斯方程和亥姆霍兹方程时，我们曾得到如下的贝塞尔方程：

$$z^2 W''(z) + zW'(z) + (z^2 - \nu^2) W(z) = 0 \qquad (1)$$

变数 z 可以取实数［$z=\alpha r$，见§12 (41)式；或 $z=kr$，(66)式］，也可以取虚数［$z=\lambda r$，$\lambda=\sqrt{k^2-\gamma^2}$，当 $k<\gamma$ 时，z 为虚数，见§12 (61)式］；常数 ν 可以取整数（$\nu=n=0,1,2,\cdots$）也可以取半奇数（$\nu=l+\frac{1}{2}$，$l=0,1,2,\cdots$）。现在我们来研究贝塞尔方程的解，为了使所得到的结果具有足够的广泛性，我们将认为变数 z 可以取任何复数，常数 ν 也可以是复数，而为了明确起见，规定 ν 的实部大于或等于 0。

（一）贝塞尔函数的级数形式。

将(1)式和标准型式 $W''+p(z)W'+q(z)W=0$ 比较，知道

$$\begin{cases} p(z)=\frac{1}{z} \\ q(z)=1-\frac{\nu^2}{z^2}=\frac{1}{z^2}(-\nu^2+z^2) \end{cases} \qquad (2)$$

易见，唯一的有限奇点是 $z_0=0$，这是正则奇点（另外，∞ 是非正则奇点）。根据§15所讲的理论，我们可以求(1)式在 $z_0=0$ 附近的级数解，它的收敛半径应该是 ∞，亦即适用于 z 的任何数值。按§15 (24)式，首先应该将 $p(z)$ 和 $q(z)$ 展开成级数：

$$\begin{cases} p(z)=\frac{1}{z}(b_0+b_1z+b_2z^2+\cdots) \\ q(z)=\frac{1}{z^2}(c_0+c_1z+c_2z^2+\cdots) \end{cases}$$

和(2)式比较，知道

$$\begin{cases} b_0=1, \quad b_1=b_2=\cdots=0 \\ c_0=-\nu^2, \quad c_2=1, \quad c_1=c_3=c_4=\cdots=0 \end{cases} \qquad (3)$$

则指标方程（§15, (27)式）为

$$\rho(\rho-1)+b_0\rho+c_0=\rho^2-\nu^2=0$$

解为：

$$\rho_1=\nu, \quad \rho_2=-\nu \qquad (4)$$

因此，(1)式的第一个正则解是

$$W_1=z^\nu(a_0+a_1z+a_2z^2+\cdots), \quad a_0\neq 0 \qquad (5)$$

由§15, (28)式，得到决定各个系数的循环公式：

119

$$\begin{cases} (2\nu+1)a_1 = 0 \\ n(n+2\nu)a_n + a_{n-2} = 0, \quad n=2,3,\cdots \end{cases}$$

由第二式得到 $a_n = -a_{n-2}/n(n+2\nu)$，则由第一式得到

$$a_1 = a_3 = a_5 = \cdots = a_{2k+1} = 0 \tag{6}$$

这样一来，(5)式中的级数只剩下偶次项，其系数由下列循环公式决定：

$$a_{2k} = -\frac{a_{2k-2}}{2k(2k+2\nu)} = -\frac{a_{2k-2}}{2^2 k(k+\nu)} \tag{7}$$

$$\begin{cases} a_2 = -\dfrac{a_0}{2(2+2\nu)} = -\dfrac{a_0}{2^2(1+\nu)} \\ a_4 = -\dfrac{a_2}{4(4+2\nu)} = +\dfrac{a_0}{2^4 \cdot 2!(1+\nu)(2+\nu)} \\ a_6 = -\dfrac{a_4}{6(6+2\nu)} = -\dfrac{a_0}{2^6\, 3!(1+\nu)(2+\nu)(3+\nu)} \\ \cdots\cdots \\ a_{2k} = (-1)^k a_0 / 2^{2k} k!(1+\nu)(2+\nu)\cdots(k+\nu) \end{cases}$$

考虑到 $\Gamma(k+\nu+1) = (k+\nu)\Gamma(k+\nu) = \cdots = (k+\nu)(k+\nu-1)\cdots(1+\nu)\Gamma(1+\nu)$，

可选

$$a_0 = 1/2^\nu\,\Gamma(\nu+1) \tag{8}$$

则

$$a_{2k} = (-1)^k / 2^{\nu+2k}\, k!\,\Gamma(k+\nu+1) \tag{9}$$

代入(5)式，就得到

$$W_1 = \sum_{k=0}^{\infty} \frac{(-1)^k}{k!\,\Gamma(k+\nu+1)}\left(\frac{z}{2}\right)^{\nu+2k} = J_\nu(z) \tag{10}$$

称为 ν 阶的第一种贝塞尔函数，简称 ν 阶的贝塞尔函数。

(1)式的第二个解是

$$W_2 = z^{-\nu}(a_0' + a_1' z + a_2' z^2 + \cdots) \tag{11}$$

决定各系数的循环公式是

$$\begin{cases} (1-2\nu)a_1' = 0 \\ n(n-2\nu)a_n' + a_{n-2}' = 0, \quad n=2,3,\cdots \end{cases}$$

和上面完全类似，得到

$$a_1' = a_3' = a_5' = \cdots = 0$$

$$a_{2k}' = -a_{2k-2}' / 2^2(k-\nu)k$$

120

如选 $a_0'=1/2^{-\nu}\Gamma(1-\nu)$，则经过完全类似的运算，得到

$$a'_{2k}=(-1)^k/2^{2k-\nu}k!\,\Gamma(k-\nu+1) \tag{12}$$

$$\boxed{W_2=\sum_{k=0}^{\infty}\frac{(-1)^k}{k!\,\Gamma(k-\nu+1)}\left(\frac{z}{2}\right)^{2k-\nu}=J_{-\nu}(z)} \tag{13}$$

注意，$J_{-\nu}(z)$ 等于 $J_\nu(z)$ 的表达式中 ν 换成 $-\nu$，只要 ν 不是整数 $(0,1,2,\cdots)$，则由(12)式便可定出 a'_{2k} 来，从而得到由(13)式定义的 $J_{-\nu}(z)$，它和 $J_\nu(z)$ 是互相独立的，这样我们就得到了贝塞尔方程的二个独立解，由它们可以迭加成通解。

如 ν 是整数，$\nu=n=0,1,2,\cdots$，则(13)式中的 Γ-函数有可能变成 ∞，(13)式不成立，亦即(11)式不成立，这时(1)式的第二个解将含有对数函数。这个问题，后面再来研究。

当 $z\to0$ 时，$J_\nu(z)$ 和 $J_{-\nu}(z)$ 变成：

$$J_\nu(z)\xrightarrow{z\to0}\left(\frac{z}{2}\right)^\nu/\Gamma(\nu+1) \tag{14}$$

$$J_{-\nu}(z)\xrightarrow{z\to0}1/\left(\frac{z}{2}\right)^\nu\Gamma(1-\nu) \tag{15}$$

这在具体研究物理问题时很有用的。当 ν 是整数时，(14)式变成：

$$J_n(z)\xrightarrow{z\to0}\left(\frac{z}{2}\right)^n/n!\,,\quad n=0,1,2,\cdots \tag{16}$$

显然，这时(15)式已经没有意义。

当 z 取各种数值时，$J_\nu(z)$ 的具体数值，可查阅有关的数学表册。值得指出的是，$J_\nu(z)$ 的行为和三角函数非常相像，特别是，当 $|z|\gg|\nu|$ 时，

$$J_\nu(z)\sim\sqrt{\frac{2}{\pi z}}\cos\left(z-\frac{\nu+\frac{1}{2}}{2}\pi\right),\quad |z|\gg|\nu| \tag{17}$$

（见下面(32')式）在具体物理问题中，这个渐近形式常比精确表达式(10)更有用处。当 ν 不是整数时，上式也适用于 $J_{-\nu}(z)$，只要将 ν 换成 $-\nu$ 就是。

（二）．邻次关系．

这是指不同阶的贝塞尔函数之间的相互关系，又称递推公式。

将(10)式乘 $z^{-\nu}$，再微分，得到：

$$\frac{d}{dz}z^{-\nu}J_\nu(z)=\sum_{k=1}^{\infty}\frac{(-1)^k\,z^{2k-1}}{(k-1)!\,\Gamma(k+\nu+1)\,2^{\nu+2k-1}}$$

121

乘 $-z^{\nu}$，变成 $\sum_{k=1}^{\infty}\frac{(-1)^{k-1}}{(k-1)!\,\Gamma(k+\nu+1)}\left(\frac{z}{2}\right)^{2k-1+\nu} \xrightarrow{k-1\to l} \sum_{l=0}^{\infty}\frac{(-1)^{l}}{l!\,\Gamma(l+\nu+2)}\left(\frac{z}{2}\right)^{2l+1+\nu}$

这正好是(10)式中 ν 换成 $\nu+1$ 以后的结果，亦即正好是 $J_{\nu+1}(z)$。

$$\therefore\quad -z^{\nu}\frac{d}{dz}z^{-\nu}J_{\nu}(z)=J_{\nu+1}(z) \qquad (18)$$

完全类似地可证

$$z^{-\nu}\frac{d}{dz}z^{\nu}J_{\nu}(z)=J_{\nu-1}(z) \qquad (19)$$

(18)和(19)式写开来，就是

$$\boxed{J_{\nu}'=\frac{\nu}{z}J_{\nu}-J_{\nu+1}} \qquad (20)$$

$$\boxed{J_{\nu}'=J_{\nu-1}-\frac{\nu}{z}J_{\nu}} \qquad (21)$$

相加和相减，得到：

$$\boxed{2J_{\nu}'=J_{\nu-1}-J_{\nu+1}} \qquad (22)$$

$$\boxed{2\nu J_{\nu}=z(J_{\nu-1}+J_{\nu+1})} \qquad (23)$$

特别是 $\nu=0$ 时，由(20)式得到下列非常有用的公式：

$$\boxed{J_0'=-J_1} \qquad (24)$$

(18)式可以写成

$$\left(\frac{1}{z}\frac{d}{dz}\right)\frac{J_{\nu}}{z^{\nu}}=-\frac{J_{\nu+1}}{z^{\nu+1}} \qquad (18')$$

则利用此式 m 次以后，得到：

$$\boxed{\left(\frac{1}{z}\frac{d}{dz}\right)^{m}\frac{J_{\nu}}{z^{\nu}}=(-1)^{m}\frac{J_{\nu+m}}{z^{\nu+m}}} \qquad (25)$$

类似地，由(19)式可得

$$\boxed{\left(\frac{1}{z}\frac{d}{dz}\right)^{m}z^{\nu}J_{\nu}=z^{\nu-m}J_{\nu-m}} \qquad (25')$$

各个公式中的变数 z 略去了没有写。

(20)—(22)表明了贝塞函数的微商可通过相邻的贝塞函数来计算，(23)式表明 $J_{\nu+1}$ 可通过 $J_{\nu-1}$ 和 J_{ν} 来计算（因此，只要造出 J_0 和 J_1 的函数表，就可以计算 $J_2, J_3, \cdots$），(24)式对于整半数阶的贝塞函数具有决定性的意义。

（三）整半数阶（$\nu=l+\frac{1}{2}$）的贝塞尔函数。

这种函数在用球坐标(r,θ,φ)解亥姆霍兹方程（$\nabla^2\psi+k^2\psi=0$）时出现。现在

122

我们来说明它可以通过三角函数来表示。从 $l=0$ 的情况开始。由(10)式,

$$J_{\frac{1}{2}}(z)=\sum_{k=0}^{\infty}\frac{(-1)^k}{k!\,\Gamma\left(k+\frac{3}{2}\right)}\left(\frac{z}{2}\right)^{2k+\frac{1}{2}}$$

根据 §13(13)式,

$$\Gamma\left(k+\frac{3}{2}\right)=1\cdot 3\cdot\cdots\cdot(2k+1)\sqrt{\pi}\,/\,2^{k+1}$$

则

$$J_{\frac{1}{2}}(z)=\frac{1}{\sqrt{\pi}}\sum_{k=0}^{\infty}\frac{(-1)^k z^{2k+\frac{1}{2}}}{k!\,1\cdot 3\cdots(2k+1)\cdot 2^{k-\frac{1}{2}}}=\sqrt{\frac{2}{\pi z}}\sum_{k=0}^{\infty}\frac{(-1)^k z^{2k+1}}{(2k+1)!}$$

亦即

$$\boxed{J_{\frac{1}{2}}(z)=\sqrt{\frac{2}{\pi z}}\sin z}\qquad(26)$$

由(25'),($m=1$, $\nu=\frac{1}{2}$) 得到

$$\boxed{J_{-\frac{1}{2}}(z)=\sqrt{\frac{2}{\pi z}}\cos z}\qquad(27)$$

为了得到 $J_{l+\frac{1}{2}}(z)$,只要令(25)式中 $\nu=\frac{1}{2}$, $m=l$,结果是

$$J_{l+\frac{1}{2}}(z)=(-1)^l\sqrt{\frac{2}{\pi z}}\,z^{l+1}\left(\frac{1}{z}\frac{d}{dz}\right)^l\left(\frac{\sin z}{z}\right)\qquad(28)$$

同样地,由(25)式得到

$$J_{-l-\frac{1}{2}}(z)=\sqrt{\frac{2}{\pi z}}\,z^{l+1}\left(\frac{1}{z}\frac{d}{dz}\right)^l\left(\frac{\cos z}{z}\right)\qquad(29)$$

例如,

$$J_{\frac{3}{2}}(z)=\sqrt{\frac{2}{\pi z}}\left(\frac{\sin z}{z}-\cos z\right)\qquad(30)$$

$$J_{\frac{5}{2}}(z)=\sqrt{\frac{2}{\pi z}}\left[\left(\frac{3}{z^2}-1\right)\sin z-\frac{3}{z}\cos z\right]\qquad(31)$$

当然,这也可以由(23)式求得。

(28)式对于研究贝塞尔函数的渐近形式特别有用。当 $z\to\infty$ 时,(28)中最大的项是,所有 l 次微分均作用于 $\sin z$ 上(如微分 $\frac{1}{z}$,则就增加一个 $\frac{1}{z}$,而这是无限小量),因此,当 $z\to\infty$ 时,

$$J_{l+\frac{1}{2}}(z)\sim(-1)^l\sqrt{\frac{2}{\pi z}}\left(\frac{d}{dz}\right)^l\sin z$$

但 $(\sin z)'=\cos z=-\sin\left(z-\frac{\pi}{2}\right)$, $\left(\frac{d}{dz}\right)^l\sin z=(-1)^l\sin\left(z-\frac{l\pi}{2}\right)$,

$$\therefore\ \boxed{J_{l+\frac{1}{2}}(z)\sim\sqrt{\frac{2}{\pi z}}\sin\left(z-\frac{l\pi}{2}\right)}\qquad(32)$$

或

$$J_{l+\frac{1}{2}}(z)\sim\sqrt{\frac{2}{\pi z}}\cos\left(z-\frac{l+1}{2}\pi\right)\qquad(32')$$

这正好是(17)式中 $\nu=l+\frac{1}{2}$ 的特殊情况。至于(17)式的普遍正确性,将在下节说明。

123

(四) 整数阶 ($\nu=n=0,1,2,\cdots$) 的贝塞尔函数

这种函数在用柱坐标 (r,φ,z) 解拉普拉斯方程或亥姆霍兹方程时出现，和半整数阶的贝塞尔函数一样，在许多问题中有广泛的应用。

当 $\nu=n$ 为正整数(或0)时，$\Gamma(k+n+1)=(k+n)!$，(10)式变成：

$$J_n(z)=\sum_{k=0}^{\infty}\frac{(-1)^k}{k!\,(k+n)!}\left(\frac{z}{2}\right)^{n+2k} \tag{33}$$

最常用的是 J_0 和 J_1：

$$J_0(z)=1-\left(\frac{z}{2}\right)^2+\frac{1}{(2!)^2}\left(\frac{z}{2}\right)^4-\frac{1}{(3!)^2}\left(\frac{z}{2}\right)^6+\cdots \tag{34}$$

$$J_1(z)=\frac{z}{2}-\frac{1}{2!}\left(\frac{z}{2}\right)^3+\frac{1}{2!\,3!}\left(\frac{z}{2}\right)^5-\frac{1}{3!\,4!}\left(\frac{z}{2}\right)^7+-\cdots \tag{35}$$

它们的具体数值有详细的表(偏得)，就像三角函数表一样。

第(二)段中建立的那些关系当然仍然在此是适用的。它们也被推广到 n 是负整数的情况去定义负整数阶的贝塞尔函数。在(25)和(25′)式中，令 $\nu=0$，$m=n$，则就得到

$$J_{-n}(z)=(-1)^n J_n(z)\,,\quad n=1,2,\cdots \tag{36}$$

这就是 $J_{-n}(z)$ 的定义。注意 $J_{-n}(z)$ 并不构成贝塞尔方程的第二种解，因为它和 $J_n(z)$ 不是互相独立的。

下面我们来说明诸 $J_n(z)$ 可通过一个母函数联系起来，并在这个基础上深入研究它们的性质和相互关系。将函数 $e^{\frac{z}{2}(t-\frac{1}{t})}$ 展开成 t 的级数：

$$e^{\frac{z}{2}(t-\frac{1}{t})}=\sum_{n=-\infty}^{\infty}c_n(z)\,t^n,$$

考虑到

$$e^x=1+\frac{x}{1!}+\frac{x^2}{2!}+\cdots=\sum_{k=0}^{\infty}\frac{x^k}{k!},\quad (x\ 任意)$$

则

$$e^{\frac{z}{2}(t-\frac{1}{t})}=\left(\sum_{l=0}^{\infty}\left(\frac{z}{2}t\right)^l\frac{1}{l!}\right)\left(\sum_{k=0}^{\infty}\left(-\frac{z}{2}\frac{1}{t}\right)^k\frac{1}{k!}\right)$$

$$=\sum_{l,k}(-1)^k\frac{1}{l!\,k!}\left(\frac{z}{2}\right)^{l+k}t^{l-k}$$

令 $n=l-k$，则 $l=n+k$，n 的变化范围是 $-\infty\to+\infty$，因此上式变成：

$$e^{\frac{z}{2}(t-\frac{1}{t})}=\sum_{n=-\infty}^{\infty}t^n\sum_{k=0}^{\infty}(-1)^k\frac{1}{k!\,(n+k)!}\left(\frac{z}{2}\right)^{n+2k}$$

上式右端的 $\sum_{k=0}^{\infty}\cdots$ 正好是 $J_n(z)$，由此可见

$$e^{\frac{z}{2}(t-\frac{1}{t})}=\sum_{n=-\infty}^{\infty}J_n(z)\,t^n \tag{37}$$

注意，母函数 $e^{\frac{z}{2}(t-\frac{1}{t})}$ 中 t 和 $\frac{1}{t}$ 总是在一起出现，因此其展开式中 t^n 的系数和 t^{-n} 的系数应该相差因子 $(-1)^n$ ($C_{-n}=(-1)^n C_n$)，这和(36)式是完全一致的。

124

对(37)式微分，可以得到 $J_n(z)$ 的邻次关系，和前面得到的完全一样，ν 换成 n 而已。

(37)式揭示了诸 $J_n(z)$ 间的关係，只要稍加变化，就可得到一系列的结果，如下：

令 $t=e^{i\varphi}$，则 $t-\frac{1}{t}=2i\sin\varphi$，(37)变成

$$e^{iz\sin\varphi}=\sum_{n=-\infty}^{\infty}J_n(z)e^{in\varphi}\tag{38}$$

令 $t=e^{-i\varphi}$，则得

$$e^{-iz\sin\varphi}=\sum_{n=-\infty}^{\infty}J_n(z)e^{-in\varphi}\tag{39}$$

~~除忘，如令 $z=r$（柱坐标系），则 $r\sin\varphi=y$，(38)式变成~~

~~$$e^{iy}=\sum_{n=-\infty}^{\infty}J_n(r)e^{in\varphi}\qquad(40)$$~~

~~这是沿 y 轴传播的平面波（e^{iy}）的柱面波展开式。[$J_n(r)$ 与 φ,z 无关，仅为 r 的函数，因此在以 z 轴为对称轴的柱面上（图30），$J_n(r)$ 数值不变，又因为 $J_n(r)\sim\sqrt{\frac{2}{\pi r}}\cos\left(r-\frac{n+\frac{1}{2}}{2}\pi\right)$，是驻波的形式，因此 $J_n(r)$ 的意义是柱面驻波。]~~

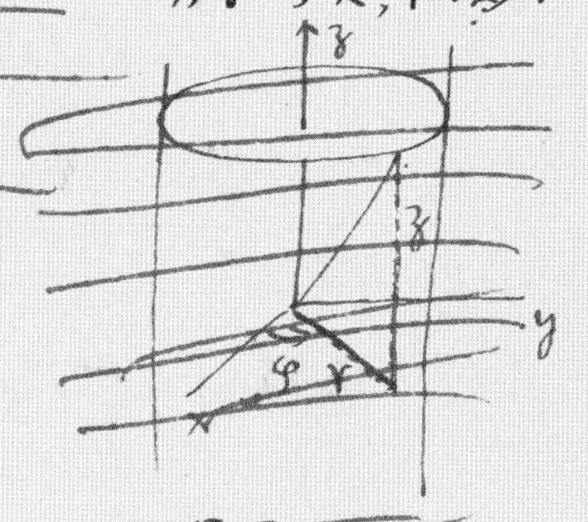

~~图30~~

(38)+(39)，得到

$$\cos(z\sin\varphi)=\sum_{n=-\infty}^{\infty}J_n(z)\cos n\varphi\tag{40}$$

考虑到 $\cos(-n\varphi)=\cos n\varphi$，$J_{-n}(z)=(-1)^nJ_n(z)$，则得：

~~$\cos(z\sin\varphi)=J_0(z)+2J_2(z)+2J_4(z)+\cdots$~~

$$\cos(z\sin\varphi)=J_0(z)+2J_2(z)\cos 2\varphi+2J_4(z)\cos 4\varphi+\cdots\tag{41}$$

(38)−(39)，完全类似的得到

$$\sin(z\sin\varphi)=2\left[J_1(z)\sin\varphi+J_3(z)\sin 3\varphi+\cdots\right]\tag{42}$$

如将 φ 换成 $\left(\frac{\pi}{2}-\varphi\right)$，则又得到

$$\cos(z\cos\varphi)=J_0(z)-2J_2(z)\cos 2\varphi+2J_4(z)\cos 4\varphi-+\cdots\tag{43}$$

$$\sin(z\cos\varphi)=2\left[J_1(z)\cos\varphi-J_3(z)\cos 3\varphi+-\cdots\right]\tag{44}$$

令 $\varphi=0$，则得到：

$$1=J_0(z)+2J_2(z)+2J_4(z)+\cdots\tag{45}$$

$$\cos z=J_0(z)-2J_2(z)+2J_4(z)-+\cdots\tag{46}$$

$$\sin z=2\left[J_1(z)-J_3(z)+J_5(z)-+\cdots\right]\tag{47}$$

125

又，(42)式对φ微分，再令$\varphi\to 0$，可得

$$\frac{1}{2}z = J_1(z)+3J_3(z)+5J_5(z)+\cdots \qquad (48)$$

(41)式乘$\cos n\varphi$，(42)式乘$\sin n\varphi$，相加，~~得到~~ 利用三角公式

$$\cos A\cos B+\sin A\sin B=\cos(A-B),$$

就得到：

$$\cos(z\sin\varphi-n\varphi)=\cos n\varphi\left[J_0(z)+2J_2(z)\cos 2\varphi+2J_4(z)\cos 4\varphi+\cdots\right]+\sin n\varphi\left[2J_1(z)\sin\varphi+2J_3(z)\sin 3\varphi+\cdots\right]$$

对φ积分，考虑到

$$\int_{-\pi}^{\pi}\cos n\varphi\cos m\varphi\,d\varphi=\int_{-\pi}^{\pi}\sin n\varphi\sin m\varphi\,d\varphi=0,\quad ~~(正交性)~~\quad n\neq m$$

$$\int_{-\pi}^{\pi}\cos^2 n\varphi\,d\varphi=\int_{-\pi}^{\pi}\sin^2 n\varphi\,d\varphi=\pi,\quad n=1,2,\cdots$$

则对于任何$n=0,1,2,\cdots$，均有

$$J_n(z)=\frac{1}{2\pi}\int_{-\pi}^{\pi}\cos(z\sin\varphi-n\varphi)\,d\varphi \qquad (49)$$

但被积函数是φ的偶函数，因此可将积分限换成0—π，再乘2，

$$\boxed{J_n(z)=\frac{1}{\pi}\int_{0}^{\pi}\cos(z\sin\varphi-n\varphi)\,d\varphi} \qquad (50)\ ~~(49)~~$$

~~这是整数阶贝塞尔函数的积分表示式。n不是整数时，上式不成立的。~~

如果注意到$\sin(z\sin\varphi-n\varphi)$是$\varphi$的奇函数，从$-\pi$—$\pi$积分为0，则(49)式也可以写成

$$\boxed{J_n(z)=\frac{1}{2\pi}\int_{-\pi}^{\pi}e^{i(z\sin\varphi-n\varphi)}\,d\varphi} \qquad (51)$$

(50)和(51)称为$J_n(z)$的积分表达式。注意它们只当n为整数时才成立。(45)—(48)式是等式左端那些函数的贝塞尔级数，(41)—(44)式既可认为是等式左端的函数的贝塞尔级数，也可认为是富氏级数。

(五) 贝塞尔函数的正交性和零点(根)

在下面的讨论中，假定ν为实数。则根据渐近公式(17)可知，$J_\nu(z)$有无限多个实根(零点)。由贝塞尔方程：

$$z^2\frac{d^2}{dz^2}J_\nu(z)+z\frac{d}{dz}J_\nu(z)+(z^2-\nu^2)J_\nu(z)=0 \qquad (52)$$

易知，除$z=0$而外，$J_\nu(z)$都没有重根[理由如下：设有一个重根$z_0\neq 0$，则$J_\nu(z_0)=0$，$J_\nu'(z_0)=0$，于是由(52)式，$J_\nu''(z_0)=0$，对(52)式微分，可得$J_\nu'''(z_0)=0$，依次类推，各级

126

微商均为0，则 $J_\nu(z)$ 在 z_0 附近的台劳级数为0，结果 $J_\nu(z)$ 将恒等于0，这显然是荒谬的。]

故将 z 换成 λz，λ 为任意常数，则 (52) 式变成：

$$z^2\frac{d^2}{dz^2}J_\nu(\lambda z)+z\frac{d}{dz}J_\nu(\lambda z)+(\lambda^2z^2-\nu^2)J_\nu(\lambda z)=0$$

设 λ_1,λ_2 为 $J_\nu(z)$ 的二个根〔即 $J_\nu(\lambda_1)=0,\ J_\nu(\lambda_2)=0$〕，并在上式中分别令 $\lambda=\lambda_1$ 和 λ_2，则就有：

$$\begin{cases} z^2\frac{d^2}{dz^2}J_\nu(\lambda_1 z)+z\frac{d}{dz}J_\nu(\lambda_1 z)+(\lambda_1^2z^2-\nu^2)J_\nu(\lambda_1 z)=0\\ z^2\frac{d^2}{dz^2}J_\nu(\lambda_2 z)+z\frac{d}{dz}J_\nu(\lambda_2 z)+(\lambda_2^2z^2-\nu^2)J_\nu(\lambda_2 z)=0\end{cases}$$

第一式乘 $\frac{1}{z}J_\nu(\lambda_2 z)$，第二式乘 $\frac{1}{z}J_\nu(\lambda_1 z)$，相减，得到：

$$\begin{aligned}(\lambda_2^2-\lambda_1^2)z\,J_\nu(\lambda_1 z)J_\nu(\lambda_2 z)&=z\left[J_\nu(\lambda_2 z)\frac{d^2}{dz^2}J_\nu(\lambda_1 z)-J_\nu(\lambda_1 z)\frac{d^2}{dz^2}J_\nu(\lambda_2 z)\right]+\\&+\left[J_\nu(\lambda_2 z)\frac{d}{dz}J_\nu(\lambda_1 z)-J_\nu(\lambda_1 z)\frac{d}{dz}J_\nu(\lambda_2 z)\right]=\\&=\frac{d}{dz}\left\{z\left[J_\nu(\lambda_2 z)\frac{d}{dz}J_\nu(\lambda_1 z)-J_\nu(\lambda_1 z)\frac{d}{dz}J_\nu(\lambda_2 z)\right]\right\}\end{aligned}$$

从 0—1 积分，得到

[illegible]

$$(\lambda_2^2-\lambda_1^2)\int_0^1 z\,J_\nu(\lambda_1 z)J_\nu(\lambda_2 z)\,dz=\{z[\quad]\}_0^1$$

将下限0代入，由于 z 的存在，得0，将上限1代入，由于 $J_\nu(\lambda_1)=J_\nu(\lambda_2)=0$，亦得0，

$$\therefore\ \boxed{\int_0^1 z\,J_\nu(\lambda_1 z)J_\nu(\lambda_2 z)\,dz=0} \tag{53}$$

λ_1 和 λ_2 是 $J_\nu(z)$ 的根，这已经说过了。(53) 式就是所要证明的正交性。注意它和球函数的正交性不同，后者是对于不同指标而言的，现在是对相同的指标（阶），不同的变数而言。

由 (53) 式可证 $J_\nu(z)$ 没有复数根，理由如下：~~贝塞方程 (52) 中不包含虚数 i，故若 $\lambda_1=a+ib$ 是 $J_\nu(z)$ 的根，即 $J_\nu(a+ib)$ 适合 (52) 式，则取复数共轭后，~~ $J_\nu(z)$ 的表达式 (10) 中不含虚数 i，故若 $\lambda_1=a+ib$ 是根，即 $J_\nu(a+ib)=0$，则取复共轭就得到 $J_\nu(a-ib)=0$，即 $\lambda_2=a-ib$ 也是根，则由 (53) 式就有

$$\int_0^1 z\,J_\nu((a+ib)z)\,J_\nu((a-ib)z)\,dz=0$$

但 $J_\nu((a-ib)z)$ 是 $J_\nu((a+ib)z)$ 的复数共轭（z 为实数），因此被积函数是正的，积分结果不可能是0，这个矛盾说明 $J_\nu(z)$ 不能有复数根，它的根均为实数。

总起来说，有以下的结论：$J_\nu(z)$ 有无限多个单重实根，~~而且都是单~~ 没有复根，也没有重根。

127

($\xi=0$ 除外)。更进一步，由(19)和(20)式可证，$J_\nu(\xi)$ 和 $J_{\nu+1}(\xi)$ 没有相同的根，$J_\nu(\xi)$ 的根和 $J_{\nu+1}(\xi)$ 的根的位置，是互相交错的，在 $J_\nu(\xi)$ 的二根之间，有一个 $J_{\nu+1}(\xi)$ 的根，反之亦然（证明从略）。$J_0(\xi)$ 的根是：

$$0.7655\pi,\quad 1.7571\pi,\quad 2.7546\pi,\quad 3.7534\pi,\quad 4.7522\pi,\quad \cdots \tag{54}$$

注意二根之差和 π 非常接近，这一点很像三角函数。[$\cos(\xi-\frac{\pi}{4})$ 的根是

$0.75\pi,\quad 1.75\pi,\quad 2.75\pi,\quad 3.75\pi,\quad 4.75\pi\cdots\cdots$]

总之，从渐近形式和根的分布情况来说，贝塞尔函数[确切点说，是 $\sqrt{\xi}J_\nu(\xi)$]的行为和三角函数非常相像，仅仅在 ξ 小的地方，二者才有较大的差别。

由于 $J_\nu(\xi)$ 的根($\lambda_1,\lambda_2\cdots$)几乎维持相等的间隔，再加上渐近形式(17)，可知函数族 $\{\sqrt{\xi}J_\nu(\lambda_i\xi)\}$，$i=1,2,\cdots$ 具有和三角函数颇为类似的性质，它们构成区间(0,1)上的正交完备函数族，任何函数 $f(\xi)$ 均可展开成它们的级数。

$$f(\xi)=\sum_{i=1}^{\infty} f_i J_\nu(\lambda_i\xi) \tag{55}$$

考虑到正交性(53)，易知

$$f_i=\int_0^1 \xi f(\xi)J_\nu(\lambda_i\xi)d\xi \Big/ \int_0^1 [J_\nu(\lambda_i\xi)]^2\xi d\xi \tag{55'}$$

可以证明（从略）

$$\int_0^1 [J_\nu(\lambda_i\xi)]^2\xi d\xi=\frac{1}{2}[J_{\nu+1}(\lambda_i)]^2 \tag{56}$$

当然，λ_i 和 $J_{\nu+1}(\lambda_i)$ 的数值必须查表才能知道。最方便的也是最常用的情况是取 $\nu=0$，即将 $f(\xi)$ 展开成 $J_0(\lambda_i\xi)$ 的级数，λ_i 是 $J_0(\xi)$ 的根。这时，(55)和(55')变成：

$$\begin{aligned} f(\xi)&=\sum_{i=1}^{\infty} c_i J_0(\lambda_i\xi) \\ c_i&=2\int_0^1 \xi f(\xi)J_0(\lambda_i\xi)d\xi \Big/ J_1^2(\lambda_i) \end{aligned} \tag{57}$$

这种展开式的用处见§20第一个例子。

练习：

1. 根据循环公式(7)说明级数(10)的收敛半径为∞。
2. 根据§12第(六)段(46页)直接证明 $l=0$ 时 $R(r)\sim\sin kr,\ \cos kr$，从而体会(26),(27)的由来。
3. 利用(37)式证明几个邻次关係。
4. 说明(49)式中的积分限也可以换成 $0-2\pi$。

128

§19. 柱函数.

贝塞尔方程的解,除了上节研究过的贝塞尔函数 $J_\nu(z)$ 以外,还有汉开尔函数,诺依曼函数,修改的贝塞尔函数,等等,它们统称为柱函数。在这一节里我们来简要地说明它们的相互关系,并着重说明其渐近形式,这从物理的观点是最重要的。

在第二章中我们曾研究过一维的传播波和驻波。如果撇开时间因子 $e^{-i\omega t}$(我们採用波的复数表示法,下同。)不管,则沿正 x 方向传播的单频平面波是 Ae^{ikx},沿负 x 方向传播的单频平面波是 Ae^{-ikx},这二者以相等的成分迭加,就成为驻波平面,即 ~~[illegible]~~ $A\sin(kx+\delta)$ 或 $A\cos(kx+\delta)$,δ 是初相。波的能量和强度成正比,而强度和振幅 A 的平方成正比。平面波的特点是在传佈过程中波的强度不变,在数学上表现为 $A=$ 常数。

球面波的情况稍有不同。从中心 $(r=0)$ 向外发散(即向 r 增加的方向传佈)的球面波应该具有相因子 e^{ikr},除此而外,波的强度与 r^2 成反比,则振幅与 r 成反比,因此,从中心向外发散的单频球面波是 $A\dfrac{e^{ikr}}{r}$。向中心会聚的单频球面波是 $A\dfrac{e^{-ikr}}{r}$。二者的迭加,造成球面驻波,$A\dfrac{\sin(kr+\delta)}{r}$ 或 $A\dfrac{\cos(kr+\delta)}{r}$。

柱面波的强度和 r 成反比,则振幅和 $\sqrt{r}$ 成反比,因此,从对称轴(z 轴)向外发散的柱面波是 $A\dfrac{e^{ikr}}{\sqrt{kr}}$,向对称轴会聚的柱面波是 $A\dfrac{e^{-ikr}}{\sqrt{kr}}$。柱面驻波是

$A\dfrac{\sin(kr+\delta)}{\sqrt{kr}}$ 或 $A\dfrac{\cos(kr+\delta)}{\sqrt{kr}}$。

根据上述分析 ~~[illegible]~~ 式,不难理解贝塞尔函数 J_ν 的物理含义。回忆到整数阶的贝塞尔函数 J_n 来自柱坐标中的波动方程,$R(r)=J_n(\lambda r)$;半奇数阶的贝塞尔函数 $J_{l+\frac{1}{2}}$ 来自球坐标中的波动方程,$R(r)=\sqrt{\frac{1}{kr}}\,J_{l+\frac{1}{2}}(kr)$;而由上节(17),(32)式,

$$J_n(\lambda r)\sim\sqrt{\frac{2}{\pi}}\sqrt{\frac{1}{\lambda r}}\cos\left(\lambda r-\frac{n+\frac{1}{2}}{2}\pi\right) \qquad (1)$$

$$\sqrt{\frac{1}{kr}}\,J_{l+\frac{1}{2}}(kr)\sim\sqrt{\frac{2}{\pi}}\frac{1}{kr}\cos\left(kr-\frac{l+1}{2}\pi\right)=\sqrt{\frac{2}{\pi}}\frac{1}{kr}\sin\left(kr-\frac{l\pi}{2}\right) \qquad (2)$$

可见,$J_n(\lambda r)$ 代表柱面驻波,$\sqrt{\frac{1}{kr}}\,J_{l+\frac{1}{2}}(kr)$ 代表球面驻波。

如果直接研究贝塞尔方程

$$z^2W''+zW'+(z^2-\nu^2)W=0 \qquad (3)$$

129

的渐近形式，则解答的物理意义可以了解得更全面。令 $w(z)=\sqrt{\frac{1}{z}}\,u(z)$，则得到

$$u''+\left(1+\frac{\frac{1}{4}-\nu^2}{z^2}\right)u=0 \qquad (4)$$

当 $|z|\gg|\nu|$ 时，(4)式近似地变成

$$u''+u\approx 0 \qquad (4')$$

其解为 $A\sin(z-\eta)$，$A\cos(z-\eta)$，Be^{iz}，Be^{-iz}，（其中有二个独立的解）乘 $\sqrt{\frac{1}{z}}$，就是贝塞尔方程的解的渐近形式。通常，这一组基本解为：

$$\begin{cases} J_\nu(z)\sim A\sqrt{\frac{1}{z}}\cos(z-\eta_\nu) \\ N_\nu(z)\sim A\sqrt{\frac{1}{z}}\sin(z-\eta_\nu) \end{cases} \qquad (5)$$

前者即贝塞尔函数，后者称为诺依曼函数。在上节，完全严格地得到了 $\nu=l+\frac{1}{2}$ 时 J_ν 的渐近形式：

$$J_{l+\frac{1}{2}}(z)\sim\sqrt{\frac{2}{\pi}}\sqrt{\frac{1}{z}}\cos\left(z-\frac{l+1}{2}\pi\right) \qquad (6)$$

亦即

$$A=\sqrt{\frac{2}{\pi}},\quad \eta\big|_{\nu=l+\frac{1}{2}}=\frac{l+1}{2}\pi=\frac{\pi}{4}+\frac{l+\frac{1}{2}}{2}\pi \qquad (6')$$

同时，我们又有 $J_\nu(z)$ 的级数表达式

$$J_\nu(z)=\sum_{k=0}^{\infty}\frac{(-1)^k}{k!\,\Gamma(k+\nu+1)}\left(\frac{z}{2}\right)^{\nu+2k},$$

其中 ν 是任意复数。$J_\nu(z)$ 不仅是 z 的解析函数，而且也是 ν 的解析函数，如果视 $J_\nu(z)$ 为 ν 的函数的话。$J_\nu(z)$ 可以视为 $J_{l+\frac{1}{2}}(z)$ 当 l 不是整数时的推广（这从复变函数论的角度叫解析延拓），则渐近形式(5)应该就是(6)的推广（解析延拓），由此可知

$$A=\sqrt{\frac{2}{\pi}},\quad \eta_\nu=\frac{\pi}{4}+\frac{\nu\pi}{2} \qquad (5')$$

这样，我们就得到任意阶的贝塞尔函数和诺依曼函数的渐近形式：

$$J_\nu(z)\sim\sqrt{\frac{2}{\pi z}}\cos\left(z-\frac{\nu\pi}{2}-\frac{\pi}{4}\right) \qquad (7)$$

$$N_\nu(z)\sim\sqrt{\frac{2}{\pi z}}\sin\left(z-\frac{\nu\pi}{2}-\frac{\pi}{4}\right) \qquad (8)$$

(7)式正是§18(17)式，(8)式可作为诺依曼函数的定义。至于二者的关系，可以按照下列方法建立：当 ν 不是整数时，J_ν 和 $J_{-\nu}$ 是互相独立的，贝塞尔方程的任何一个解均可表示成它们的迭加，N_ν 亦不例外，因此

$$N_\nu(z)=c_1J_\nu(z)+c_2J_{-\nu}(z)$$

130

但是
$$J_{-\nu}(z)\sim\sqrt{\frac{2}{\pi z}}\cos\left(z+\frac{\nu\pi}{2}-\frac{\pi}{4}\right) \quad (7')$$
比较系数，即得
$$N_\nu(z)=\frac{1}{\sin\nu\pi}\left[J_\nu(z)\cos\nu\pi-J_{-\nu}(z)\right] \quad (9)$$
当 $\nu=n$，为整数，则(9)式分子，分母均为0，这时应了解成
$$N_n(z)=\lim_{\nu\to n}N_\nu(z)\ , \quad n=0,1,2,\cdots \quad (10)$$
按洛毕达法则，(10)式等于：
$$N_n(z)=\frac{1}{\pi}\left[\left.\frac{\partial J_\nu(z)}{\partial\nu}\right|_{\nu=n}+(-1)^{n+1}\left.\frac{\partial J_{-\nu}(z)}{\partial\nu}\right|_{\nu=n}\right] \quad (10')$$
具体写出来，就是：
$$N_n(z)=\frac{2}{\pi}J_n(z)\ln\frac{z}{2}-\frac{1}{\pi}\sum_{k=0}^{n-1}\frac{(n-k-1)!}{k!}\left(\frac{z}{2}\right)^{2k-n}-\frac{1}{\pi}\sum_{k=0}^{\infty}(-1)^k\frac{\psi(k+1)+\psi(k+n+1)}{k!\,(n+k)!}\left(\frac{z}{2}\right)^{n+2k} \quad (11)$$
其中
$$\psi(k+1)=\left(1+\frac{1}{2}+\cdots+\frac{1}{k}\right)-\gamma\ ,$$
$$\gamma=\lim_{n\to\infty}\left(1+\frac{1}{2}+\cdots+\frac{1}{n}-\ln n\right)=0.5772157\cdots$$

$\psi(k+1)$ 与 Γ 函数的对数微商有关 $\left[\psi(z)=\frac{\Gamma'(z)}{\Gamma(z)}\right]$，$\gamma$ 称为欧拉常数。由于(11)式不常用，我们略去这些烦杂的推导。

诺依曼函数满足和贝塞尔函数同样的递推关系，这从(9)式容易知道的。有时候，诺依曼函数 $N_\nu(z)$ 也记作 $Y_\nu(z)$.

$N_\nu(z)$ 的物理含义，和 $J_\nu(z)$ 一样，代表球面驻波或柱面驻波（$z=kr$ 或 λr），但是，在 $z\to0$ 处，由于(9)式中含有 $J_{-\nu}(z)$，$N_\nu(z)$ 是发散的，例如
$$N_0(z)\to\frac{2}{\pi}\left(\ln\frac{z}{2}+\gamma\right),\quad N_n(z)\to-\frac{(n-1)!}{\pi}\left(\frac{2}{z}\right)^n,\quad n=1,2,\cdots \quad (12)$$
因此，如果在有关的物理问题中要求贝塞尔方程的解在 $z\to0$ 处是有限的，则就应该取 $J_\nu(z)$，而不取 $N_\nu(z)$

汉开尔函数的定义是：
$$\boxed{\begin{aligned}H_\nu^{(1)}(z)&\sim\sqrt{\frac{2}{\pi z}}\,e^{i\left(z-\frac{\nu\pi}{2}-\frac{\pi}{4}\right)}\\ H_\nu^{(2)}(z)&\sim\sqrt{\frac{2}{\pi z}}\,e^{-i\left(z-\frac{\nu\pi}{2}-\frac{\pi}{4}\right)}\end{aligned}} \quad (13)$$
前者称第一种汉开尔函数，后者称第二种汉开尔函数，在物理上分别代表发散和会聚球面波或柱面波（$z=kr$ 或 λr）。注意，当 ν 和 z 是实数时，$H_\nu^{(2)}(z)$ 是 $H_\nu^{(1)}(z)$ 的复数共轭。

131

比较(7),(8)和(13)式，可知

$$\boxed{J_\nu(z)=\frac{1}{2}\left[H_\nu^{(1)}(z)+H_\nu^{(2)}(z)\right],\qquad N_\nu(z)=\frac{1}{2i}\left[H_\nu^{(1)}(z)-H_\nu^{(2)}(z)\right]} \tag{14}$$

$$\boxed{H_\nu^{(1)}(z)=J_\nu(z)+iN_\nu(z),\qquad H_\nu^{(2)}(z)=J_\nu(z)-iN_\nu(z)} \tag{15}$$

如利用(9)式消去(15)式中的 $N_\nu(z)$，则得：

$$\begin{aligned} H_\nu^{(1)}(z)&=\frac{i}{\sin\nu\pi}\left[J_\nu(z)\,e^{-i\nu\pi}-J_{-\nu}(z)\right]\\ H_\nu^{(2)}(z)&=\frac{-i}{\sin\nu\pi}\left[J_\nu(z)\,e^{i\nu\pi}-J_{-\nu}(z)\right]\end{aligned} \tag{16}$$

由(16)式附带地得到

$$H_{-\nu}^{(1)}(z)=e^{i\nu\pi}H_\nu^{(1)}(z),\qquad H_{-\nu}^{(2)}(z)=e^{-i\nu\pi}H_\nu^{(2)}(z) \tag{17}$$

由(13)式知，无论经过何种微分等运算，$H_\nu^{(1)}(z)$决不会转化成$H_\nu^{(2)}(z)$，则由(14)式可以理解，$H_\nu^{(1)}(z)$和$H_\nu^{(2)}(z)$必定分别满足和$J_\nu(z)$同样的递推关系，即

$$2\frac{d}{dz}H_\nu^{(\alpha)}(z)=H_{\nu-1}^{(\alpha)}(z)-H_{\nu+1}^{(\alpha)}(z),\qquad \alpha=1,2 \tag{18}$$

$$2\nu H_\nu^{(\alpha)}(z)=z\left[H_{\nu-1}^{(\alpha)}(z)+H_{\nu+1}^{(\alpha)}(z)\right],\qquad \alpha=1,2, \tag{19}$$

$$\left(\frac{1}{z}\frac{d}{dz}\right)^m\frac{H_\nu^{(\alpha)}(z)}{z^\nu}=(-1)^m\frac{H_{\nu+m}^{(\alpha)}(z)}{z^{\nu+m}},\qquad \alpha=1,2 \tag{20}$$

等等。$N_\nu(z)$也一样。

半奇数指标的汉开尔函数 $H_{l+\frac{1}{2}}^{(\alpha)}(z)$ 出现于电磁波的多极辐射理论中，它们是可以表示成初等函数的。由(9)式，$\nu=\frac{1}{2}$时，

$$\boxed{N_{\frac{1}{2}}(z)=-J_{-\frac{1}{2}}(z)=-\sqrt{\frac{2}{\pi z}}\cos z=\sqrt{\frac{2}{\pi z}}\sin\left(z-\frac{\pi}{2}\right)} \tag{21}$$

则由(15)式得到

$$\boxed{\begin{aligned} H_{\frac{1}{2}}^{(1)}(z)&=-i\sqrt{\frac{2}{\pi z}}\,e^{iz}=\sqrt{\frac{2}{\pi z}}\,e^{i(z-\frac{\pi}{2})}\\ H_{\frac{1}{2}}^{(2)}(z)&=i\sqrt{\frac{2}{\pi z}}\,e^{-iz}=\sqrt{\frac{2}{\pi z}}\,e^{-i(z-\frac{\pi}{2})}\end{aligned}} \tag{22}$$

再由(20)式，就得到

$$\begin{cases} H_{l+\frac{1}{2}}^{(1)}(z)=(-1)^{l+1}\,i\sqrt{\frac{2}{\pi z}}\,z^{l+1}\left(\frac{1}{z}\frac{d}{dz}\right)^l\frac{e^{iz}}{z}\\ H_{l+\frac{1}{2}}^{(2)}(z)=(-1)^{l}\,i\sqrt{\frac{2}{\pi z}}\,z^{l+1}\left(\frac{1}{z}\frac{d}{dz}\right)^l\frac{e^{-iz}}{z}\end{cases} \tag{23}$$

$z\to0$ 处，(23)式趋于：

132

$$\begin{cases} H^{(1)}_{l+\frac{1}{2}}(z) \to (-1)^{l+1} i\sqrt{\frac{2}{\pi z}}\, z^{l+1}\left(\frac{1}{z}\frac{d}{dz}\right)^{l}\frac{1}{z} = -i(2l-1)!!\sqrt{\frac{2}{\pi z}}\,\frac{1}{z^{l}} \\ H^{(2)}_{l+\frac{1}{2}}(z) \to i(2l-1)!!\sqrt{\frac{2}{\pi z}}\,\frac{1}{z^{l}}, \qquad (2l-1)!! = 1\cdot3\cdot5\cdots(2l-1) \end{cases} \tag{24}$$

是发散的，其物理含义是：离源越近，波的强度越大，在理想的点源附近，波的强度趋于无限大。

最后我们来讨论虚变量的柱函数，它们统称为虚变量的或修改的贝塞尔函数。

函数 $K_\nu(z)$ 的定义是：

$$K_\nu(z) = \frac{\pi i}{2} e^{i\nu\pi/2} H^{(1)}_\nu(iz) \tag{25}$$

其渐近形式为：

$$K_\nu(z) \sim \sqrt{\frac{\pi}{2z}}\, e^{-z} \tag{26}$$

当 z 为实数时，$K_\nu(z)$ 代表某种衰减的过程按指数律

若将 $J_\nu(z)$ 中的 z 换成 iz，则得到

$$J_\nu(iz) = \sum_{k=0}^{\infty} \frac{(-1)^k}{k!\,\Gamma(k+\nu+1)}\left(\frac{iz}{2}\right)^{\nu+2k} = i^\nu \sum_{k=0}^{\infty} \frac{(z/2)^{\nu+2k}}{k!\,\Gamma(k+\nu+1)}$$

我们定义它为 $i^\nu I_\nu(z)$，亦即定义

$$I_\nu(z) = i^{-\nu} J_\nu(iz) = e^{-i\nu\pi/2} J_\nu(iz) \tag{27}$$

则

$$I_\nu(z) = \sum_{k=0}^{\infty} \frac{(z/2)^{\nu+2k}}{k!\,\Gamma(k+\nu+1)} \tag{28}$$

它相当于去掉了 $J_\nu(z)$ 的级数表达式中的 $(-1)^k$，而使得级数各项变成正的（当 $\nu>0$ 为实数时），“修改的”这名词来源于此。当 $z>0$ 为实数时，$I_\nu(z)$ 是 z 的单调递增函数，例如

$$I_0(z) = J_0(iz) = 1 + \left(\frac{z}{2}\right)^2 + \frac{1}{(2!)^2}\left(\frac{z}{2}\right)^4 + \frac{1}{(3!)^2}\left(\frac{z}{2}\right)^6 + \cdots \tag{29}$$

$I_\nu(z)$ 的渐近公式可由(7)式利用欧拉公式 $\cos z = \frac{1}{2}(e^{iz}+e^{-iz})$ 得到，当 $z>0$ 时，

$$I_\nu(z) \sim \sqrt{\frac{2}{\pi z}}\, e^{z}, \quad z \gg \nu \tag{30}$$

将贝塞尔方程(3)中的变数由 z 换成 iz，易知 $K_\nu(z)$ 和 $I_\nu(z)$ 满足下列方程：

$$z^2 W'' + z W' - (z^2+\nu^2) W = 0 \tag{31}$$

这在理论物理中常遇到的。若设 z 为 λr，则(31)成为

$$r^2 \frac{d^2}{dr^2} W + r\frac{d}{dr} W - (\lambda^2 r^2 + \nu^2) W = 0 \tag{31'}$$

其解为 $I_\nu(\lambda r)$，$K_\nu(\lambda r)$。

133

根据定义(25)和(27)，可以建立 $K_\nu(z)$ 和 $I_\nu(z)$ 的邻次关系，结果如下：

$$\begin{cases} 2\nu K_\nu(z) = z\left[K_{\nu+1}(z) - K_{\nu-1}(z)\right] \\ -2K_\nu'(z) = K_{\nu+1}(z) + K_{\nu-1}(z) \\ \dfrac{1}{z}\dfrac{d}{dz}\left(\dfrac{K_\nu(z)}{z^\nu}\right) = -\dfrac{K_{\nu+1}(z)}{z^{\nu+1}} \\ \dfrac{1}{z}\dfrac{d}{dz}\left(z^\nu K_\nu(z)\right) = -z^{\nu-1}K_{\nu-1}(z) \end{cases} \tag{32}$$

$$\begin{cases} 2\nu I_\nu(z) = z\left[I_{\nu-1}(z) - I_{\nu+1}(z)\right] \\ 2I_\nu'(z) = I_{\nu-1}(z) + I_{\nu+1}(z) \\ \dfrac{1}{z}\dfrac{d}{dz}\dfrac{I_\nu(z)}{z^\nu} = \dfrac{I_{\nu+1}(z)}{z^{\nu+1}} \\ \dfrac{1}{z}\dfrac{d}{dz}z^\nu I_\nu(z) = z^{\nu-1}I_{\nu-1}(z) \\ I_{-n}(z) = I_n(z), \quad n=1,2,\cdots \end{cases} \tag{33}$$

练习：

1. 归纳一下各种柱函数的相互关系，排一个便于查阅的公式表。
2. 将各种邻次关系排一个便于查阅的表。
3. 归纳各种柱函数的渐近公式，比较研究，说明其物理意义，并和§12中有关部分联系起来。
4. 将各个重要公式(包括前■节的和习题上的)列一个便于查阅的表。
5. 根据(11)式写出 $N_0(z)$，和习题3比较
6. 写出 $H_{3/2}^{(1)}(z)$ 和 $H_{3/2}^{(2)}(z)$ 的具体形式。

134

§19 柱函数

§20. 应用贝塞尔函数的简单例子.

作为§18 (57)式的应用,我们来研究下列热传导问题:

有一根半径为 a 的均匀细长圆柱体,其中各点的初始温度仅与该点与轴线的距离有关,并为已知;当 $t>0$ 时维持其表面的温度为0,试研究各处温度的变化.

以 ψ 表示温度,则根据上述情况可知,当採用柱坐标 (r,φ,z),并以圆柱体的轴线作为 z 轴时,温度仅为 r,t 的函数, $\psi=\psi(r,t)$,而初始温度 $\psi(r,0)=f(r)$ 为已知,边界条件为 $\psi(a,t)=0$; ψ 满足热传导方程:

$$\nabla^2\psi=\frac{1}{K}\frac{\partial\psi}{\partial t} \qquad (1)$$

$K>0$ 为温度传导係数。根据§12 的讨论,(1)式的特解是 $W(r)\,e^{-K\alpha^2 t}$, $W(r)$ 满足亥姆霍兹方程 $\nabla^2W+\alpha^2W=0$, 由于现在 W 仅为 r 的函数,因此亥姆霍兹方程变成0阶的贝塞尔方程(参看§12 (5)式):

$$\frac{d^2W}{dr^2}+\frac{1}{r}\frac{dW}{dr}+\alpha^2W=0$$

亦即

$$(\alpha r)^2\frac{d^2W}{d(\alpha r)^2}+(\alpha r)\frac{dW}{d(\alpha r)}+(\alpha r)^2W=0 \qquad (2)$$

其通解为

$$W=AJ_0(\alpha r)+BN_0(\alpha r)$$

但诺依曼函数 $N_0(\alpha r)$ 在 $r\to0$ 处是发散的(见§19 (12)式),显然不合乎物理的要求,因此应取 $B=0$,而得到 $W=AJ_0(\alpha r)$. 这样,我们就得到了(1)式的特解

$$AJ_0(\alpha r)\,e^{-K\alpha^2 t}。$$

通解则是

$$\psi(r,t)=\sum_\alpha A_\alpha J_0(\alpha r)\,e^{-K\alpha^2 t}$$

常数 α 的数值由边界条件 $\psi(a,t)=0$ 确定:

$$\psi(a,t)=\sum_\alpha A_\alpha J_0(\alpha a)\,e^{-K\alpha^2 t}=0$$

由于上式必须对所有的 $t>0$ 成立,因此必须 $J_0(\alpha a)=0$, 亦即

$$\alpha a=\lambda_i,\qquad \alpha=\frac{\lambda_i}{a},\qquad i=1,2,\cdots \qquad (3)$$

λ_i 为 $J_0(z)$ 的第 i 个零点(根),其数值见§18 (57)式。这样,我们就进一步得到

$$\boxed{\psi(r,t)=\sum_{i=1}^{\infty}A_iJ_0\left(\frac{\lambda_i}{a}r\right)e^{-K\left(\frac{\lambda_i}{a}\right)^2 t}} \qquad (4)$$

係数 A_i 由初始条件确定:

135

$$\psi(r,0)=\sum_{i=1}^{\infty}A_i J_0\left(\frac{\lambda_i}{a}r\right)=f(r) \tag{5}$$

根据§18 (57)式，求得

$$A_i=2\int_0^1\left(\frac{r}{a}\right)f(r)\,J_0\left(\frac{\lambda_i}{a}r\right)d\left(\frac{r}{a}\right)\Big/J_1^2(\lambda_i)$$
$$=\frac{2}{a^2}\int_0^a r\,f(r)\,J_0\left(\frac{\lambda_i}{a}r\right)dr\Big/J_1^2(\lambda_i) \tag{6}$$

根据已知的初始温度 $f(r)$，由(6)式可求得 A_i，代入(4)式，就得到任何时刻，任何地点（圆柱体内）的温度 $\psi(r,t)$。

(4)式原则上包含∞项，而实际上，由于 $\lambda_1<\lambda_2<\lambda_3\cdots$，以及因子 $e^{-K\left(\frac{\lambda_i}{a}\right)^2 t}$ 的存在，对于较大的 t，只要计及开头几项（如 $i=1$ 和 2）就够了。

第二个例子，我们来研究平面波和球面波的关系，即将平面波表示成球面波的迭加。这在光学中（衍射问题）和量子力学中（散射问题）都是有用的。

沿 z 轴传播的平面波，波函数为（采用复数表示法）

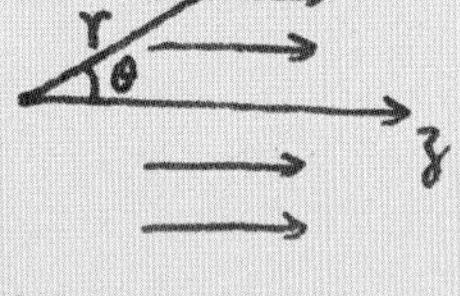

$$\psi(z,t)=e^{ikz}\,e^{-i\omega t},\qquad \omega=ck \tag{7}$$

[参看§9 (35页) (19′)式] 其空间部分 e^{ikz} 显然满足亥姆霍兹方程：　　图30

$$\nabla^2 e^{ikz}+k^2 e^{ikz}=0 \tag{8}$$

如果采用球坐标 (r,θ,φ)（见图30），则根据§12 (69)式，亥姆霍兹方程的通解为

$$\psi(r,\theta,\varphi)=\sum_l\sum_m C_{lm}\sqrt{\frac{1}{kr}}\,u_{l+\frac12}(kr)\,Y_l^m(\theta\varphi)$$

其中 $u_{l+\frac12}(z)$ 为 $l+\frac12$ 阶的柱函数，$Y_l^m(\theta\varphi)$ 为球函数。e^{ikz} 当然也可以这样来表示。由于 $e^{ikz}=e^{ikr\cos\theta}$，仅为 r,θ 的函数，因此它~~的展开式~~按上式展开时应该只取 $m=0$ 的之项，而 $Y_l^0(\theta)$ 和 $P_l(\cos\theta)$ 只差一个常数，因此可知

$$e^{ikz}=e^{ikr\cos\theta}=\sum_{l=0}^{\infty}C_l\sqrt{\frac{1}{kr}}\,u_{l+\frac12}(kr)\,P_l(\cos\theta)$$

$r\to0$ 时，$e^{ikz}\to1$，是有限的，而柱函数中只有贝塞尔函数 $J_{l+\frac12}(kr)$ 符合这个情况，由此可见，

$$e^{ikz}=e^{ikr\cos\theta}=\sum_{l=0}^{\infty}C_l\sqrt{\frac{1}{kr}}\,J_{l+\frac12}(kr)\,P_l(\cos\theta) \tag{9}$$

(9)式的意思是，平面波可以看成球面驻波的迭加。

(9)式二端乘 $P_l(\cos\theta)\sin\theta$，并对 θ 积分，考虑到 $P_l(\cos\theta)$ 的正交性（§16 (36)式），得到，

$$\frac{2}{2l+1}C_l\sqrt{\frac{1}{kr}}\,J_{l+\frac12}(kr)=\int_0^{\pi}e^{ikr\cos\theta}\,P_l(\cos\theta)\sin\theta\,d\theta$$
$$=\int_{-1}^{+1}e^{ikr\mu}\,P_l(\mu)\,d\mu\qquad(\mu=\cos\theta)$$

注：(9)式中求系数 C_l 另一比较方法，在 $(ikr\cos\theta)^l$ 之系数，它由这个项只出现在第 l 个求和项中……见……(§3 4)

136

§20 应用贝塞尔函数的简单例子

$$=\left[P_l(\mu)\frac{e^{ikr\mu}}{ikr}\right]_{\mu=-1}^{+1}-\frac{1}{ikr}\int_{-1}^{1}e^{ikr\mu}P_l'(\mu)\,d\mu$$

~~当 $kr\to\infty$ 时，第二项可以忽略（因为此项来的积分已经多因子 $\frac{1}{kr}$），而第一项等于~~

~~$$=\frac{e^{ikr}-(-1)^l e^{-ikr}}{ikr}$$~~

$$=\left[P_l(\mu)\frac{e^{ikr\mu}}{ikr}\right]_{\mu=-1}^{+1}-\left[P_l'(\mu)\frac{e^{ikr\mu}}{(ikr)^2}\right]_{\mu=-1}^{+1}+\frac{1}{(ikr)^2}\int_{-1}^{1}e^{ikr\mu}P_l''(\mu)\,d\mu$$

当 $kr\to\infty$ 时，第二，三项可以略去，第一项等于

$$\frac{1}{ikr}\left(e^{ikr}-(-1)^l e^{-ikr}\right)=\frac{1}{ikr}\left(e^{ikr}-e^{-ikr+i\pi l}\right)\qquad \text{~~(-1 = e^{i\pi})~~}$$

$$=e^{i\pi l/2}\frac{1}{ikr}\left(e^{i(kr-\frac{l\pi}{2})}-e^{-i(kr-\frac{l\pi}{2})}\right)=\frac{2i^l}{kr}\sin\left(kr-\frac{l\pi}{2}\right)$$

而 $\sqrt{\frac{1}{kr}}J_{l+\frac{1}{2}}(kr)\sim\sqrt{\frac{2}{\pi}}\frac{1}{kr}\sin\left(kr-\frac{l\pi}{2}\right)$，二边比较即得

$$c_l=\sqrt{\frac{\pi}{2}}\,i^l(2l+1)$$

代入(9)式即得

$$\boxed{e^{ikz}=e^{ikr\cos\theta}=\sum_{l=0}^{\infty}(2l+1)i^l\sqrt{\frac{\pi}{2kr}}\,J_{l+\frac{1}{2}}(kr)\,P_l(\cos\theta)}\qquad(10)$$

或

$$\boxed{e^{ikz}=e^{ikr\cos\theta}\sim\frac{1}{kr}\sum_{l=0}^{\infty}(2l+1)i^l\sin\left(kr-\frac{l\pi}{2}\right)P_l(\cos\theta)}\qquad(11)$$

后者是前者的渐近形式（$kr\to\infty$）。(11)式在量子力学中被用来解决散射问题。

又，在上面的计算过程中，我们附带地证明了下列公式：

$$J_{l+\frac{1}{2}}(kr)=\sqrt{\frac{kr}{2\pi}}(-i)^l\int_{-1}^{1}e^{ikr\mu}P_l(\mu)\,d\mu$$

亦即

$$\boxed{J_{l+\frac{1}{2}}(z)=\sqrt{\frac{z}{2\pi}}(-i)^l\int_{-1}^{1}e^{iz\mu}P_l(\mu)\,d\mu}\qquad(12)$$

最后，我们来计算几个包含贝塞尔函数的定积分，它们都是常用的。

计算 $I=\int_0^\infty e^{-ax}J_0(bx)\,dx,\quad a>0,\ b>0.$

利用 §18 (51) 式，得到

$$I=\int_0^\infty dx\, e^{-ax}\frac{1}{2\pi}\int_{-\pi}^{\pi}e^{ibx\sin\varphi}\,d\varphi$$

$$=\frac{1}{2\pi}\int_{-\pi}^{\pi}d\varphi\int_0^\infty e^{(ib\sin\varphi-a)x}\,dx$$

137

$$= \frac{1}{2\pi}\int_{-\pi}^{\pi} d\varphi \left[\frac{e^{(ib\sin\varphi - a)x}}{ib\sin\varphi - a}\right]_{x=0}^{\infty} = \frac{1}{2\pi}\int_{-\pi}^{\pi}\frac{d\varphi}{a - ib\sin\varphi}$$

$$= \frac{1}{2\pi}\int_0^{2\pi}\frac{d\varphi}{a - ib\sin\varphi} = 1/\sqrt{a^2+b^2}$$

最后一步是利用复变函数的方法计算出来的（参看§8 第一段）

$$\therefore \quad \boxed{\int_0^\infty e^{-ax} J_0(bx)\,dx = \frac{1}{\sqrt{a^2+b^2}}} \quad a>0,\ b>0. \qquad (13)$$

~~计算 $I = \int_0^\infty e^{i\lambda x} J_0(bx)\,dx = \lim_{a\to 0}\int_0^\infty e^{(i\lambda - a)x} J_0(bx)\,dx$, [illegible]~~

~~完全重复上面的计算（只是 a 换成 a−iλ [illegible]）~~

如将上式中的 a 换成 $a-i\lambda$ $(\lambda>0)$，则全部计算仍可成立，如最后令 $a\to 0$，则试得到：

$$\boxed{\int_0^\infty e^{i\lambda x} J_0(bx)\,dx = \frac{1}{\sqrt{b^2-\lambda^2}}} \quad b>0,\ \lambda>0 \qquad (14)$$

(13)式中令 $a\to 0$，则得

$$\boxed{\int_0^\infty J_0(bx)\,dx = \frac{1}{b}} \qquad (15)$$

(14)式中，当 $b>\lambda$ 时，右边是实数，当 $b<\lambda$ 时，为纯虚数 $\frac{i}{\sqrt{\lambda^2-b^2}}$，因此，(14)式二端各取实部和虚部，可得

$$\boxed{\int_0^\infty J_0(bx)\cos\lambda x\,dx = \begin{cases} 1/\sqrt{b^2-\lambda^2}, & b>\lambda \\ 0, & b<\lambda \end{cases}} \qquad (16)$$

$$\boxed{\int_0^\infty J_0(bx)\sin\lambda x\,dx = \begin{cases} 1/\sqrt{\lambda^2-b^2}, & \lambda>b \\ 0, & \lambda<b \end{cases}} \qquad (17)$$

如将(16)式对 λ 积分，从 $\alpha\to\beta$，则得

$$\int_0^\infty J_0(bx)\frac{\sin\beta x - \sin\alpha x}{x}\,dx = 0 \qquad (\alpha>b,\ \beta>b)$$

由于 α,β 是任意的，因此知道积分

$$I = \int_0^\infty J_0(bx)\frac{\sin\alpha x}{x}\,dx \qquad (\alpha>b)$$

与 α 无关，仅为 b 的函数。但上式可以写成

$$I = \int_0^\infty J_0(ct)\frac{\sin t}{t}\,dt \qquad \left(t=\alpha x,\ c=\frac{b}{\alpha}\right)$$

~~I 既与 α 无关，则与 c 无关（$c=\frac{b}{\alpha}$）~~，

令 $\alpha\to\infty$，则 $c\to 0$。而 $J_0(0)=1$，$\int_0^\infty \frac{\sin t}{t}\,dt = \frac{\pi}{2}$，可见 I 与 b 亦无关，为一常数：

$$\boxed{\int_0^\infty J_0(bx)\frac{\sin\alpha x}{x}\,dx = \frac{\pi}{2} \quad (\alpha>b)} \qquad (18)$$

练习：1. 补足(13)式的证明

2. 计算 $\int_0^\infty e^{-ax} J_1(bx)\,x\,dx$ （提示：利用(13)式和 $J_0' = -J_1$）

138

第三章 习题

1. 求埃密脱方程 $W''-2zW'+2nW=0$ 在 $z_0=0$ 附近的解。说明当 n 是整数时，存在多项式解，并写出 $n=0,1,2,3,4$ 时相应的多项式。

〔注：这种多项式称为埃密脱多项式，在量子力学中被用来描写简谐振动〕

〔答：$n=0$, $W=1$；$n=1$, $W=z$；$n=2$, $W=1-2z^2$；$n=3$, $W=z-\frac{2}{3}z^2$

$n=4$, $W=1-4z^2+\frac{4}{3}z^4$ 〕

2. 求 $n=0$ 时贝塞尔方程 $W''+\frac{1}{z}W'+W=0$ 在 $z_0=0$ 附近的正则解，并求收敛半径。

〔答：$W_1=J_0(z)=1-\frac{z^2}{2^2}+\frac{z^4}{2^2 4^2}-\frac{z^6}{2^2 4^2 6^2}+-\cdots$ 〕

3. 求上题的第二个解。

〔答：$W_2=J_0(z)\ln z-\sum\limits_{k=1}^{\infty}(-1)^k\frac{\left(1+\frac{1}{2}+\cdots+\frac{1}{k}\right)}{(k!)^2}\left(\frac{z}{2}\right)^{2k}$ 〕

*4. 求方程 $zW''+W'-W=0$ 在 $z_0=0$ 附近的解。

〔答：$W_1=1+\frac{z}{(1!)^2}+\frac{z^2}{(2!)^2}+\cdots$

$W_2=W_1\ln z-2\sum\limits_{n=1}^{\infty}\left(1+\frac{1}{2}+\cdots+\frac{1}{n}\right)\frac{z^n}{(n!)^2}$ 〕

5. 求超比方程 $z(1-z)W''+[\gamma-(\alpha+\beta+1)z]W'-\alpha\beta W=0$ 在 $z_0=0$ 附近的正则解，研究其收敛半径，并从奇点的角度予以说明。

〔答：$W_1=1+\frac{\alpha\cdot\beta}{\gamma\cdot 1}z+\frac{\alpha(\alpha+1)\beta(\beta+1)}{\gamma(\gamma+1)\,1\cdot 2}z^2+\cdots\equiv F(\alpha,\beta,\gamma;z)$，称为超比级数。

$W_2=z^{1-\gamma}F(\alpha+1-\gamma,\ \beta+1-\gamma,\ 2-\gamma;\ z)$ 〕

*6. 上题中，当 α 或 β 取何种数值时，$F(\alpha,\beta,\gamma;z)$ 变成多项式？

证明 $P_l(z)=F\left(-l,\ l+1,\ 1;\ \frac{1-z}{2}\right)$

〔提示：作变数变换 $t=\frac{1-z}{2}$，将勒让德方程变成超比方程〕

7. 证明 $\int_x^1 P_l(z)\,dz=\frac{1}{2l+1}[P_{l-1}(x)-P_{l+1}(x)]$

*8. 证明 $P'_{l+1}+P'_l=\sum\limits_0^l(2n+1)P_n$

139

*9. 証明 $\int_{-1}^{1}(1-z^2)P_l' P_n' \,dz = 0,\quad l\neq n$

$$\int_{-1}^{1}(1-z^2)(P_l')^2\,dz = \frac{2l(l+1)}{2l+1}$$

[提示：利用勒上特方程]

*10. 证明 $\int_{-1}^{1} z^l P_l(z)\,dz = 2^{l+1}(l!)^2/(2l+1)!$

11. 証明 $P_l' = (2l-1)P_{l-1} + (2l-5)P_{l-3} + (2l-9)P_{l-5} + \cdots + \begin{cases} P_0, & l\text{奇} \\ 3P_1, & l\text{偶} \end{cases}$

*12. 求 z^5 的勒上特级数。(提示：$z^5 = a_5P_5 + a_3P_3 + a_1P_1$，将 P_1, P_3, P_5 的具体形式代入，比較係數，即得：$z^5 = \frac{8}{63}P_5 + \frac{4}{9}P_3 + \frac{3}{7}P_1$)

13. 证明 $\int_0^1 P_{2n}\,dz = 0,\quad \int_0^1 P_{2n+1}\,dz = (-1)^n \frac{1\cdot3\cdots(2n-1)}{2\cdot4\cdots(2n)(2n+2)}$

14. 利用上题结果求 $f(\theta) = \begin{cases} 1, & 0<\theta<\frac{\pi}{2} \\ 0, & \frac{\pi}{2}<\theta<\pi \end{cases}$ 的勒上特级数.

[答：$f(\theta) = \frac{1}{2} + \frac{3}{4}P_1(\cos\theta) - \frac{1}{2}\cdot\frac{7}{8}P_3(\cos\theta) + \frac{1\cdot3}{2\cdot4}\cdot\frac{11}{12}P_5(\cos\theta) - + \cdots$]

15. 半径为1的导体球壳，被分成二半，上半球充电至电势 V_0，下半球接地，求球内各点的电势。

[提示：利用上题结果。]

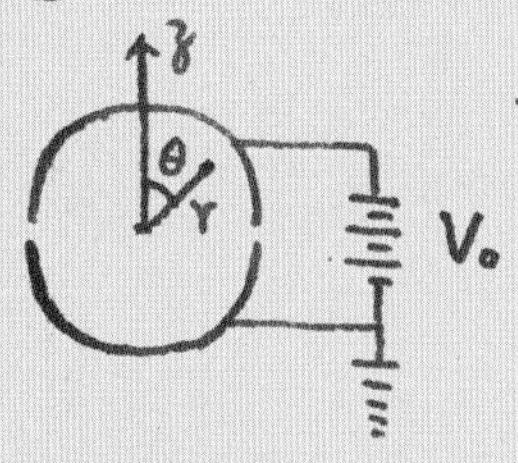

16. 半径为 a 的细环上，均匀分佈着电荷 Q，求空间各处的电势。[提示：z轴上，$V = Q/\sqrt{r^2+a^2}$]

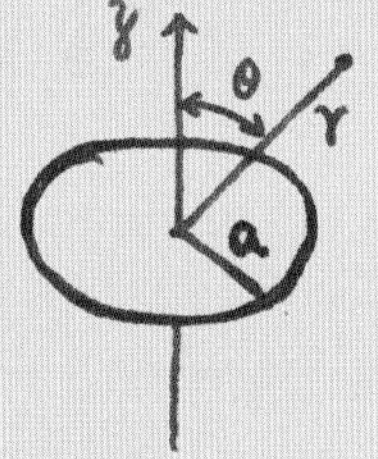

[答：$r>a$ 处，$V(r,\theta) = \frac{Q}{r}\left\{1 - \frac{1}{2}\left(\frac{a}{r}\right)^2 P_2(\cos\theta) + \frac{1\cdot3}{2\cdot4}\left(\frac{a}{r}\right)^4 P_4(\cos\theta) - + \cdots\right\}$

$r<a$ 处，$V(r,\theta) = \frac{Q}{a}\left\{1 - \frac{1}{2}\left(\frac{r}{a}\right)^2 P_2(\cos\theta) + \frac{1\cdot3}{2\cdot4}\left(\frac{r}{a}\right)^4 P_4(\cos\theta) - + \cdots\right\}$]

*17. 証明汇合超比级数 $F(\alpha,\beta;z)$ 的邻次关係：

i $\frac{d}{dz}F(\alpha,\beta;z) = \frac{\alpha}{\beta}F(\alpha+1,\beta+1;z)$

ii $F(\alpha+1,\beta;z) - F(\alpha,\beta;z) = \frac{1}{\beta}z\,F(\alpha+1,\beta+1;z)$

iii $\beta F(\alpha,\beta;z) - \alpha F(\alpha+1,\beta+1;z) = (\beta-\alpha)F(\alpha,\beta+1;z)$

140

*18. 由下式定义的 $H_n(z)$ 称为埃密脱多项式:

$$e^{2zt-t^2}=\sum_0^\infty H_n(z)\frac{t^n}{n!}$$

i 说明 $H_n(z)$ 是 z 的 n 次多项式.

ii 证明 $H_n(z)$ 满足下列递次关係:

$$H_n'=2nH_{n-1}\ ,\qquad 2zH_n(z)=2nH_{n-1}+H_{n+1}$$

iii 利用递次关係,证 $H_n(z)$ 满足埃密脱方程:

$$H_n''-2zH_n'+2nH_n=0$$

*19. 导出§17 (9), (10), (12), (13) 式.

*20. 证明 $P_l(\cos\theta)=(-1)^l\dfrac{r^{l+1}}{l!}\left(\dfrac{\partial}{\partial z}\right)^l\dfrac{1}{r}$

[提示:先说明 $\left(\frac{\partial}{\partial z}\right)^l\frac{1}{r}$ 满足拉普拉斯方程,另外又是 r,θ 的函数,因此

$$\left(\frac{\partial}{\partial z}\right)^l\frac{1}{r}=\sum_n\left(a_nr^n+b_nr^{-n-1}\right)P_n(\cos\theta)$$

令 $\cos\theta\to1$, $r\to z$, 比较二边係数,即可证明出来]

21. 证明 $\frac{z}{2}J_\nu(z)=(\nu+1)J_{\nu+1}-(\nu+3)J_{\nu+3}+(\nu+5)J_{\nu+5}-+\cdots$

[提示:利用 $2\nu J_\nu=z(J_{\nu-1}+J_{\nu+1})$]

*22. 证明 $\frac{z}{2}J_\nu'(z)=\frac{\nu}{2}J_\nu-(\nu+2)J_{\nu+2}+(\nu+4)J_{\nu+4}-+\cdots$

[提示. 利用 $J_\nu'=J_{\nu-1}-\frac{\nu}{z}J_\nu$ 和上题结果]

23. 将沿 y 轴传佈的平面波 e^{iky} 展开成柱面波。

[答: $e^{iky}=\sum_{-\infty}^{\infty}J_n(kr)e^{in\varphi}$, $y=r\sin\varphi$]

24. 证明 $J_n(x+y)=\sum_{m=-\infty}^{\infty}J_m(x)J_{n-m}(y)$

[提示:利用母函数,并注意 $e^{\frac{1}{2}(x+y)(t-\frac{1}{t})}=e^{\frac{1}{2}x(t-\frac{1}{t})}e^{\frac{1}{2}y(t-\frac{1}{t})}$]

25 证明 $z^2=2\left[2^2J_2(z)+4^2J_4(z)+6^2J_6(z)+\cdots\right]$

[提示:将 $\cos(x\sin\varphi)$ 微分二次,再令 $\varphi\to0$]

*26. 证明 $\frac{z}{2}\cos z=1^2J_1(z)-3^2J_3(z)+5^2J_5(z)-+\cdots$

$\frac{z}{2}\sin z=2^2J_2(z)-4^2J_4(z)+6^2J_6(z)-+\cdots$

[提示:将 $\sin(x\cos\varphi)$ 和 $\cos(x\cos\varphi)$ 微分二次,再令 $\varphi\to0$]

141

*27. 证明 $\int_0^1 J_\nu^2(\lambda z)z\,dz=\frac{1}{2}J_{\nu+1}^2(\lambda)$，$\lambda$是$J_\nu(z)$的根，即$J_\nu(\lambda)=0$

[提示：将贝塞尔方程乘$2J_\nu'$，成为 $[z^2(J_\nu')^2]'+(z^2-\nu^2)(J_\nu^2)'=0$，再从$0\to\lambda$积分，并利用公式 $J_\nu'=\frac{\nu}{z}J_\nu-J_{\nu+1}$]

*28. 证明 $(4\nu+2)\int^z z^{2\nu+1}J_\nu^2(z)\,dz=z^{2\nu+2}[J_\nu^2+J_{\nu+1}^2]$

[提示：对右端微分，并利用公式

$$J_\nu'=\frac{\nu}{z}J_\nu-J_{\nu+1}\ ,\quad J_{\nu+1}'=J_\nu-\frac{\nu+1}{z}J_{\nu+1}\ ]$$

29. 证明 $\frac{1}{2}\int_0^z J_0(z)\,dz=J_1(z)+J_3(z)+J_5(z)+\cdots$

[提示：利用 $2J_\nu'=J_{\nu-1}-J_{\nu+1}$，令$\nu=1,3,5,\cdots$]

30. 一根半径为a的细长圆柱体，初始温度为0，设$t>0$后，维持其表面温度为θ_0(常数)，求圆柱体内各处的温度$\theta(r,t)$

[提示：令 $\psi(r,t)=\theta(r,t)-\theta_0$，并引用下题结论]

[答：$\theta(r,t)=\theta_0\left[1-2\sum_{i=1}^{\infty}\frac{J_0(\lambda_i\frac{r}{a})}{\lambda_i J_1(\lambda_i)}e^{-K(\frac{\lambda_i}{a})^2t}\right]$，$\lambda_i$为$J_0(z)$的根]

31. 证明 $\int_0^1 z J_0(\lambda z)\,dz=J_1(\lambda)/\lambda$，$\int_0^1 z^{\nu+1}J_\nu(\lambda z)\,dz=J_{\nu+1}(\lambda)/\lambda$

[提示：利用 $J_1'=J_0-\frac{1}{z}J_1$，$J_{\nu+1}'=J_\nu-\frac{\nu+1}{z}J_{\nu+1}$]

32. 证明 $\int_0^\infty x^{\nu+1}J_\nu(bx)e^{-a^2x^2}\,dx=\frac{b^\nu}{(2a^2)^{\nu+1}}e^{-b^2/4a^2}$

[提示：利用$J_\nu(z)$的级数表达式，逐项积分，再合起来]

142

第三章习题

第四章

δ 函数和非齐次方程的格林函数解法

§21 δ函数

§22 富氏积分和富氏变换

§23 非齐次方程的格林函数解法

第四章 δ-函数和非齐次方程的格林函数解法

δ-函数的方法是随着现代量子力学的发展而发展起来的一种数学方法，广泛地应用于各种物理问题中。特别是当研究到某些不连续的物理量（点电荷，面电荷，冲力，各种突然变化，等等）时，δ-函数更是十分有力的工具，它使得本来是十分烦琐的数学推导大大简化，而物理意义反而清楚。格林函数的方法是解非齐次方程边值问题的一种有效方法，发展较早。应用δ函数可以给格林函数以新的解释，更深地揭发它的本质，同时使叙述大大简化。

§21 δ-函数

~~（本节中各个变量，一律了解为实数）~~

让我们从点电荷的问题开始。为了简单起见，姑且先研究一维的情况。设有总电量为 q 的电荷，分布在 x 轴上，线电荷密度 $\rho(x)$，则

$$\int \rho(x)\,dx = q$$

（这里和以后，凡不标明积分的上下限者，一律了解其上下限为 $\pm\infty$。又，本节中各个变量一律了解为实数。）

如果电荷分布在 x_0 附近一个很小的范围内，则就可以当作一个点电荷，其电荷密度具有下列性质：

$$\begin{cases} \rho(x)=0, & x\neq x_0 \\ \int \rho(x)\,dx = q \end{cases} \qquad (1)$$

当然，在 $x\to x_0$ 处，$\rho(x)\to\infty$。这是不难证得的。这样，我们就遇到一个奇特的量，它除了一点（x_0）以外，到处等于0，而在该点（x_0）附近的积分等于一个常量。为了标准化，引入一个δ-函数，如下：

$$\boxed{\begin{array}{ll} \delta(x-x_0)=0, & x\neq x_0 \\ \int \delta(x-x_0)\,dx = 1 & \end{array}} \qquad (2)$$

则上述处于 x_0 的点电荷的电荷密度可以表示成

$$\rho(x) = q\,\delta(x-x_0) \qquad (1')$$

注意，从微观的角度看，原子分子都是复杂的电荷系统，因此，在宏观上是电荷中性的物质中，仍旧具有复杂的电荷分布，因此，对于(1)式中的"$\rho(x)=0,\ x\neq x_0$"应作宏观的了解，亦即应该理解成：除了在 x_0 附近，在一个宏观小，微观大的范围内，$\rho(x)$ 的局部平均值为0。

143　　9

对于 $\delta(x-x_0)$ 亦应作同样的了解。例如，对于高斯型电荷分布：

$$\rho(x)=\sqrt{\frac{1}{\pi\alpha^2}}\,e^{-x^2/\alpha^2},\quad \alpha>0,$$

仅在 $[-\alpha,\alpha]$ 间，$\rho(x)$ 才显著地不等于 0，如图 31，同时

$$\int\rho(x)\,dx=\sqrt{\frac{1}{\pi\alpha^2}}\int_{-\infty}^{\infty}e^{-x^2/\alpha^2}dx=1$$

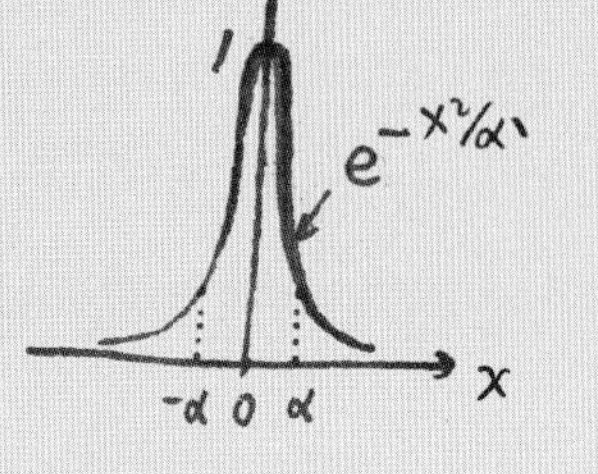

图 31

因此，当 $\alpha\to 0$ 时，$\rho(x)$ 就可以认为是 δ-函数：

$$\boxed{\lim_{\alpha\to 0}\sqrt{\frac{1}{\pi\alpha^2}}\,e^{-x^2/\alpha^2}=\delta(x)}\qquad(3)$$

如将 x 换成 $x-x_0$，就得到

$$\lim_{\alpha\to 0}\sqrt{\frac{1}{\pi\alpha^2}}\,e^{-(x-x_0)^2/\alpha^2}=\delta(x-x_0)\qquad(4)$$

又如函数 $\sin Kx/x$ $(K>0)$，随 x 作周期性变化，周期 $\frac{2\pi}{K}$，而振幅则随 x 之增大而减小。当 $K\to\infty$ 时，~~在任何一个不包括原点的间隔内~~，由于 $\sin Kx/x$ 迅速变更其符号，因此在任何一个不包括原点的间隔内，其局部平均值为 0，而积分

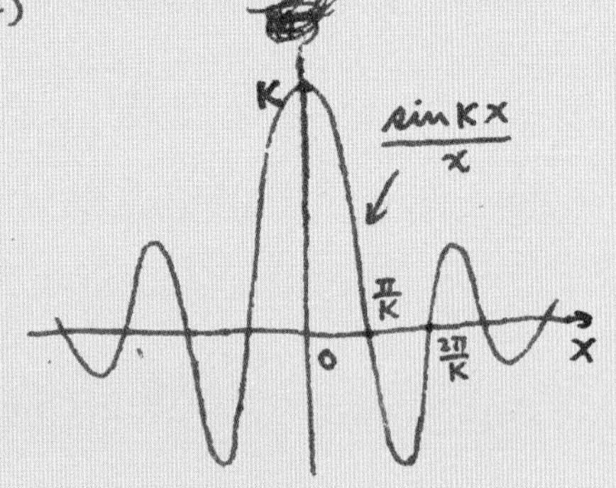

图 32

$$\int_{-\infty}^{\infty}\frac{\sin Kx}{x}dx=\int_{-\infty}^{\infty}\frac{\sin t}{t}dt=\pi\qquad(K>0)$$

由此可知，

$$\boxed{\lim_{K\to\infty}\frac{\sin Kx}{\pi x}=\delta(x)}\qquad(5)$$

一般说来，δ-函数作为一个不连续函数，可以了解为含有参数的某种连续函数当参数趋于某个极限值时的极端情况。

再来看第二个不连续量的例子。设有一个电压换向装置，在 $t=0$ 时，自动地将电压从 $-V_0$ 换成 $+V_0$，则电压随时间的变化是

$$V(t)=\begin{cases}-V_0, & t<0\\ +V_0, & t>0\end{cases}\qquad(6)$$

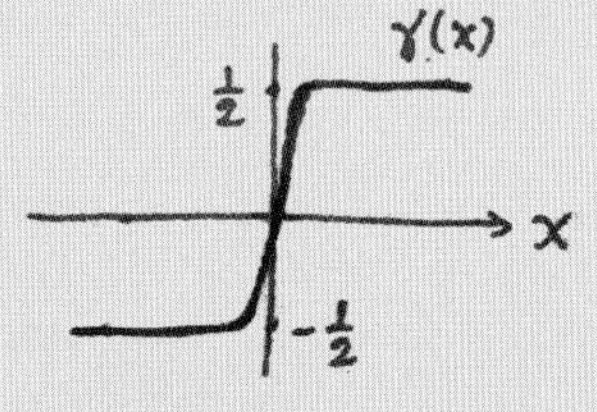

图 33

为了标准化，我们把上式写作 $V(t)=2V_0\gamma(t)$，其中

$$\boxed{\gamma(t)=\begin{cases}-\frac{1}{2}, & t<0\\ +\frac{1}{2}, & t>0\end{cases}}\qquad(7)$$

$$\theta(x)=\begin{cases}0 & x<0\\ 1 & x>0\end{cases},\qquad \theta(x)=\gamma(x)+\frac{1}{2}$$

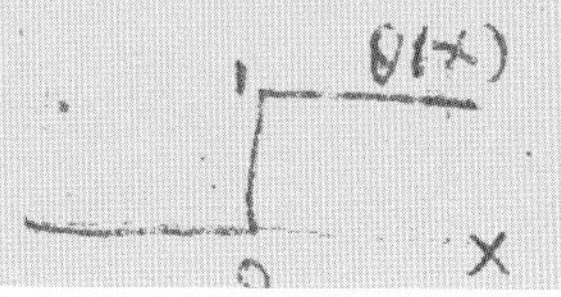

144

如图33所示，图中变数换成了x。$\gamma(x)$显然具有下列性质：

$$\begin{cases} \gamma'(x)=0, & x\neq 0 \\ \int \gamma'(x)\,dx = \gamma(\infty)-\gamma(-\infty)=1 \end{cases}$$

由此可知，

$$\boxed{\gamma'(x)=\delta(x)} \qquad (8)$$

许多具有突变的量都可以通过$\delta(x)$或$\gamma(x)$表示出来。例如，完全简併化的电子气体，其粒子数按能量的分佈如图34所示（其中E_0即化学势μ_0），亦即

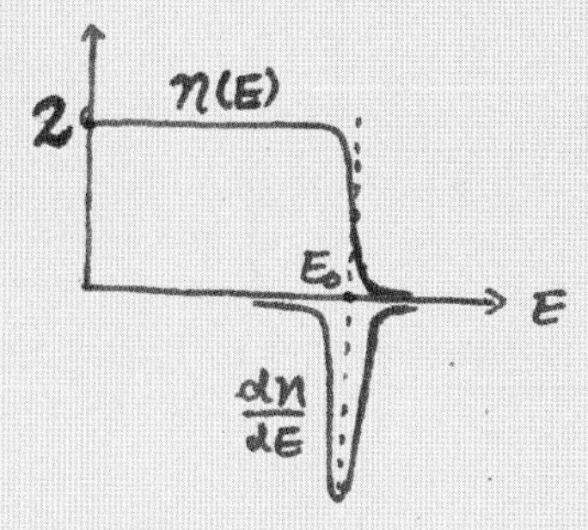

图34

$$n(E)=\begin{cases} 2, & E<E_0 \\ 0, & E>E_0 \end{cases} \qquad (9)$$

~~利用(7)式就可以~~

如将(9)式写成

$$1-n(E)=\begin{cases} -1, & E<E_0 \\ +1, & E>E_0 \end{cases}$$

则利用(7)式就得到$n(E)$的表达式：

$$n(E)=1-2\gamma(E-E_0) \qquad (9')$$

而

$$\frac{dn}{dE}=-2\gamma'(E-E_0)=-2\delta(E-E_0) \qquad (10)$$

亦即，粒子数$n(E)$在$E=E_0$处发生突变。

一般地，如函数$f(x)$在x_0处发生不连续的跃变，如图35所示，设$f_2(x_0)-f_1(x_0)=h$，则在x_0处，$f(x)$的微商可以表示为：$f(x)=f_1(x)(1-\theta(x-x_0))+f_2(x)\theta(x-x_0)$

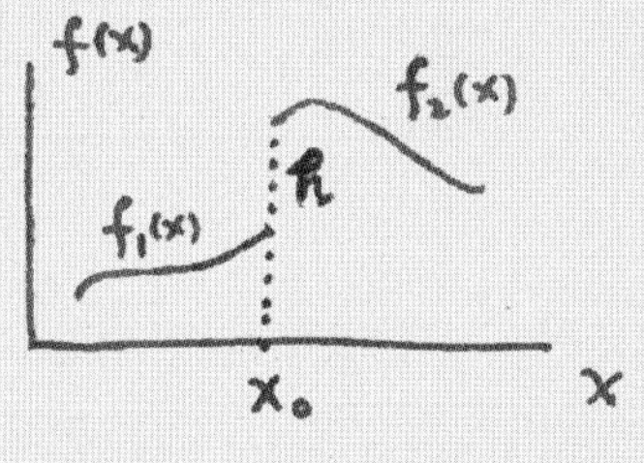

图35

$$f'(x_0)=h\,\delta(x-x_0) \qquad (11)$$

而一般地，

$$f'(x)=h\,\delta(x-x_0)+\begin{cases} f_1'(x), & x<x_0 \\ f_2'(x), & x>x_0 \end{cases} \qquad (12)$$

例如，对于函数$\ln x$，在$x\neq 0$处，$\frac{d}{dx}\ln x=\frac{1}{x}$，但在$x=0$处，$\ln x$发生突变：

$$\ln x=\begin{cases} \ln|x|, & x>0 \\ \ln|x|+i\pi, & x<0 \end{cases}$$

（这相当于$f_2(x)=\ln x$，$f_1(x)=\ln(-x)+i\pi$，$x_0=0$，$h=-i\pi$）

因此，

$$\frac{d}{dx}\ln x=\frac{1}{|x|}-i\pi\,\delta(x) \qquad (13)$$

145

再来看第三种不连续量的例子。设在 $x=-a$ 处有一个负电荷 $-q$，$x=+a$ 处有一个正电荷 $+q$，当 $a\to 0$，而 $aq\to$ 常数，则就成为一个偶极子，其偶极矩为 $p=2aq$。现在我们来研究这个偶极子的电荷密度 $\rho(x)$ 的表达式。根据点电荷的表达式(1')，易知，

$$\rho(x)=q\delta(x-a)-q\delta(x+a)=-q2a\left[\delta(x+a)-\delta(x-a)\right]/2a$$

但 $$\lim_{a\to 0}\frac{1}{2a}\left[f(x+a)-f(x-a)\right]=f'(x)$$

由此可知，位于原点的偶极子的电荷密度为

$$\rho(x)=-p\,\delta'(x) \tag{14}$$

其中 p 是偶极矩。如果偶极子处于 x_0 处，则电荷密度当然就是

$$\boxed{\rho(x)=-p\,\delta'(x-x_0)} \tag{14'}$$

函数 $\delta'(x)$ 的图像如图36所示。

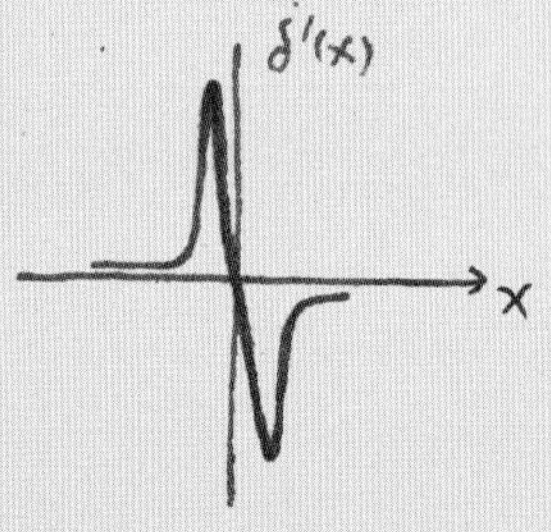

图36

注意，和 $\delta(x)$ 一样，$\delta'(x)$ 亦仅在 $x=0$ 处才不等于0

但 $$\int_{-\infty}^{\infty}\delta'(x)\,dx=\delta(x)\Big|_{-\infty}^{\infty}=0$$ ~~(15)~~

在实际应用中除了(3)和(5)式外，常取 δ-函数的积分表达式，如下。

如所周知，$\int_0^\infty \frac{\sin t}{t}dt=\frac{\pi}{2}$，则对于 $x>0$ 和 $x<0$，分别有：

$$\int_0^\infty \frac{\sin Kx}{K}dK=\int_0^\infty\frac{\sin t}{t}dt=\frac{\pi}{2},\quad x>0,\ (t=xK)$$

$$\int_0^\infty \frac{\sin Kx}{K}dK=\int_0^{-\infty}\frac{\sin t}{t}dt=-\frac{\pi}{2},\quad x<0\ \ (t=xK)$$

由此得到 $\gamma(x)$ 的积分表达式：

$$\boxed{\gamma(x)=\frac{1}{\pi}\int_0^\infty\frac{\sin Kx}{K}dK} \tag{15}$$

对 x 微分，即得

$$\delta(x)=\frac{1}{\pi}\int_0^\infty\cos Kx\,dK \tag{16}$$

再微分，得到

$$\delta'(x)=-\frac{1}{\pi}\int_0^\infty K\sin Kx\,dK \tag{17}$$

$\cos Kx$ 为 K 的偶函数，因此(16)式也可写成

$$\delta(x)=\frac{1}{2\pi}\int_{-\infty}^{\infty}\cos Kx\,dK \tag{16'}$$

146

$\sin Kx$ 为 K 的奇函数，因此 $\int_{-\infty}^{\infty}\sin Kx\,dK=0$，乘 i，加到（16′）中，就得到

$$\boxed{\delta(x)=\frac{1}{2\pi}\int_{-\infty}^{\infty}e^{iKx}dK} \qquad (18)$$

对 x 微分，得到

$$\boxed{\delta'(x)=\frac{i}{2\pi}\int_{-\infty}^{\infty}Ke^{iKx}dK} \qquad (19)$$

(18)式中 x 换成 $x-x'$，成为

$$\boxed{\delta(x-x')=\frac{1}{2\pi}\int_{-\infty}^{\infty}e^{iK(x-x')}dK} \qquad (20)$$

(18)和(19)式是经常用到的，必须牢记。它们的意义下节再来说明。

由 δ 函数的具体表达式或图 3 可见，δ 函数是偶函数，即：

$$\boxed{\delta(x)=\delta(-x), \qquad \delta(x-x')=\delta(x'-x)} \qquad (21)$$

求导数，就有

$$\frac{d}{dx}\delta(x-x')=-\frac{d}{dx'}\delta(x-x')=\delta'(x-x') \qquad (22)$$

这里“′”表示对整个宗量微分，即 $\delta'(x-x')=\frac{d}{d(x-x')}\delta(x-x')$

另外，对于任意函数 $f(x)$，如果在 x' 处解析，则

$$\boxed{f(x)\,\delta(x-x')=f(x')\,\delta(x-x')} \qquad (23)$$

因为 $x\neq x'$ 处，$\delta(x-x')=0$，而 $x=x'$ 处，$f(x)=f(x')$。(23)式的一个重要的特例是：

$$\boxed{x\,\delta(x)=0} \qquad (24)$$

(23)式对 x 积分，就得到：

$$\boxed{\int f(x)\,\delta(x-x')\,dx=f(x')} \qquad (25)$$

这公式适用于任何 $f(x)$，只要它在 x' 处是有限的而且是连续的。特别是，当 $x'=0$ 时，

$$\int f(x)\,\delta(x)\,dx=f(0) \qquad (26)$$

又，$\delta(ax)$ 显然具有下列性质：

$$\begin{cases}\delta(ax)=0, & x\neq 0\\ \int_{-\infty}^{\infty}\delta(ax)\,dx=\frac{1}{a}\int_{-\infty}^{\infty}\delta(t)\,dt=\frac{1}{a} & a>0 \quad (t=ax)\end{cases}$$

因此，只要和(2)式比较一下，就知道，

$$\boxed{\delta(ax)=\frac{1}{|a|}\delta(x),} \qquad (27)$$

[当 $a<0$，则

$$\delta(ax)=\delta(|a|x)=\frac{1}{|a|}\delta(x)$$

这里利用了 δ 函数的偶函数性质。]

又，$\delta(x^2-a^2)$ 显然具有下列性质：

147

$$\begin{cases} x \neq \pm a \text{ 处}, & \delta(x^2-a^2)=0 \\ x \to a \text{ 处}, & \delta(x^2-a^2) \Rightarrow \delta((x+a)(x-a)) \to \delta(2a(x-a)) = \dfrac{\delta(x-a)}{|2a|} \\ x \to -a \text{ 处}, & \delta(x^2-a^2) \Rightarrow \delta(-2a(x+a)) = \dfrac{\delta(x+a)}{|2a|} \end{cases}$$

对于任何 x，$\delta(x+a)$ 和 $\delta(x-a)$ 總有一个等于 0，由此可知，

$$\boxed{\delta(x^2-a^2) = \frac{1}{|2a|}\left[\delta(x+a)+\delta(x-a)\right]} \qquad (28)$$

或者

$$\boxed{\delta(x^2-a^2) = \frac{1}{|2x|}\left[\delta(x+a)+\delta(x-a)\right]} \qquad (29)$$

[illegible]

一般地，可以证明

$$\delta(f(x)) = \sum_i \frac{\delta(x-x_i)}{|f'(x)|} = \sum_i \frac{\delta(x-x_i)}{|f'(x_i)|} \qquad (30)$$

這里 x_i 是 $f(x)$ 的单根（一阶 0 点），而且 $f(x)$ 只有单根。（证明从略）

又，$\delta'(x)$ 具有下列性质：

$$\int f(x)\,\delta'(x-x_0)\,dx = f(x)\,\delta(x-x_0)\Big|_{-\infty}^{\infty} - \int \delta(x-x_0)\,f'(x)\,dx$$

第一项為 0，第二项為 $f'(x_0)$，因此，

$$\boxed{\int f(x)\,\delta'(x-x_0)\,dx = -f'(x_0)} \qquad (31)$$

仿此，易证

~~$\int f(x) \frac{d^n}{dx^n}\delta'(x-x_0)\,dx = (-1)^n$~~

$$\int f(x)\,\delta^{(n)}(x-x_0)\,dx = (-1)^n f^{(n)}(x_0) \qquad (32)$$

這里 $f^{(n)}$ 表示 f 的 n 阶微商，$\delta^{(n)}$ 也一样。

又，$x\delta'(x)$ 顯然具有下列性质：

$$\begin{cases} x\,\delta'(x) = 0, & x \neq 0 \\ \int x\,\delta'(x)\,dx = x\,\delta(x)\Big|_{-\infty}^{\infty} - \int \delta(x)\,dx = -1 \end{cases}$$

可见，

$$\boxed{x\,\delta'(x) = -\delta(x)} \qquad (33)$$

上述公式，特别是用线框起来的，都是常用的，应该通过多做练习题来以至记得這些公式（但不要死记硬背，這样不会有效果的）。

让我们回到点电荷的问题。实际的电荷分佈都是三维的。令

$$\vec{r}_0 = (x_0, y_0, z_0), \quad \vec{r} = (x, y, z), \quad \vec{r}' = (x', y', z')$$

148

则对于 $\vec{r}_0$ 处的点电荷 q，其电荷密度 $\rho(\vec{r})=\rho(x,y,z)$ 具有下列性质：

$$\begin{cases}\rho(\vec{r})=0, & \vec{r}\neq\vec{r}_0,\\ \int\rho(\vec{r})\,d\vec{r}=\iiint\rho(xyz)\,dx\,dy\,dz=q\end{cases}$$

[这里用了简化的符号：$\int\cdots d\vec{r}=\iiint\cdots dx\,dy\,dz=\iiint\cdots dV$]

根据上述 δ 函数的性质(2)式，可知 $\vec{r}_0$ 处点电荷的电荷密度为

$$\rho(\vec{r})=q\,\delta(\vec{r}-\vec{r}_0) \tag{34}$$

这里

$$\delta(\vec{r}-\vec{r}_0)=\delta(x-x_0)\,\delta(y-y_0)\,\delta(z-z_0) \tag{35}$$

是三维的 δ-函数，它显然具有下列性质：

$$\begin{cases}\delta(\vec{r}-\vec{r}_0)=0, & \vec{r}\neq\vec{r}_0\\ \int\delta(\vec{r}-\vec{r}_0)\,d\vec{r}=1\end{cases} \tag{36}$$

$$\delta(\vec{r}-\vec{r}')=\delta(\vec{r}'-\vec{r}) \tag{37}$$

$$f(\vec{r})\,\delta(\vec{r}-\vec{r}')=f(\vec{r}')\,\delta(\vec{r}-\vec{r}') \tag{38}$$

$$\vec{r}\,\delta(\vec{r})=0 \tag{39}$$

$$\int f(\vec{r})\,\delta(\vec{r}-\vec{r}')\,d\vec{r}=f(\vec{r}') \tag{40}$$

$$\int f(\vec{r})\,\delta(\vec{r})=f(0) \tag{41}$$

~~$\delta\left(\frac{\vec{r}}{a}\right)=\frac{\delta(\vec{r})}{|a|^3}$，$\delta\left(\frac{\vec{r}-\vec{r}'}{a}\right)=\frac{\delta(\vec{r}-\vec{r}')}{|a|^3}$ (42)~~

$$\delta(a\vec{r})=\frac{\delta(\vec{r})}{|a|^3},\quad \delta(a(\vec{r}-\vec{r}'))=\frac{\delta(\vec{r}-\vec{r}')}{|a|^3} \tag{42}$$

这里 $f(\vec{r})=f(x,y,z)$，$f(0)=f(0,0,0)$

根据定义(35)和表达式(18)，可以得到 $\delta(\vec{r})$ 的表达式：

$$\delta(\vec{r})=\left(\frac{1}{2\pi}\right)^3\int_{-\infty}^{\infty}e^{ik_1x}dk_1\int_{-\infty}^{\infty}e^{ik_2y}dk_2\int_{-\infty}^{\infty}e^{ik_3z}dk_3$$

若引入简化的写法：$\vec{K}=(k_1,k_2,k_3)$，$d\vec{K}=dk_1\,dk_2\,dk_3$，则上式可以写成

$$\delta(\vec{r})=\frac{1}{(2\pi)^3}\int e^{i\vec{K}\cdot\vec{r}}\,d\vec{K} \tag{43}$$

这里 $\int\cdots d\vec{K}$ 表示 $\iiint_{-\infty}^{\infty}\cdots dk_1\,dk_2\,dk_3$

对于 $\delta(\vec{r}-\vec{r}')=\delta(x-x')\,\delta(y-y')\,\delta(z-z')$，当然有下列表达式：

149

$$\delta(\vec{r}-\vec{r}\,') = \left(\frac{1}{2\pi}\right)^3 \int e^{i\vec{k}\cdot(\vec{r}-\vec{r}\,')}\, d\vec{k} \qquad (44)$$

亦即

$$\delta(\vec{r}-\vec{r}\,') = \left(\frac{1}{2\pi}\right)^3 \int e^{i\vec{k}\cdot\vec{r}}\, e^{-i\vec{k}\cdot\vec{r}\,'}\, d\vec{k} \qquad (45)$$

由于指数函数相乘时指数相加这个特性，易知n重的δ函数具有下列表达式：

$$\delta(x_1)\,\delta(x_2)\cdots\delta(x_n) = \left(\frac{1}{2\pi}\right)^n \int\cdots\int e^{i(k_1x_1+\cdots+k_nx_n)}\, dk_1\, dk_2\cdots dk_n \qquad (46)$$

但实际上用得最多的还是一维和三维的δ-函数。

实际问题中常用球坐标(r,θ,φ)，$r=\sqrt{x^2+y^2+z^2}$，这时$\delta(\vec{r})$有一些特殊的性质，它对于非齐次方程的求解很有关系的。

我们知道，空间电荷分布$\rho(x,y,z)$所产生的电势$V(x,y,z)$满足位势方程：

$$\nabla^2 V = -4\pi\rho$$

对于原点的单位点电荷，$\rho=\delta(\vec{r})$，$V=\frac{1}{r}$，代入上式，就得到：

$$\nabla^2 \frac{1}{r} = -4\pi\delta(\vec{r}) \qquad (47)$$

注意，对于任何r的函数$f(r)$，

$$\nabla^2 f(r) = \frac{1}{r}\frac{d^2}{dr^2}\, r f(r) \qquad (48)$$

则$\nabla^2\frac{1}{r}=0$，这似乎和(47)式矛盾，其实并不矛盾，因为(48)式只当$r\neq 0$才成立。$r=0$是$\frac{1}{r}$的奇点，(47)式表明其二阶微商是发散的，这并不足为奇。

将(47)式推广一步。对于球面波波函数e^{ikr}/r，根据(48)式，显然有：

$$\nabla^2 \frac{e^{ikr}}{r} = \frac{1}{r}\frac{d^2}{dr^2} e^{ikr} = -k^2 \frac{e^{ikr}}{r}$$

亦即e^{ikr}/r满足亥姆霍兹方程：

$$(\nabla^2+k^2)\frac{e^{ikr}}{r} = 0 \qquad (49)$$

但这是对于$r\neq 0$而言的。当$r\to 0$时，$e^{ikr}\to 1$，这时根据(47)式就有

$$\nabla^2 \frac{e^{ikr}}{r} \to -4\pi\delta(\vec{r}),\quad r\to 0.$$

和(49)式合起来，就有：

$$(\nabla^2+k^2)\frac{e^{ikr}}{r} = -4\pi\delta(\vec{r}) \qquad (50)$$

完全类似地，可证

$$(\nabla^2+k^2)\frac{e^{-ikr}}{r} = -4\pi\delta(\vec{r}) \qquad (51)$$

$$(\nabla^2-a^2)\frac{e^{-ar}}{r} = -4\pi\delta(\vec{r}) \qquad (52)$$

150

如果在(50)式中乘上时间因子 $e^{-i\omega t}$, $\omega = ck$, 并注意到 $-\frac{1}{c^2}\frac{\partial^2}{\partial t^2}e^{-i\omega t} = k^2 e^{-i\omega t}$,

则(50)式可以写成:

$$\left(\nabla^2 - \frac{1}{c^2}\frac{\partial^2}{\partial t^2}\right)\frac{e^{i(kr-\omega t)}}{r} = -4\pi\,\delta(\vec{r})\,e^{-i\omega t} \qquad (53)$$

$\frac{1}{r}e^{i(kr-\omega t)}$ 是发散球面波波函数的复数表示式[真实的波是 $\frac{\cos(kr-\omega t)}{r}$],而 $\delta(\vec{r})e^{-i\omega t}$ 是随时间作周期性变化的点电荷的电荷密度的复数表示式[真实的电荷密度是 $\delta(\vec{r})\cos\omega t$],因此,(53)式表明,一个电易随时间作周期性变化的电荷,向四周辐射球面波。而(47)式的意义是不随时间变化的点电荷产生静电场。

位于 $\vec{r}'$ 的单位点电荷产生的电势为 $\frac{1}{R}$(图37),这时代替(47)式的是:

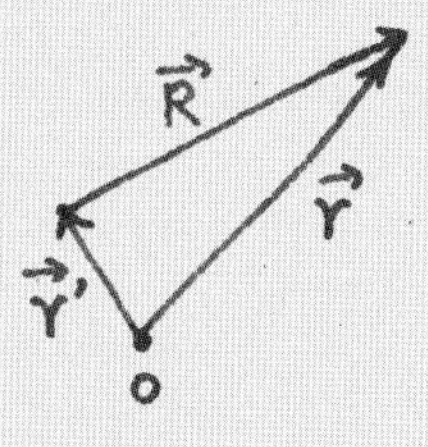

图37

$$\boxed{\nabla^2\frac{1}{R} = -4\pi\,\delta(\vec{R})} \qquad (47')$$

这里 $\quad \vec{R} = \vec{r} - \vec{r}'$, $\quad R = |\vec{R}|$

完全类似地,(50),(51)和(52)式由下列公式代替:

$$(\nabla^2 + k^2)\frac{e^{ikR}}{R} = -4\pi\,\delta(\vec{R}) \qquad (50')$$

$$(\nabla^2 + k^2)\frac{e^{-ikR}}{R} = -4\pi\,\delta(\vec{R}) \qquad (51')$$

$$(\nabla^2 - a^2)\frac{e^{-aR}}{R} = -4\pi\,\delta(\vec{R}) \qquad (52')$$

球坐标中径向变数 r 的变化范围是 $(0,\infty)$,如果引入径向 δ 函数 $\delta(r)$,则考虑到 δ-函数的偶函数性质,就有:

$$\begin{cases} \dfrac{\delta(r)}{r^2} = 0, & r \neq 0 \\ \displaystyle\int \frac{\delta(r)}{r^2}\,d\vec{r} = 4\pi\int_0^\infty \frac{\delta(r)}{r^2}r^2\,dr = 4\pi\cdot\frac{1}{2} = 2\pi \end{cases}$$

和(36)式比较,可知

$$\boxed{\delta(\vec{r}) = \frac{\delta(r)}{2\pi r^2}} \qquad (53)$$

[注意 $r\neq 0$ 处, $\delta(\vec{r})=0$, $\delta(r)=0$] 利用(53)式,可以将(47),(47')写成

$$\nabla^2\frac{1}{r} = -\frac{2\,\delta(r)}{r^2}, \qquad \nabla^2\frac{1}{R} = -\frac{2\,\delta(R)}{R^2}$$

等等,这样写有时候是比较方便的。又,在写出(53)时,考虑到了下列公式:

151

~~这里考虑到了下列公式：~~

$$\int \cdots d\vec{r} = \int_0^\infty dr\cdot r^2 \int_0^\pi \sin\theta\, d\theta \int_0^{2\pi} \cdots d\varphi$$

$$\int f(r)\, d\vec{r} = \int_0^\infty f(r)\, r^2 dr \int_0^\pi \sin\theta\, d\theta \int_0^{2\pi} d\varphi = 4\pi \int_0^\infty f(r)\, r^2 dr$$

注意，即使对于和 θ,φ 有关的函数 $f(\vec{r})=f(r,\theta,\varphi)$，仍有下列公式：

$$\int_0^\infty f(\vec{r})\,\delta(r)\,dr = \frac{1}{2} f(0) \tag{54}$$

因此，

$$\int f(\vec{r})\,\delta(\vec{r})\,d\vec{r} = \int f(\vec{r})\frac{\delta(r)}{2\pi r^2}\,d\vec{r} = \int_0^\pi \sin\theta\, d\theta \int_0^{2\pi} d\varphi \int_0^\infty f(\vec{r})\,\delta(r)\frac{dr}{2\pi}$$

$$= \int_0^\pi \sin\theta\, d\theta \int_0^{2\pi} d\varphi\, f(0)/4\pi = f(0)$$

这和(40)式是完全一致的。

练习：

1. 设电压于 $t=0$ 时接通，如右图，试写出 $V(t)$ 的表达式。

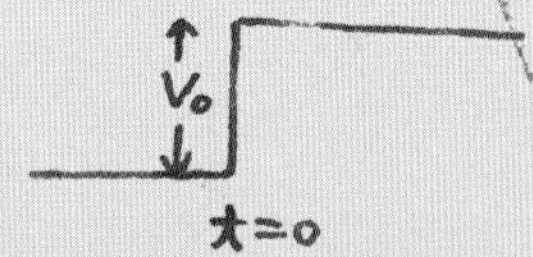

2. 写出右列矩形脉冲的表达式。
（答：$V(t)=V_0[\gamma(t)-\gamma(t-t_1)]$ ）

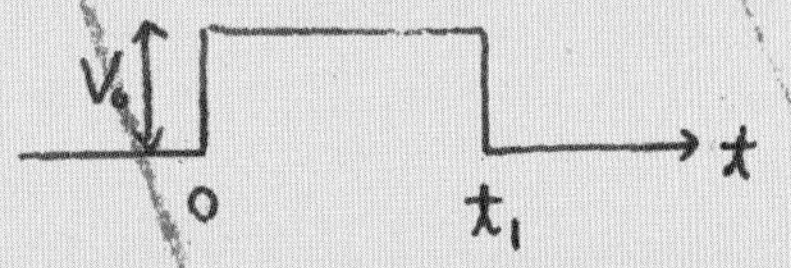

3. 自己找一种不连续信号，用 $\gamma(x)$ 或 $\delta(x)$ 表示出来。

4. 验明(37)和(42)式。

5. 研究一下(39)式的具体含义（交代表三个式子）

6. 在右图所示的平面上均匀分布着电荷，每单位面积上的电荷（面电荷密度）为 σ，试写出其体电荷密度的表达式。〔答：$\rho(\vec{r})=\sigma\,\delta(x)$ 〕

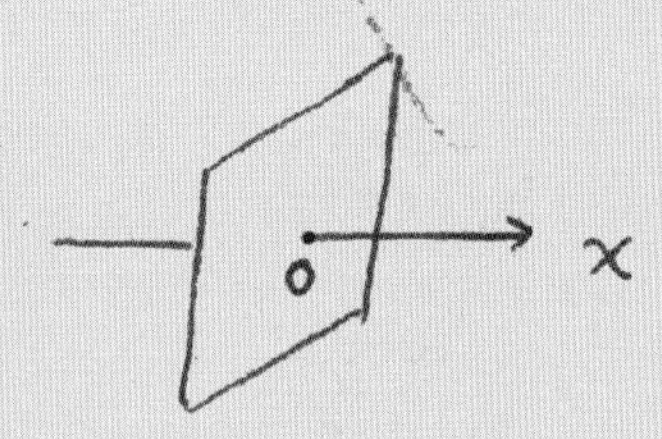

152

§22 富氏积分和富氏变换

利用δ-函数,可以极其简捷地导出富氏积分公式(从而显示出δ函数这个数学工具的优点)。根据上节所叙述的δ-函数的性质,对于任意函数$f(x)$,有

$$f(x') = \int_{-\infty}^{\infty} f(x)\,\delta(x-x')\,dx \qquad (1)$$

将x换成x',x'换成x,就有

$$f(x) = \int_{-\infty}^{\infty} f(x')\,\delta(x'-x)\,dx' \qquad (2)$$

将上节(16)中x换成$x'-x$,得到$\delta(x'-x)$的表达式

$$\delta(x'-x) = \frac{1}{\pi}\int_{0}^{\infty} \cos K(x'-x)\,dK \qquad (3)$$

代入(2)式,就得到:

$$\boxed{f(x) = \frac{1}{\pi}\int_{0}^{\infty} dK \int_{-\infty}^{\infty} f(x')\cos K(x'-x)\,dx'} \qquad (4)$$

这就是著名的富氏积分公式。积分变数x'有时也写作t。

又,如将上节(5)式中x换成$x'-x$,得到

$$\delta(x'-x) = \lim_{K\to\infty} \frac{\sin K(x'-x)}{\pi(x'-x)} \qquad (5)$$

代入(2)式,就得到有名的狄利赫利积分:

$$f(x) = \frac{1}{\pi}\lim_{K\to\infty}\int f(x')\,\frac{\sin K(x'-x)}{x'-x}\,dx' \qquad (6)$$

(6)式中积分的上下限不一定是$-\infty$—∞,只要经过x点就行。

将上节(20)式代入这里的(2)式,得到

$$f(x) = \frac{1}{2\pi}\int_{-\infty}^{\infty}\int_{-\infty}^{\infty} f(x')\,e^{iK(x-x')}\,dx'\,dK \qquad (7)$$

这是富氏积分公式的复数形式。常将它写成较对称的形式:

$$\boxed{\begin{aligned} f(x) &= \sqrt{\frac{1}{2\pi}}\int_{-\infty}^{\infty} \varphi(K)\,e^{iKx}\,dK \\ \varphi(K) &= \sqrt{\frac{1}{2\pi}}\int_{-\infty}^{\infty} f(x)\,e^{-iKx}\,dx \end{aligned}} \qquad (8)$$

这称为富氏变换公式。

对于时间t的函数$f(t)$,(8)式变成

$$\boxed{\begin{aligned} f(t) &= \sqrt{\frac{1}{2\pi}}\int_{-\infty}^{\infty} \varphi(\omega)\,e^{i\omega t}\,d\omega \\ \varphi(\omega) &= \sqrt{\frac{1}{2\pi}}\int_{-\infty}^{\infty} f(t)\,e^{-i\omega t}\,dt \end{aligned}} \qquad (9)$$

其物理意义为，将 $f(t)$ 分解成各种频率的振动的迭加。[$e^{i\omega t}$ 是频率为 ω 的振动的复数表示法]，$\varphi(\omega)$ 是角频率为 ω 的那种振动的振幅。

对于三维函数 $f(\vec{r})=f(x,y,z)$，由上节 (4)，(4) 式，有：

$$f(\vec{r})=\left(\frac{1}{2\pi}\right)^3\iint f(\vec{r}')\,e^{i\vec{k}\cdot(\vec{r}-\vec{r}')}\,d\vec{r}'\,d\vec{k} \qquad (10)$$

写成对称的富氏变换公式，就是：

$$\boxed{\begin{aligned} f(\vec{r})&=\left(\frac{1}{2\pi}\right)^{3/2}\int\varphi(\vec{k})\,e^{i\vec{k}\cdot\vec{r}}\,d\vec{k}\\ \varphi(\vec{k})&=\left(\frac{1}{2\pi}\right)^{3/2}\int f(\vec{r})\,e^{-i\vec{k}\cdot\vec{r}}\,d\vec{r}\end{aligned}} \qquad (11)$$

其物理意义将在量子力学中说明（将任何一种波按不同的波长分解）。(11) 式的积分应了解为三重积分，上下限均为 $\pm\infty$。

δ 函数本身的表达式

$$\delta(t)=\frac{1}{2\pi}\int_{-\infty}^{\infty}e^{i\omega t}\,d\omega \qquad (12)$$

可以当作富氏变换的例子。把它和 (9) 式比较，相应的 $\varphi(\omega)=\frac{1}{\sqrt{2\pi}}$，为常数，这表示在 $\delta(t)$ 的频谱中，各种频率具有相同的成分。注意到 $\delta(t)$ 代表一个在时间上十分短促的过程（$t=0$ 时的脉冲），就可以了解，脉冲的寿命愈短，它的频谱就愈宽（寿命 $\to 0$ 时，频谱宽度 $\to\infty$）。

练习：

~~1. 如果 f(t) 仅在区间 (0,∞) 上定义，试证明富氏积分公式应改成~~

1. 对于 $f(t)=\cos\omega_0 t$，试根据 (9) 式求出相应的 $\varphi(\omega)$，从而说明其中只包含一种频率 $\omega=\omega_0$。

2. 如果 $f(t)$ 仅在 $(0,\infty)$ 间定义，而且是实函数，试证明 (9) 式变成

$$\begin{cases} f(t)=\sqrt{\frac{2}{\pi}}\int_0^\infty\varphi(\omega)\cos\omega t\,d\omega\\ \varphi(\omega)=\sqrt{\frac{2}{\pi}}\int_0^\infty f(t)\cos\omega t\,dt\end{cases}$$

并说明这公式的物理意义。

154

§23 非齐次方程的格林函数解法

在第二章中(§9)曾讲过各种非齐次方程：

静电场的泊松方程 $\nabla^2 V=-4\pi\rho(xyz)$ (1)

弦的受迫振动方程 $\left(\frac{\partial^2}{\partial x^2}-\frac{1}{c^2}\frac{\partial^2}{\partial t^2}\right)y=-\frac{1}{c^2}F(x,t)$ (2)

电磁场的达朗贝尔方程 $\left(\nabla^2-\frac{1}{c^2}\frac{\partial^2}{\partial t^2}\right)\varphi=-4\pi\rho(xyzt)$ (3)

热传导方程 $\left(\nabla^2-\frac{1}{K}\frac{\partial}{\partial t}\right)\theta=-\frac{1}{K}Q(xyzt)$ (4)

这些方程具有共同的型式：

$$\boxed{L(x)\,\psi(x)=-\rho(x)} \qquad (5)$$

(为了书写方便，我们用一个变数 x 来代表所有各个变数，下面的 x' 也一样) 其中 ψ 是某种物质运动，或者说"场"(静电场，电磁场，温度场，等等)，ρ 是产生场的源(电荷，外力，热源，等等)，L 是某种微分运算符，它反映源产生场的规律。

设(5)式的一个特解是 $\psi_1(x)$，则一般解是 $\psi=\psi_1+\psi_0$，ψ_0 是齐次方程 $L\psi_0=0$ 的解。如何求 ψ_0，前二章已经研究过了，现在的问题是求特解 ψ_1。但我们将用本节所要叙述的格林函数方法直接求(5)式的满足一定物理条件(边界条件和初始条件)的解。(5)式的解形式上可以写成

$$\psi(x)=-\frac{\rho(x)}{L(x)}=-L^{-1}\rho(x) \qquad (6)$$

L^{-1} 表示 L 的逆运算，亦即是某种积分运算，因此可以设想

$$\boxed{\psi(x)=\int\rho(x')\cdot G(x,x')\,dx'} \qquad (7)$$

$G(x,x')$ 是积分运算符 $\int\cdots G(xx')\,dx'$ 的核，称为核函数或格林函数。(5)式的意义是，源产生场，而格林函数给出，时刻 t' 时，位于 $(x'y'z')$ 的源 (x' 代表 $x'y'z't'$ 四个变数！) 在时刻 t 的 (xyz) 处所产生的场 [即 $\rho(x')G(xx')$]，对所有各处(各个 $x'y'z'$)的源及其作用的所有时间(t')积分(即对 x' 积分)就得到整个的场 $\psi(x)$ [即 $\psi(xyzt)$]。

为了决定格林函数 $G(xx')$，可以将(5)式写成

$$L(x)\psi(x)=-\int\rho(x')\,\delta(x-x')\,dx' \qquad (5')$$

而将运算符 $L(x)$ 作用于(7)式 [注意 $L(x)$ 只对格林函数 $G(xx')$ 起作用]，得到

155

$$L(x)\psi(x)=\int\rho(x')\,L(x)\,G(xx')\,dx'$$

二者比较，即得

$$\boxed{L(x)\,G(xx')=-\delta(x-x')} \qquad (8)$$

这就是决定格林函数的方程式。它可以形式地写成

$$\boxed{G(xx')=-L^{-1}(x)\,\delta(x-x')} \qquad (9)$$

它的具体含义见下面(17)式。

在(1)式的情况下，$\psi(x)=V(xyz)$，$L(x)=\nabla^2$，$\delta(x-x')=\delta(\vec{r}-\vec{r}\,')$，~~$=\delta(\vec{R})$~~

(8)式变成：

$$\nabla^2 G(xx')=-\delta(\vec{r}-\vec{r}\,')=-\delta(\vec{R}),\quad \vec{R}=\vec{r}-\vec{r}\,'$$

根据§21(47′)式立刻可以写出其解答：

$$G(xx')=\frac{1}{4\pi R} \qquad (10)$$

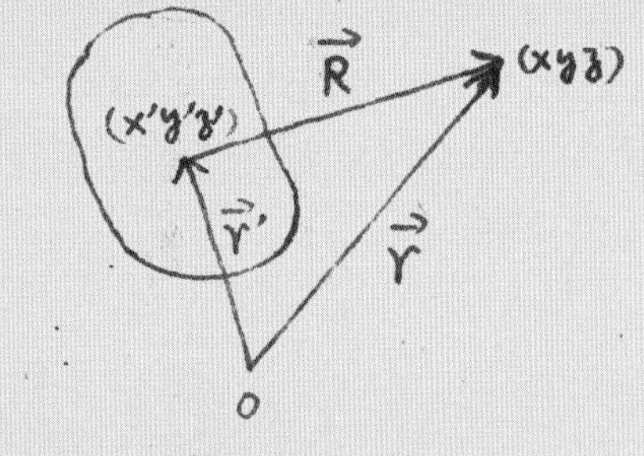

图38

代入(7)式，就得到(6)式方程的解【注意 $\rho(x)=4\pi\rho(xyz)$】

$$\boxed{V(xyz)=\psi(x)=\iiint\frac{\rho(x'y'z')}{R}\,dx'dy'dz'} \qquad (11)$$

这是众所周知的结果，不必再加以任何说明。

一般说来，由(8)式所确定的$G(xx')$不是唯一的，因为，将任何由齐次方程

$$\boxed{L(x)\,G_0(xx')=0} \qquad (12)$$

确定的$G_0(xx')$，加到$G(xx')$中，仍然满足(8)式，因此，格林函数的一般形式是

$$\boxed{G=G_0+G_1} \qquad (13)$$

G_1是(8)式的一个特解，即 ~~满足~~

$$\boxed{L(x)\,G_1(xx')=-\delta(x-x')} \qquad (14)$$

考虑到$L(x)$的实际形式［见(1)—(4)式］是

$$L(x)=a_1\frac{\partial}{\partial x}+a_2\frac{\partial^2}{\partial x^2}+\cdots \qquad (15)$$

则利用δ-函数的富氏展开式（§21(20)式）

$$\delta(x-x')=\frac{1}{2\pi}\int_{-\infty}^{\infty}e^{iK(x-x')}\,dK \qquad (16)$$

就有：

$$L(x)\,\delta(x-x')=\frac{1}{2\pi}\int_{-\infty}^{\infty}\left[iKa_1+(iK)^2a_2+\cdots\right]e^{iK(x-x')}\,dK$$

$$L^{-1}(x)\,\delta(x-x')=\frac{1}{2\pi}\int_{-\infty}^{\infty}\frac{e^{iK(x-x')}\,dK}{iKa_1+(iK)^2a_2+\cdots} \qquad (17)$$

156

计算(17)式，一般可以用复变函数中的回路积分方法。注意当 x 代表几个变数时，(17)式中的积分是多重积分。将(17)式代入(9)，就得到 $G_1(x\,x')$。注意 $x=x'$ 是 G_1 的奇点。在 $x\neq x'$ 处，则 G_1 和 G_0 一样，满足齐次方程 $L(x)\,G_0(x\,x')=L(x)\,G_1(x\,x')=0$，$(x\neq x')$

~~注意(14)式告诉我们，在 $x\neq x'$ 处，$G_1(x\,x')=0$，$x=x'$ 是 G_1 的 [illegible]~~。

让我们仍以泊桑方程(1)式为例，来说明格林函数的计算方法。在现在的情况下，

$$L(x)=\nabla^2=\frac{\partial^2}{\partial x^2}+\frac{\partial^2}{\partial y^2}+\frac{\partial^2}{\partial z^2}$$

$$\delta(x-x')=\delta(x-x')\,\delta(y-y')\,\delta(z-z')=\delta(\vec{r}-\vec{r}\,')=\delta(\vec{R})$$

由§21 (44)式，

$$\delta(\vec{R})=\left(\frac{1}{2\pi}\right)^3\int e^{i\vec{K}\cdot\vec{R}}\,d\vec{K}$$

$$=\left(\frac{1}{2\pi}\right)^3\iiint_{-\infty}^{\infty}dK_1\,dK_2\,dK_3\,e^{i[K_1(x-x')+K_2(y-y')+K_3(z-z')]} \qquad (18)$$

则

$$\nabla^2\delta(\vec{R})=\left(\frac{1}{2\pi}\right)^3\iiint_{-\infty}^{\infty}dK_1\,dK_2\,dK_3\left[(iK_1)^2+(iK_2)^2+(iK_3)^2\right]e^{i[\quad]}$$

$$=\left(\frac{1}{2\pi}\right)^3\int(-K^2)\,e^{i\vec{K}\cdot\vec{R}}\,d\vec{K} \qquad (19)$$

$$G_1=-(\nabla^2)^{-1}\delta(\vec{R})=+\left(\frac{1}{2\pi}\right)^3\int\frac{e^{i\vec{K}\cdot\vec{R}}}{K^2}\,d\vec{K}$$

引入 $\vec{K}$ 空间球坐标 (K,θ,φ)，并以 $\vec{R}$ 为第三轴（对 $\vec{K}$ 积分时 $\vec{R}$ 为常数），则

$$\int\cdots d\vec{K}=\int_0^\infty K^2dK\int_0^\pi\sin\theta\,d\theta\int_0^{2\pi}\cdots\,d\varphi\,, \qquad \vec{K}\cdot\vec{R}=KR\cos\theta\,,$$

$$G_1=\left(\frac{1}{2\pi}\right)^3\int_0^\infty dK\int_0^\pi e^{iRK\cos\theta}\sin\theta\,d\theta\int_0^{2\pi}d\varphi$$

$$=\frac{1}{4\pi^2}\int_0^\infty dK\int_{-1}^{1}e^{iKR\mu}\,d\mu$$

$$=\frac{1}{4\pi^2}\int_0^\infty dK\,\frac{1}{iKR}\left[e^{iKR}-e^{-iKR}\right]=\frac{1}{2\pi^2}\int_0^\infty\frac{\sin KR}{KR}\,dK$$

$$=\frac{1}{2\pi^2R}\int_0^\infty\frac{\sin t}{t}\,dt=\frac{1}{2\pi^2R}\,\frac{\pi}{2}=\frac{1}{4\pi R}$$

这和(10)式完全一致。同时我们得到了 ~~[illegible]~~ $\frac{1}{R}$ 的富氏展开式：

$$\boxed{\frac{1}{R}=\frac{1}{2\pi^2}\int\frac{e^{i\vec{K}\cdot\vec{R}}}{K^2}\,d\vec{K}} \qquad (20)$$

这在固体物理中常常用到的。

其次，我们来研究达朗贝尔方程(2)的解，通过它了解电磁波的产生和传播的规律。在(2)式的情况下，~~[illegible]~~ 格林函数 G_1 满足的方程是：

(5)

$$\left(\nabla^2-\frac{1}{c^2}\frac{\partial^2}{\partial t^2}\right)G_1(x,x') = -\delta(\vec R)\,\delta(t-t'),\quad \vec R=\vec r-\vec r' \tag{21}$$

这里 x 代表 x,y,z,t 四个变数。利用δ-函数的富氏展开式(16)，有：

$$\delta(\vec R)\,\delta(t-t') = \left(\frac{1}{2\pi}\right)^4\iiint_{-\infty}^{\infty} d\vec K\, d\lambda\; e^{i\vec K\cdot\vec R+i\lambda(t-t')} \tag{22}$$

$$\left(\nabla^2-\frac{1}{c^2}\frac{\partial^2}{\partial t^2}\right)\delta(\vec R)\,\delta(t-t') = \left(\frac{1}{2\pi}\right)^4\iiint_{-\infty}^{\infty} d\vec K\, d\lambda\left[(i\vec K)^2-\frac{1}{c^2}(i\lambda)^2\right]e^{i\vec K\cdot\vec R+i\lambda(t-t')}$$

$$=\left(\frac{1}{2\pi}\right)^4\iint_{-\infty}^{\infty} d\vec K\, d\lambda\left(-K^2+\frac{\lambda^2}{c^2}\right)e^{i\vec K\cdot\vec R+i\lambda T},\quad \vec R=\vec r-\vec r',\ T=t-t',$$

则

$$G_1(xx') = -\left(\nabla^2-\frac{1}{c^2}\frac{\partial^2}{\partial t^2}\right)^{-1}\delta(\vec R)\,\delta(T) = \left(\frac{1}{2\pi}\right)^4\iint_{-\infty}^{\infty} d\vec K\, d\lambda\;\frac{e^{i\vec K\cdot\vec R+i\lambda T}}{K^2-\frac{\lambda^2}{c^2}}$$

仿照前面，先对 $\vec K$ 空间的角度(θ,φ)积分，得到

$$G_1(xx') = \left(\frac{1}{2\pi}\right)^4\cdot 4\pi\int_{-\infty}^{\infty} d\lambda\; e^{i\lambda T}\int_0^{\infty}\frac{K^2dK}{K^2-\frac{\lambda^2}{c^2}}\frac{\sin KR}{KR} \tag{23}$$

[这里利用了下列公式：

$$\int_{-\infty}^{\infty} f(K)\,e^{i\vec K\cdot\vec R}\,d\vec K = 4\pi\int_0^{\infty} f(K)\frac{\sin KR}{KR}K^2dK \tag{24}$$
]

但

$$\int_0^{\infty}\frac{K^2dK}{K^2-\frac{\lambda^2}{c^2}}\frac{\sin KR}{KR} = \frac{1}{2R}\int_{-\infty}^{\infty}\frac{KdK}{K^2-\frac{\lambda^2}{c^2}}\sin KR = \frac{1}{2iR}\int_{-\infty}^{\infty}\frac{KdK}{K^2-\frac{\lambda^2}{c^2}}e^{iKR}$$

$$=\frac{1}{4iR}\int_{-\infty}^{\infty}e^{iKR}\left(\frac{1}{K+\frac{\lambda}{c}}+\frac{1}{K-\frac{\lambda}{c}}\right)dK$$

$$=\frac{1}{4iR}\,i\pi\left(e^{i\frac{\lambda}{c}R}+e^{-i\frac{\lambda}{c}R}\right)=\frac{\pi}{4R}\left(e^{i\frac{\lambda}{c}R}+e^{-i\frac{\lambda}{c}R}\right)$$

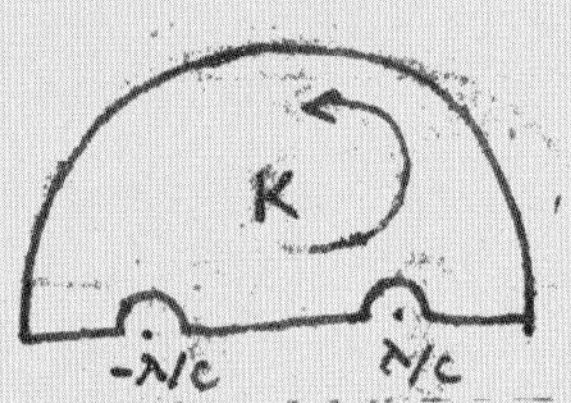

图39

这里使用了§8中计算积分主值的方法，所选回路如图39所示。

代入(23)式，即得：

$$G_1(xx') = \frac{1}{16\pi^2}\frac{1}{R}\int_{-\infty}^{\infty}\left[e^{i\lambda(T+\frac{R}{c})}+e^{i\lambda(T-\frac{R}{c})}\right]d\lambda$$

$$=\frac{1}{8\pi}\frac{1}{R}\left[\delta\left(T+\frac{R}{c}\right)+\delta\left(T-\frac{R}{c}\right)\right] \tag{24}$$

其完全式为：

$$=\frac{1}{8\pi}\frac{1}{R}\left[\delta\left(t-t'+\frac{R}{c}\right)+\delta\left(t-t'-\frac{R}{c}\right)\right] \tag{25}$$

由(7)式求得达朗贝尔方程的特解为：

$$\psi_1(\vec r,t) = 4\pi\iiint_{-\infty}^{\infty}\rho(\vec r',t')\,G_1(xx')\,d\vec r'\,dt'$$

$$=\frac{1}{2}\int_{-\infty}^{\infty}\frac{d\vec r'}{R}\left[\rho\left(\vec r',t+\frac{R}{c}\right)+\rho\left(\vec r',t-\frac{R}{c}\right)\right]$$

158

第二项的意义是：t时刻，$\vec{r}$处的势（场）由（$t-\frac{R}{c}$）时刻，$\vec{r}'$处的源决定。亦即$\vec{r}'$处的源（ρ）所产生的势场，经过时间 $\frac{R}{c}=\frac{|\vec{r}-\vec{r}'|}{c}$ 以后，到达$\vec{r}$处，因此这一项称为推迟势。这就是势场传播的速度是c，在电磁场的情况下，就是光速。第一项的意义则是超前势（$t+\frac{R}{c}$时，$\vec{r}'$处的源，决定t时，$\vec{r}$处的势场）。

在稳定情况下，$\rho=\rho(\vec{r})$，源不随时间变化，推迟势和超前势失去区别，上式变成

$$\psi_1(\vec{r})=\int_{-\infty}^{\infty}\frac{\rho(\vec{r}')}{R}\,d\vec{r}'$$

这正是静电场的情况。在源随时间变化的情况下，有物理意义的是推迟势，超前势应予舍弃。办法是，选

$$G_0(xx')=\frac{1}{8\pi}\frac{1}{R}\left[\delta\left(T-\frac{R}{c}\right)-\delta\left(T+\frac{R}{c}\right)\right] \tag{26}$$

则

$$\boxed{G(xx')=G_0+G_1=\frac{1}{4\pi R}\delta\left(T-\frac{R}{c}\right)=\frac{1}{4\pi R}\delta\left(t-t'-\frac{R}{c}\right)} \tag{27}$$

$$\psi(\vec{r},t)=4\pi\iiint_{-\infty}^{\infty}\rho(\vec{r}',t')\,G(xx')\,d\vec{r}'dt'=\int_{-\infty}^{\infty}\frac{\rho(\vec{r}',t-\frac{R}{c})}{R}\,d\vec{r}' \tag{28}$$

亦即

$$\boxed{\psi(x,y,z,t)=\iiint_{-\infty}^{\infty}\frac{\rho(x'y'z',t-\frac{R}{c})}{R}\,dx'dy'dz',\quad R=|\vec{r}-\vec{r}'|} \tag{28'}$$

其意义上面已经解释过了。

如果源随时间的变化是单频的：

$$\rho(\vec{r},t)=\rho(\vec{r})e^{-i\omega t} \tag{29}$$

则(28)式变成：

$$\boxed{\begin{aligned}\psi(\vec{r},t)&=\psi(\vec{r})e^{-i\omega t}\\ \psi(\vec{r})&=\int_{-\infty}^{\infty}\frac{\rho(\vec{r}')e^{ikR}}{R}\,d\vec{r}',\quad k=\frac{\omega}{c}\end{aligned}} \tag{30}$$

(30)式包括二方面的意义：1. 单频的源产生单频的势场（电磁波）；2. 源的每一点（$\vec{r}'$）都是产生电磁波的中心，向四周发出球面波

$$\frac{\rho(\vec{r}')e^{ikR}}{R}$$

其振幅与源的强度（即电荷密度）$\rho(\vec{r}')$成正比，与波中心的距离R成反比。$\psi(\vec{r},t)$代表总的电磁波，它是由源中各点发出的电磁波的总和（积分）。

159　　17

应该说明，由(26)式确定的 G_0 是满足齐次方程

$$LG_0=\left(\nabla^2-\frac{1}{c^2}\frac{\partial^2}{\partial t^2}\right)G_0=0 \tag{31}$$

的，为了证实这一点，只要将(26)式写成

$$G_0=\frac{1}{8\pi R}\frac{1}{2\pi}\int_{-\infty}^{\infty}d\lambda\left[e^{i\lambda(T-\frac{R}{c})}-e^{i\lambda(T+\frac{R}{c})}\right]$$

$$=\frac{1}{16\pi^2}\int_{-\infty}^{\infty}d\lambda\, e^{i\lambda T}\left(\frac{e^{-i\lambda\frac{R}{c}}}{R}-\frac{e^{i\lambda\frac{R}{c}}}{R}\right),$$

~~对 G_0 微分，并考虑到 §21，(50)(51)式~~

并注意到 §21 (50')(51')式，就容易发现，G_0 的确满足(31)式，亦即 G_0 的选择既合乎物理的要求（去掉超前势），也满足数学上的条件。[如选择(例如) $G_0=-\frac{1}{8\pi R}\delta(T+\frac{R}{c})$，则就不满足数学上的条件(31)式 亦即(12)式了]

最后，我们来研究有热源时热传导方程(4)的解。以 ψ 表示温度 θ，(4)式成为

$$\left(\nabla^2-\frac{1}{a^2}\frac{\partial}{\partial t}\right)\psi(\vec r,t)=-\frac{1}{k}Q(\vec r,t) \tag{4'}$$

这里 Q 是每秒每单位质量热源产生的热，k 为热传导系数，a^2（(4)式中的即 K，为了和下面的积分变数区别，故改变写法）是温度传导系数。$\frac{k}{a^2}=\rho c$，ρ 为密度，c 为比热。

格林函数为 $G_1(xx')=-\left(\nabla^2-\frac{1}{a^2}\frac{\partial}{\partial t}\right)^{-1}\delta(\vec R)\,\delta(T)$，由(22)式求得

$$G_1(xx')=\left(\frac{1}{2\pi}\right)^4\iint_{-\infty}^{\infty}d\vec K\,d\lambda\; e^{i\vec K\cdot\vec R+i\lambda T}\Big/\left(K^2+\frac{i\lambda}{a^2}\right)$$

$$=\left(\frac{1}{2\pi}\right)^4\frac{a^2}{i}\iint_{-\infty}^{\infty}d\vec K\,d\lambda\; e^{i\vec K\cdot\vec R}\,e^{i\lambda T}\Big/(\lambda-ia^2K^2)$$

先对 λ 积分，得到：

$$\frac{1}{2\pi i}\int_{-\infty}^{\infty}\frac{e^{i\lambda T}}{\lambda-ia^2K^2}d\lambda=\begin{cases}0, & T<0\\ e^{-a^2K^2T}, & T>0\end{cases}$$

积分所循的回路如图40所示。

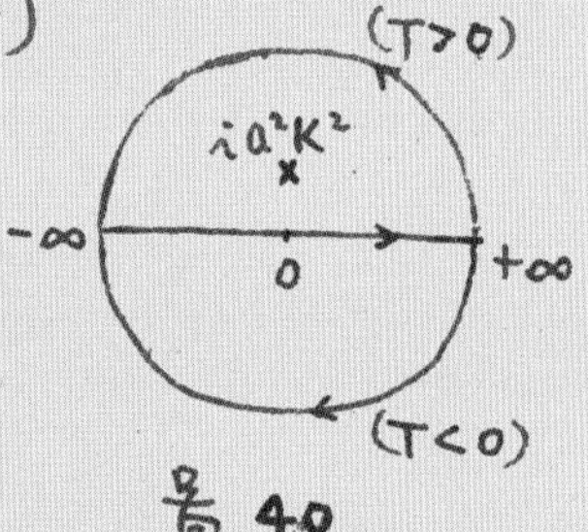

图40

可见，$T<0$ 时，$G_1=0$，$T>0$ 时，

$$G_1(xx')=a^2\left(\frac{1}{2\pi}\right)^3\int_{-\infty}^{\infty}d\vec K\,e^{i\vec K\cdot\vec R}\,e^{-a^2K^2T}\text{，由(24)式，}$$

$$=\frac{a^2}{2\pi^2}\frac{1}{R}\int_0^{\infty}K\sin KR\,e^{-a^2K^2T}dK\text{，分部积分，}$$

$$=\frac{a^2}{4\pi^2}\frac{1}{R}\left(-\frac{1}{a^2T}\right)\left\{\sin KR\,e^{-a^2K^2T}\Big|_{K=0}^{\infty}-\int_0^{\infty}e^{-a^2K^2T}\cos KR\cdot R\,dK\right\}$$

~~$=\frac{1}{4\pi^2aT}\int_0^{\infty}\cos x\, e^{-\frac{a^2T}{R^2}x^2}dx$，$(x=KR)$~~

$$=\frac{1}{4\pi^2T}\int_0^{\infty}e^{-K^2a^2T}\cos RK\,dK.$$

160

利用公式 $\int_0^\infty e^{-Ax^2}\cos Bx\,dx=\sqrt{\frac{\pi}{4A}}\,e^{-B^2/4A}$，$A>0$

得到

$$G_1(xx')=\frac{\sqrt{\pi}}{8\pi^2 a}\frac{e^{-R^2/4a^2T}}{T^{3/2}}\,,\quad T>0 .$$

亦即:

$$G_1(xx')=\begin{cases}0\,, & t'>t\\ \dfrac{\sqrt{\pi}}{8\pi^2 a}\dfrac{e^{-R^2/4a^2(t-t')}}{(t-t')^{3/2}}\,, & t'<t\end{cases}\qquad(32)$$

根据(5),(7)式,求得

$$\psi(\vec r,t)=\frac{\sqrt{\pi}}{8\pi^2 a k}\int_{-\infty}^{\infty}d\vec r'\int_{-\infty}^{t}dt'\,\frac{Q(\vec r',t')}{(t-t')^{3/2}}e^{-R^2/4a^2(t-t')}\qquad(33)$$

其中 $R=|\vec r-\vec r'|$. 这里选择了 $G_0=0$. 这是因为：$t\to\pm\infty$ 时，$\psi\to 0$；$r\to\infty$ 处，$\psi\to 0$；这些热传导问题中的自然边界(初始)条件,已经满足。

由(33)式反映的热传导规律,是比较复杂的。下面研究几种特殊情况。

1. $t=0$ 时,给定一个初始温度 $f(\vec r)$,此后再不供给热量.

这相当于在 $t=0$ 时突然供给热量,在体积元 $d\vec r$ 中,供给热量 ~~$f(\vec r)\rho c\,d\vec r$~~

$$f(\vec r)\rho c\,d\vec r=\frac{k}{a^2}f(\vec r)\,d\vec r$$

亦即

$$Q(\vec r,t)=\frac{k}{a^2}f(\vec r)\,\delta(t)\qquad(34)$$

代入(33)式,得到

$$\psi(\vec r,t)=\frac{\sqrt{\pi}}{8\pi^2 a^3}\int_{-\infty}^{\infty}d\vec r'\,\frac{f(\vec r')}{t^{3/2}}e^{-R^2/4a^2t}\,,\quad t>0\qquad(35)$$

注意随着时间 t 的增长,各处温度逐渐降低。

2. $t=0$ 时,在 $\vec r=0$ 处,突然供给热量 q (例如在点焊的情况下).

这相当于

$$Q(\vec r,t)=q\,\delta(\vec r)\,\delta(t)\qquad(36)$$

代入(33)式求得

$$\psi(\vec r,t)=\frac{\sqrt{\pi}\,q}{8\pi^2 a k}\frac{e^{-r^2/4a^2t}}{t^{3/2}}\qquad(37)$$

注意温度 ψ 和点源的热量 q 成正比。离点源越远(r 越大),温度越低。(37)式也反映了各处温度逐渐冷却或升高的规律。我们来计算一下离点热源 r 处,温度

161

达到最高点所需的时间。这时间由 $\frac{\partial\psi}{\partial t}=0$ 决定。简单的计算求得

$$t=\frac{r^2}{6a^2} \tag{38}$$

注意所需时间和距离平方成正比。

3. 在 $r=0$ 处，$t>0$ 时，恒定供热，每秒供热 q。

这相当于
$$Q(\vec{r},t)=\begin{cases}0, & t<0\\ q\delta(\vec{r}), & t>0\end{cases} \tag{39}$$

则由(33)式求得：$t<0$ 时，$\psi=0$；$t>0$ 时，

$$\psi(\vec{r},t)=\frac{\sqrt{\pi}\,q}{8\pi^2 a k}\int_0^t \frac{e^{-r^2/4a^2(t-t')}}{(t-t')^{3/2}}dt' \tag{40}$$

令 $\alpha=\frac{r}{2a(t-t')^{1/2}}$，则(40)式变成

$$\psi(\vec{r},t)=\frac{\sqrt{\pi}\,q}{2\pi^2 k}\frac{1}{r}\int_{\frac{r}{2a\sqrt{t}}}^{\infty}e^{-\alpha^2}d\alpha \tag{40'}$$

注意：各点的温度和热源供给的热量 q 成正比；离热源越近，温度越高；供热时间越长，温度越高；当时间足够长以后，即 $t\gg\frac{r^2}{4a^2}$ 以后，r 处的温度趋于稳定的极限：

$$\boxed{\psi(\vec{r},t)\to\frac{\sqrt{\pi}\,q}{2\pi^2 k}\frac{1}{r}\int_0^{\infty}e^{-\alpha^2}d\alpha=\frac{1}{4\pi k}\cdot\frac{q}{r}} \tag{41}$$

和 r 成反比，和热传导系数 k 成反比，和热源供给的热量 q 成正比。这情形和点电荷在均匀介质中产生的电势非常相像。这一点可从热传导方程直接了解，在稳定情况下，(4')式变成

$$\nabla^2\psi=-\frac{Q(\vec{r})}{k}$$

这和静电场的泊松方程完全类似。

练习：

1. 说明(27)中 δ-函数的意义。
2. 验证(31)式
3. 研究(32)式(特别是前一半)的物理意义。
4. (35)式表明，温度 ψ 随时间增长而下降的速度不是很快的，这和第二章§12中的结论似乎有所矛盾，试解释这个矛盾。

162

第四章 習題

1. 质量为 m 的质点，处于静止状态。$t=t_0$ 时，受到一个冲力 $F(t)$ 的作用，突然开始以匀速 v_0 运动。试求速度 $v(t)$ 和冲力 $F(t)$ 的表达式。

〔提示：运动方程为 $m\dfrac{dv}{dt}=F(t)$〕

〔答：$v(t)=\dfrac{v_0}{2}+v_0\gamma(t-t_0)$；　$F(t)=mv_0\,\delta(t-t_0)$〕

2. 质量为 m 的质点，初速为 0，初始位置为 0，设受到一个力 $F(t)=m\,a\,\delta'(t)$ 的作用，求 $t>0$ 时质点的运动情况（位置和速度）。

〔答：$t>0$ 时，$x=a$，$v=0$，即质点所受的影响为突然移动了一个距离〕

3. 証明 $\dfrac{1}{\pi}\int_0^\infty e^{-\alpha k}\cos kx\,dk=\dfrac{1}{\pi}\dfrac{\alpha}{\alpha^2+x^2}$，再研究 $\alpha\to 0$ 的情况，从而得出必要的结论。

〔答：$\lim\limits_{\alpha\to 0}\dfrac{1}{\pi}\int_0^\infty e^{-\alpha k}\cos kx\,dk=\lim\limits_{\alpha\to 0}\dfrac{1}{\pi}\dfrac{\alpha}{\alpha^2+x^2}=\delta(x)$〕

4. 如果有一族在区间 (a,b) 上定义的函数 $\{\varphi_n(x)\}$，$n=1,2,\cdots$，它们相互之间是正交的。

$$\int_a^b \varphi_{n'}^*(x)\,\varphi_n(x)\,dx=\delta_{nn'}$$

（如 $\varphi_n(x)$ 是实函数，则 $\int_a^b \varphi_{n'}(x)\,\varphi_n(x)\,dx=\delta_{nn'}$），而且任何在区间 (a,b) 上定义的函数 $f(x)$ 均可展开成它们的级数。

$$f(x)=\sum_n c_n\varphi_n(x)$$

则 $\{\varphi_n\}$，$n=1,2,\cdots$ 称为区间 (a,b) 上的正交完备函数族。试证明

$$\sum_{n=1}^{\infty}\varphi_n^*(x')\,\varphi_n(x)=\delta(x'-x)$$

〔例：勒让德多项式 $P_n(x)$，　$\sum\limits_{n=0}^{\infty}(n+\tfrac{1}{2})P_n(x')P_n(x)=\delta(x'-x)$〕

5. 証明 $\dfrac{d^2}{dx^2}|x|=2\delta(x)$

〔提示，先证明 $|x|=2\gamma(x)x$〕

6. 设有沿着 z 轴的均匀线电荷分佈，每单位长上电量为 1，则由对称性易知所產生的电場为 $E=\dfrac{2}{r}$，电势 $V=-2\ln r$，$r=\sqrt{x^2+y^2}$（柱坐标）。试说明电荷密度的表达

163

式为 $\rho(\vec{r})=\delta(x)\delta(y)$，再利用位势方程（泊桑方程）证明下列公式：

$$\left(\frac{\partial^2}{\partial x^2}+\frac{\partial^2}{\partial y^2}\right)\ln(x^2+y^2)=4\pi\,\delta(x)\,\delta(y)$$

7. 用格林函数法求一维泊桑方程 $\frac{d^2}{dx^2}V(x)=-4\pi\rho(x)$ 的解，并讨论特例 $\rho(x)=\sigma\,\delta(x)$，和静电学中已知结果比较。〔提示：利用第5题结果〕

〔答：$V(x)=-2\pi\int\rho(x')\,|x-x'|\,dx'$；$V(x)=-2\pi\sigma|x|$〕

8. 用格林函数法求二维泊桑方程 $\left(\frac{\partial^2}{\partial x^2}+\frac{\partial^2}{\partial y^2}\right)V(x)=-4\pi\rho(xy)$ 的解〔提示：利用第6题结果

〔答：$V(xy)=-2\iint\rho(x'y')\ln R\,dx'dy'$，$R^2=(x-x')^2+(y-y')^2$〕

9. 求非齐次方程 $(\nabla^2+k^2)\psi=-4\pi\rho(\vec{r})$ 的格林函数，并求方程式的相当于发散球面波的解，和§23（30）式比较。

10. 在核力的介子理论中，核力的势由下列广义泊桑方程决定：

$$\nabla^2\psi-k_0^2\psi=-4\pi\rho(\vec{r})$$

试用§23所述的方法求格林函数和满足下列自然边界条件的解答：

$$r\to\infty \text{ 处，} \psi\to 0$$

对于处于原点的核子（质子或中子），$\rho(\vec{r})=g\,\delta(\vec{r})$，$g$ 为核子的介子"电荷"（正如电子的电子电荷为 $-e$ 一样），试求这个核子产生的核力势场。

〔答：对于最后一种情况，$\psi(\vec{r})=g\dfrac{e^{-k_0 r}}{r}$〕

11. 求弦的受迫振动方程 $\left(\frac{\partial^2}{\partial x^2}-\frac{1}{c^2}\frac{\partial^2}{\partial t^2}\right)y(x,t)=-\frac{1}{c^2}F(x,t)$ 的格林函数，并说明其物理意义

〔答：$G_1=\begin{cases}0, & |x-x'|>c|t-t'|\\ \frac{c}{4}, & |x-x'|<c|t-t'|\end{cases}$〕

12. 上题中，当 $\frac{1}{c^2}F(x,t)=\delta(x)\,\delta(t)$ 时，求弦的运动情况，并说明所给条件和所得结果的物理图像。〔答：$y=0$，$x>ct$；$y=\frac{c}{4}$，$x<ct$〕

13. 仿照§23，求一维热传导方程（也就是细长的棒轴的热传导方程）$\left(\frac{\partial^2}{\partial x^2}-\frac{1}{a^2}\frac{\partial}{\partial t}\right)\psi=-\frac{Q(x,t)}{k}$ 的格林函数和解。并研究§23讨论过的三种情况。

〔答：$G_1=\frac{a}{2}\frac{1}{\sqrt{\pi(t-t')}}e^{-(x-x')^2/4a^2(t-t')}$，$t>t'$；$G_1=0$，$t<t'$〕

164

数学补充讲义

（复变函数和特殊函数）

(1959春 核三，量子力学 的.)

数学補充講義

(复变函数和特殊函数)

第一章 复变函数

§1. 复数 §2. 复变函数. §3. 幂级数.

§4. 指数函数，三角函数，双曲函数. △§5. 反函数.

§6. 复变积分. §7. 奇点. △§8. 留数

第二章 特殊函数

§1. 二阶线性常微分方程在正常点附近的级数解法

§2. 正则奇异点附近的解 △§3. Γ函数.

§4. 超几何函数. §5. 汇合超几何函数.

*§6 $\Gamma(z)$, $F(\alpha,\beta,\gamma;z)$ 和 $F(\alpha,\gamma;z)$ 的回路积分表示法.

§7. 关于正交多项式. §8. 勒让德多项式.

§9. 联属勒让德多项式 §10. 厄米多项式.

§11. 贝塞函数和汉开尔函数 §12. δ-函数和富利叶积分

*§13. 从直角坐标换到球坐标 *§14. 柱坐标和抛物坐标

註 有△者部分未講；有*者全部未講.

第一章
复变函数

§1 复数
§2 复变函数
§3 幂级数
§4 指数函数，三角函数，双曲函数
§5 反函数
§6 复变积分
§7 奇点
§8 留数

1

量子力学讲义（核三，1959年春）

数学補充资料

第一章 复变函数

§1. 复数~~，复变数，复变函数~~。

如所周知，二次方程式 $A\alpha^2+B\alpha+C=0$ 的根為：

$$\alpha=\frac{1}{2A}\left[-B\pm\sqrt{B^2-4AC}\right]$$

当 $B^2-4AC\geqslant 0$ 時，α 為普通的实数；$B^2-4AC<0$ 時，α 中出現 $\sqrt{-1}$，称為虛数，以 i 表之，则：

$$\boxed{i^2=-1} \tag{1}$$

這是虛数的特点。（注意所有实数的平方均大於 0）

称 $\alpha=a+bi$（a,b 為实数）為复数。習慣上，称 a 為 α 的"实部"，以 $R(\alpha)$ 表之；称 b 為 α 的"虛部"，以 $I(\alpha)$ 表之。

称 $\bar{\alpha}=a-bi$ 為 α 之"共軛复数"。（或称复共軛）有時以 α^* 表示。

复数的运算法则（加减乘除）和实数的一样（唯一的增添是"$i^2=-1$"），

即：

$$\begin{cases}(a+bi)\pm(c+di)=(a\pm c)+(b\pm d)i & (2)\\(a+bi)\cdot(c+di)=(ac-bd)+(ad+bc)i & (3)\\\dfrac{a+bi}{c+di}=\dfrac{(a+bi)(c-di)}{(c+di)(c-di)}=\dfrac{(a+bi)(c+di)^*}{c^2+d^2} & (4)\end{cases}$$

注意，二个复数经加减乘除后，仍為复数，故复数自成一"域"。

复数既由二个数組成，故亦可用平面坐标系中的点来表示一个复数。按照一般的習慣，横坐标表示实部，縱坐标表示虛部，如图。

令 $a^2+b^2=r^2$，$\tan^{-1}\dfrac{b}{a}=\varphi$ (5)

则：$a = r\cos\varphi$

$b = r\sin\varphi$

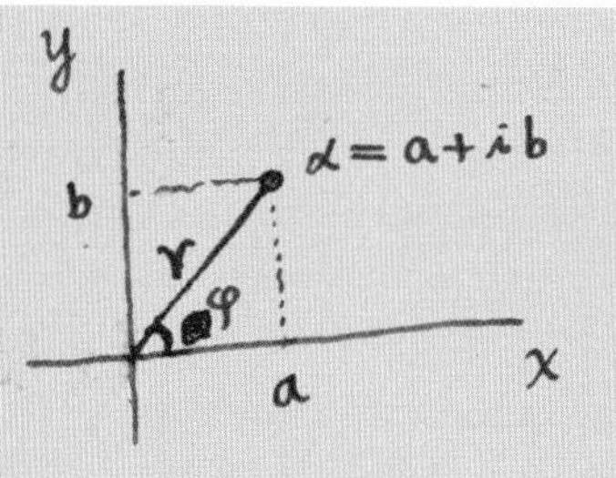

$$\alpha = a + bi = r(\cos\varphi + i\sin\varphi) \qquad (6)$$

r 称为复数 α 的"模"或"绝对值"，~~φ称为"幅角"~~，记作 $|\alpha|$；

φ 称为"幅角"，记作 $\arg\alpha$

显然，对於某一个确定的复数，其"模"是确定的，而"幅角"则是多值的（可以相差 $2n\pi$，$n=\pm1,\pm2,\cdots$）。通常意义下的"幅角"是指它的"主值"，即：

$$-\pi < \varphi \leq \pi$$

這种几何表示法，在進行乘法运算时，显得特别方便：

设 $\begin{cases} \alpha = r(\cos\varphi + i\sin\varphi) \\ \beta = \rho(\cos\psi + i\sin\psi) \end{cases}$

则 $\alpha\beta = r\rho(\cos\varphi\cos\psi - \sin\varphi\sin\psi + i\sin\varphi\cos\psi + i\cos\varphi\sin\psi)$

$$= r\rho[\cos(\varphi+\psi) + i\sin(\varphi+\psi)] \qquad (7)$$

即：

> 复数相乘时，模相乘，幅角相加。
>
> $|\alpha\beta| = |\alpha||\beta|$， ~~$\arg(\alpha\beta) = \arg\alpha + \arg\beta$~~ (8)
>
> $\arg(\alpha\beta) = \arg\alpha + \arg\beta$ (9)

将一个复数自乘 n 次，则可得著名的 de Moivre 公式：

$$(\cos\varphi + i\sin\varphi)^n = \cos n\varphi + i\sin n\varphi \qquad (10)$$

又，在几何表示法中，复数的加减法和平面矢量的加减法完全一样，如图所示。由图易见：

$$\begin{cases} |\alpha\pm\beta| \leq |\alpha| + |\beta| \\ |\alpha\pm\beta| \geq |\alpha| - |\beta| \end{cases} \qquad (11)$$

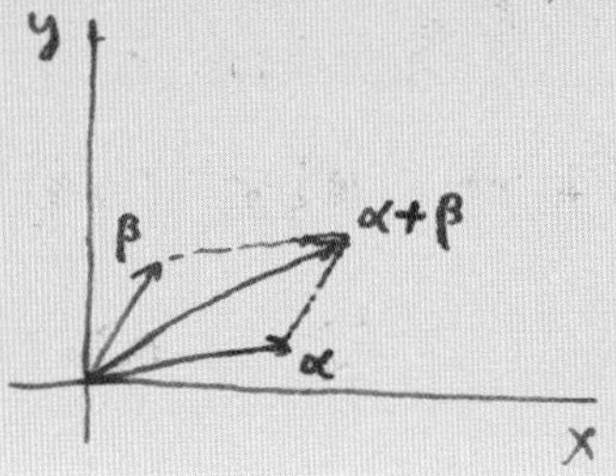

2

§2. 复变函数.

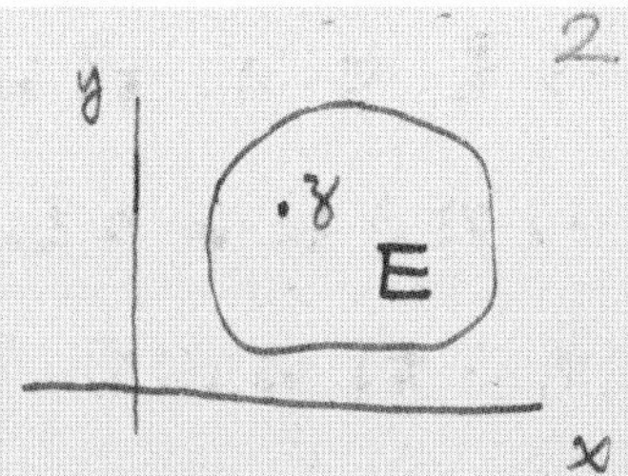

设复数 $z=x+iy$ 可在某一区域E中变化，而对应於每一个z值（即一组x和y的值），相应地存在另外一个值 $w=u+iv$，则称 w 为复变数 z 的函数，以 $f(z)$ 表之，区域E称为函数 $f(z)$ 的"定义域"。一般如无特别声明，则定义域指整个複数平面。例如：

$$w=z^2=(x^2-y^2)+i\,2xy=u+iv$$

$$u=x^2-y^2,\quad v=2xy$$

定义域为整个复数平面，即 $-\infty<x<+\infty$，$-\infty<y<+\infty$.

实变函数中的连续，一致连续，微商等概念均可推广到复变函数。

连续：如果给定 $\epsilon>0$ 后，能找到 $\delta>0$，使，只要 $|z-z_0|<\delta$，就有 $|f(z)-f(z_0)|<\epsilon$，则称 $f(z)$ 在 z_0 点连续。

一致连续：在区域E内，如果给定 $\epsilon>0$ 后，能找到 $\delta>0$，使，只要 $|z_1-z_2|<\delta$，就有 $|f(z_1)-f(z_2)|<\epsilon$，则称 $f(z)$ 在区域E内一致连续。

微商：如 $\lim\limits_{h\to 0}\dfrac{f(z_0+h)-f(z_0)}{h}$ 存在，（$h\to 0$ 可取任何路径）

则称 $f(z)$ 在 z_0 点可微，上式称为 $f(z)$ 在 z_0 点的微商，以 $f'(z)\big|_{z=z_0}$ 表之。或写作

$$f'(z_0)=\lim_{\Delta z\to 0}\frac{\Delta w}{\Delta z}\bigg|_{z=z_0}\equiv\lim_{h\to 0}\frac{f(z_0+h)-f(z_0)}{h}\qquad(1)$$

例：设 $w=f(z)=z^2$，则

$$f'(z)=\lim_{h\to 0}\frac{(z+h)^2-z^2}{h}=\lim_{h\to 0}\frac{2zh+h^2}{h}=\lim_{h\to 0}(2z+h)=2z$$

由此可见，对於一般的函数（在其中z是整个地出现的），求微商的办法和实变函数完全相似。

但是，也有这样的函数，在其中 z 不是整个地出现的（例如：$W=x^2+iy$）对於这样的函数，怎么求微商呢？甚至，有没有微商存在呢？我们提出这样的问题是完全有根据的，因为，在实变函数中，如图所示的函数在 x_0 点是没有微商的。复变函数中，有二个自变数 x 和 y，因此，复变函数有微商存在的条件是相当苛严的。下面就来求出这个条件。

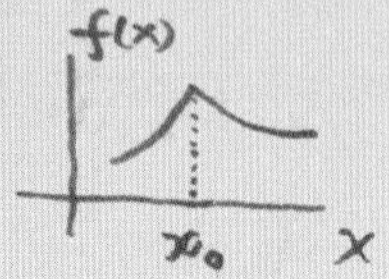

设 $W=u(x,y)+iv(x,y)$ 有微商存在。根据定义，它的微商是 $\lim\limits_{\Delta z\to 0}\frac{\Delta W}{\Delta z}$，而 Δz 可以任何方向趋于0，我们选下面二个特殊趋向：

i) 令 $\Delta y=0$，即 $\Delta z=\Delta x$，则 $\lim\limits_{\Delta z\to 0}\frac{\Delta W}{\Delta z}=\frac{\partial u}{\partial x}+i\frac{\partial v}{\partial x}$

ii) 令 $\Delta x=0$，即 $\Delta z=i\Delta y$，则 $\lim\limits_{\Delta z\to 0}\frac{\Delta W}{\Delta z}=-i\frac{\partial u}{\partial y}+\frac{\partial v}{\partial y}$

由此可见，

> $W=u+iv$ 有微商存在的必要条件为：
>
> $$\frac{\partial u}{\partial x}=\frac{\partial v}{\partial y},\quad \frac{\partial u}{\partial y}=-\frac{\partial v}{\partial x} \qquad (2)$$
>
> 這称为哥西-黎曼（Cauchy—Riemann）条件

反之，如 $W=u+iv$ 满足 C-R 条件，则

$$\lim_{\Delta z\to 0}\frac{\Delta W}{\Delta z}=\lim_{\substack{\Delta x\to 0\\ \Delta y\to 0}}\frac{u(x+\Delta x,y+\Delta y)+iv(x+\Delta x,y+\Delta y)-u(x,y)-iv(x,y)}{\Delta x+i\Delta y}$$

$$=\lim_{\substack{\Delta x\to 0\\ \Delta y\to 0}}\left(\frac{\partial u}{\partial x}\Delta x+\frac{\partial u}{\partial y}\Delta y+i\frac{\partial v}{\partial x}\Delta x+i\frac{\partial v}{\partial y}\Delta y\right)\Big/(\Delta x+i\Delta y)$$

$$=\frac{\partial u}{\partial x}+i\frac{\partial v}{\partial x}\left(\text{或 }\frac{\partial v}{\partial y}-i\frac{\partial u}{\partial y}\right), \qquad (3)$$

微商存在。故 C-R 条件为复变函数存在微商之必要及充分条件。

<u>有微商存在的函数称为解析函数。</u>例如 $W=z^n$（n 为正整数）是解析函数（对所有的 z 值）。$W=\frac{1}{z-a}$ 也是解析函数，但 $z=a$ 处除外，在 $z=a$ 点 $W=\infty$，且无微商，称为函数 W 的"奇点"。

§3. 幂级数

实变函数中有关级数及其收敛性的观念和定理同样可以推广到复数域中来。其中特别重要的是有关幂级数的定理。~~由于~~凡是实变函数中已证明过类似的定理者，~~所以~~这里不再证明，只写在下面：

下列级数称为幂级数。（其中 c_n 为复数，z 为复变数）

$$c_0 + c_1 z + c_2 z^2 + \cdots = \sum_{n=0}^{\infty} c_n z^n \qquad (1)$$

Abel 第一定理：若在 z_0 点级数(1)收敛，则当 $|z|<|z_0|$ 时，级数(1)绝对收敛。

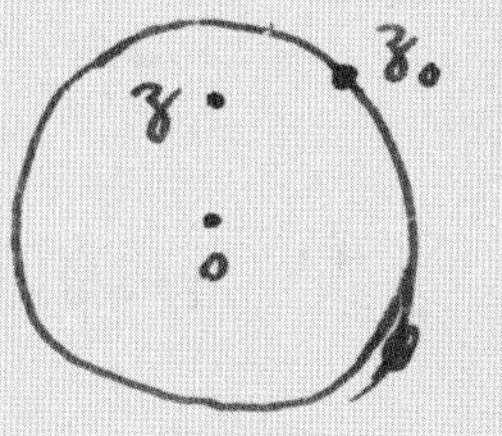

推论：若在 z_0 点级数(1)发散，则当 $|z|>|z_0|$ 时，亦发散。

由此可见，必有一个以原点为中心的圆存在，在圆内，幂级数(1)收敛；圆外，发散。此圆的半径 R，称为幂级数(1)的"收敛半径"。

定理：$\boxed{\frac{1}{R} = \lim_{n\to\infty} |c_n|^{\frac{1}{n}}}$ （如有几个极限，则取最大的） (2)

【證：i) 设 $|c_n|^{\frac{1}{n}} \to \infty$，则对于任何 z 值，当 n 充分大时，$|c_n|^{\frac{1}{n}}|z| > 2$，

$|c_n z^n| = \left||c_n|^{\frac{1}{n}} z\right|^n > 2^n \to \infty$，即级数的普遍项 $\to \infty$，故发散。

ii) 设 $|c_n|^{\frac{1}{n}} \to 0$，则对于任何 z 值，当 n 充分大时，$|c_n|^{\frac{1}{n}}|z| < \frac{1}{2}$，

$|c_n z^n| = |c_n^{\frac{1}{n}} z|^n < \frac{1}{2^n}$，但级数 $\sum_{n=0}^{\infty} \frac{1}{2^n}$ 是收敛的，故级数(1)收敛；级数(1)既对任何 z 值均收敛，故其收敛半径 $R=\infty$

iii) 设 $|c_n|^{\frac{1}{n}} \to l$，$l$ 有限，~~对当 n 充分大时~~，则给定 $\epsilon>0$ 后，能找到 $N(\epsilon)$，使 $n>N$ 后，有 $l-\epsilon < |c_n|^{\frac{1}{n}} < l+\epsilon$。令 $|z_1| = \frac{1}{l+2\epsilon} < \frac{1}{l}$，

则 $|c_n z_1^n| < \left(\frac{l+\epsilon}{l+2\epsilon}\right)^n = k^n$，$k = \frac{l+\epsilon}{l+2\epsilon} < 1$。故 $\sum k^n$ 收敛，可见，对于模小于 $\frac{1}{l}$ 之 z，级数(1)均收敛。令 $|z_2| = \frac{1}{l-\epsilon} > \frac{1}{l}$，

则 $|c_n z_2^n| > \left(\frac{l-\epsilon}{l-\epsilon}\right)^n = 1$，普遍项不为0，故级数(1)发散。可见，对于模大于 $\frac{1}{l}$ 的 z，级数(1)均发散。由此可见，$R = \frac{1}{l}$ 】

根据这个定理，可以求出各个幂级数的收敛半径。例：

1) 级数 $1+z+z^2+z^3+\cdots$ (3)

$c_n=1,\quad |c_n|^{\frac{1}{n}}=1,\quad$ 故 $R=\frac{1}{1}=1.$

2) 级数 $1+\frac{z}{1^2}+\frac{z^2}{2^2}+\frac{z^3}{3^2}+\cdots$ (4)

$c_n=\frac{1}{n^2},\quad |c_n|^{\frac{1}{n}}=1/n^{2/n}\to 1,\quad$ 故 $R=1$

3). 级数 $1+\frac{z}{1}+\frac{z^2}{2}+\frac{z^3}{3}+\cdots$ (5)

$c_n=\frac{1}{n},\quad |c_n|^{\frac{1}{n}}=\frac{1}{n^{\frac{1}{n}}}\to 1,\quad$ 故 $R=1$

4) 级数 $1+\frac{z}{1!}+\frac{z^2}{2!}+\frac{z^3}{3!}+\cdots$ (6)

$c_n=\frac{1}{n!}$, ~~$|c_n|^2=\frac{1}{(n!)^2}=\frac{1}{[n\cdot 1][(n-1)\cdot 2][(n-2)\cdot 3]\cdots}$ (共 n 个)~~

~~其中每个 [ ] 均不小于 n，故 $(n!)^2>n^n$.~~

$(n!)^2=[n\cdot 1][(n-1)\cdot 2][(n-2)\cdot 3]\cdots[1\cdot n]$，共 n 个 [ ]，每一个均不小于 n，故 $(n!)^2>n^n$

$\therefore\ |c_n|^2=\frac{1}{(n!)^2}<\frac{1}{n^n},\quad |c_n|^{\frac{1}{n}}<\frac{1}{\sqrt{n}}\to 0,\quad \therefore R=\infty.$

5). 级数 $1+\frac{1!}{1^1}z+\frac{2!}{2^2}z^2+\frac{3!}{3^3}z^3+\cdots$ (7)

$c_n=\frac{n!}{n^n},\quad |c_n|^{\frac{1}{n}}\to\frac{1}{e},\quad R=e=2.7183$

在收敛圆上，情况较复杂。如级数(3)，在收敛圆上($|z|=1$)处处是发散的；级数(4)在收敛圆上处处是收敛的；级数(5)在 $z=1$ 处发散，在 $z=-1$ 处收敛。

以 $f(z)$ 表示幂级数(1)的和，可以证明，在收敛圆内 $f(z)$ 是连续函数，且有微商，$f'(z)=\sum_{n=1}^{\infty}nc_nz^{n-1}$，即可对幂级数逐项微分得之。容易证明，逐项微分后，级数的收敛半径不变。在收敛圆上，级数(1)可能发散，即 $f(z)\to\infty$（至少是不连续）。但可以证明：

4

Abel 第二定理：假如幂级数 $\sum c_n z^n$ 在收敛圆上 z_0 点收敛，则当 z 从圆内趋于 z_0 时，其和 $f(z) \to f(z_0)$ 亦即：在 z_0 附近，$f(z)$ 连续。

这个定理在分析上有许多应用，例如，我们知道 $\ln(1+x)$ 当 $|x|<1$ 时，可以展成幂级数：$\ln(1+x) = x - \frac{x^2}{2} + \frac{x^3}{3} - \cdots$，当 $x=1$ 时，这个级数成交错级数 $1-\frac{1}{2}+\frac{1}{3}-\cdots$，是收敛的。根据 Abel 第二定理，其和应该就是 $\lim_{x\to 1} \ln(1+x) = \ln 2$，即：

$$\ln 2 = 1 - \frac{1}{2} + \frac{1}{3} - \frac{1}{4} + \cdots \tag{8}$$

§4. 指数函数，三角函数，双曲函数

由上节所述，在收敛圆内，幂级数代表一个解析函数，其各级微商可由逐项微分的办法求得。现在我们专门来研究其中的一个，即由(6)式确定的级数。它的收敛半径为 ∞，因此其和是整个复数平面上的解析函数，我们叫它做指数函数，以 e^z 或 $\exp z$ 表之：

$$\boxed{\exp z \equiv e^z \equiv 1 + \frac{z}{1!} + \frac{z^2}{2!} + \frac{z^3}{3!} + \cdots} \tag{1}$$

为什么叫它指数函数呢？因为 i) 当 z 是实数时，它的确就是指数函数。ii) 当 z 是复数时，它仍然满足实指数函数的全部性质，即：

$$\boxed{e^z \cdot e^t = e^{(z+t)}} \tag{2}$$

$$\boxed{\frac{d}{dz} e^z = e^z} \tag{3}$$

对(1)式逐项微分，立刻得到(3)式。(2)式的证明如下：

$$e^z e^t = \left(1 + \frac{z}{1!} + \frac{z^2}{2!} + \frac{z^3}{3!} + \cdots\right)\left(1 + \frac{t}{1!} + \frac{t^2}{2!} + \frac{t^3}{3!} + \cdots\right)$$

$$\begin{aligned} = 1 &+ \frac{z}{1!} + \frac{z^2}{2!} + \frac{z^3}{3!} + \cdots \\ &+ \frac{t}{1!} + \frac{tz}{1!1!} + \frac{tz^2}{1!2!} + \frac{tz^3}{1!3!} + \cdots \\ &+ \frac{t^2}{2!} + \frac{t^2 z}{2!1!} + \frac{t^2 z^2}{2!2!} + \frac{t^2 z^3}{2!3!} + \cdots \end{aligned}$$

$$= 1+\left(\frac{z^1}{1!}+\frac{t^1}{1!}\right)+\left(\frac{z^2}{2!}+\frac{z^1t^1}{1!1!}+\frac{t^2}{2!}\right)+\cdots\cdots$$

$$+\left(\frac{z^n}{n!}+\frac{z^{n-1}t}{(n-1)!\,1!}+\frac{z^{n-2}t^2}{(n-2)!\,2!}+\cdots+\frac{t^n}{n!}\right)+\cdots$$

$$= 1+\frac{z+t}{1!}+\frac{(z+t)^2}{2!}+\cdots+\frac{(z+t)^n}{n!}+\cdots = e^{(z+t)}$$

在(2)式中令 $t=-z$，则得 $e^z e^{-z}=e^0=1$，即：

$$e^{-z}=\frac{1}{e^z} \qquad (4)$$

(4)式两边乘 e^t，则得：

$$e^{t-z}=\frac{e^t}{e^z} \qquad (5)$$

这些都是大家在实变函数中早已熟悉了的。

在实变函数中，三角函数的级数展开式是：

$$\begin{cases}\cos x = 1-\frac{x^2}{2!}+\frac{x^4}{4!}-\frac{x^6}{6!}+\cdots \\ \sin x = x-\frac{x^3}{3!}+\frac{x^5}{5!}-\frac{x^7}{7!}+\cdots\end{cases} \qquad (6)$$

我们把它推广到复数域中去，并且仍旧叫它做三角函数（虽然这几"三角"二字已失去任何几何意义）。即：我们定义：

$$\begin{cases}\cos z = 1-\frac{z^2}{2!}+\frac{z^4}{4!}-\frac{z^6}{6!}+\cdots \\ \sin z = z-\frac{z^3}{3!}+\frac{z^5}{5!}-\frac{z^7}{7!}+\cdots\end{cases} \qquad (7)$$

显然，这二个级数的收敛半径都是 ∞，因此代表整个复数域内的解析函数。

我们看到，级数(7)和(1)非常相似。是否其间存在某种联系？显然，要(1)和(7)发生联系，必须设法改变(1)中各项的符号。为此，我们以 iz 代替(1)中的 z，则得：

$$e^{iz}=1+\frac{iz}{1!}+\frac{(iz)^2}{2!}+\frac{(iz)^3}{3!}+\frac{(iz)^4}{4!}+\frac{(iz)^5}{5!}+\cdots$$

$$=1+\frac{iz}{1!}-\frac{z^2}{2!}-\frac{iz^3}{3!}+\frac{z^4}{4!}+\frac{iz^5}{5!}-\cdots$$

$$=\left(1-\frac{z^2}{2!}+\frac{z^4}{4!}-\cdots\right)+i\left(\frac{z}{1!}-\frac{z^3}{3!}+\frac{z^5}{5!}-\cdots\right)$$

4.5

這正是(7)中的二个级数，於是我们得到：

$$\boxed{e^{iz}=\cos z+i\sin z} \qquad (8)$$

以$-i$代替i，则得：

$$\boxed{e^{-iz}=\cos z-i\sin z} \qquad (9)$$

由(8),(9)，我们可以将三角函数表示成二个指数之和(差)：

$$\boxed{\begin{aligned}\cos z&=\frac{1}{2}(e^{iz}+e^{-iz}) \qquad (10)\\ \sin z&=\frac{1}{2i}(e^{iz}-e^{-iz}) \qquad (11)\end{aligned}}$$

這些公式称为尤拉公式，在实际运算时极其有用。

根据(8)式，复数z可以表示为下：

$$z=r(\cos\varphi+i\sin\varphi)=re^{i\varphi} \qquad (12)$$

由(8)式，令$z=\pm 2n\pi$，$(n=1,2,\cdots)$，则得：

$$e^{\pm 2n\pi i}=\cos 2n\pi\pm i\sin 2n\pi=1 \qquad (13)$$

亦即：指数函数是周期函数，当$z\to z+2\pi i$时，e^z之值不变。易见，$\cos z$, $\sin z$亦为周期函数，即：

$$\begin{cases}\cos(z+2\pi)=\cos z\\ \sin(z+2\pi)=\sin z\end{cases} \qquad (14)$$

容易證明，实三角函数的其他公式亦可推广至复数域中：

$$\cos(z\mp t)=\cos z\cos t\pm\sin z\sin t \qquad (15)$$

$$\sin(z\pm t)=\sin z\cos t\pm\cos z\sin t \qquad (16)$$

$$\cos^2 z+\sin^2 z=1 \qquad (17)$$

唯一的例外是：在复数域中，$|\cos z|$和$|\sin z|$不一定小於1。例如

$$\cos i=1.54308$$

$$\sin i=1.7520\,i$$

定义双曲函数如下：

$$\cosh z \equiv \operatorname{ch} z \equiv \frac{e^{z}+e^{-z}}{2} = 1+\frac{z^2}{2!}+\frac{z^4}{4!}+\cdots \tag{18}$$

$$\sinh z \equiv \operatorname{sh} z \equiv \frac{e^{z}-e^{-z}}{2} = z+\frac{z^3}{3!}+\frac{z^5}{5!}+\cdots \tag{19}$$

与 (10), (11) 比较，可知：

$$\operatorname{sh} z = -i \sin iz \tag{20}$$

$$\operatorname{ch} z = \cos iz \tag{21}$$

上二式平方，相减，得

$$(\operatorname{ch} z)^2-(\operatorname{sh} z)^2 = 1 \tag{22}$$

又，根据定义，易证：

$$\frac{d\sin z}{dz} = \cos z, \quad \frac{d\cos z}{dz} = -\sin z \tag{23}$$

$$\frac{d\operatorname{sh} z}{dz} = \operatorname{ch} z, \quad \frac{d\operatorname{ch} z}{dz} = \operatorname{sh} z \tag{24}$$

即：在实变数情况下的微商公式，在复变数情况下仍然成立。

§5. 反函数

设 z 和 w 间存在下列关系：

$$w = f(z), \quad z = \psi(w)$$

则称 $\psi(z)$ 为 $f(z)$ 之"反函数"，同样，$f(z)$ 为 $\psi(z)$ 之反函数。

指数函数 e^{z} 的反函数称为对数函数，以 $\ln z$ 表之。根据定义，

$$w = \ln z, \quad z = e^{w} = e^{u+iv}$$ ，u, v 为 w 之实部和虚部

但 $z = re^{i\varphi}$，所以

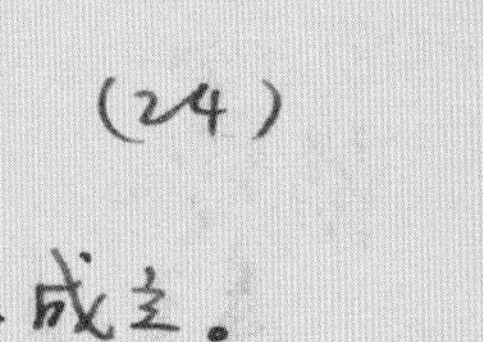

$$re^{i\varphi} = e^{u+iv}$$

取绝对值，得：$r = e^{u}$，$u = \ln r$

这样上式变成：$e^{i\varphi} = e^{iv}$，$v = \varphi$ ~~$\pm 2n\pi$ $n = 0, \pm1, \pm2, \cdots$~~

$$\therefore\quad \ln z = \ln r + i\varphi = \ln|z| + i\arg z \qquad (1)$$

但 arg z 是多值的

因此，ln z 是 z 之多值函数。当 z 绕原点一圈时，ln z 增加 $2\pi i$

又，
$$\frac{d\ln z}{dz} = 1\Big/\frac{dz}{d\ln z} = 1\Big/\frac{de^w}{dw} = \frac{1}{e^w} = \frac{1}{z} \qquad (2)$$

易证：

$$\begin{cases} \ln z_1 + \ln z_2 = \ln(z_1 z_2) \\ \ln z_1 - \ln z_2 = \ln\left(\frac{z_1}{z_2}\right) \end{cases} \qquad (3)$$

下面研究三角函数的反函数，以 $\cos^{-1} z$，$\sin^{-1} z$ 表之。

如 $w = \sin^{-1} z$，则根据定义，

$z = \sin w = \frac{1}{2i}\left(e^{iw} - e^{-iw}\right)$，两边乘 $2i\,e^{iw}$，得：

$$\left(e^{iw}\right)^2 - 2iz\,e^{iw} - 1 = 0$$

這是一个 e^{iw} 的二次方程式，其解为：

$$e^{iw} = iz \pm \sqrt{1-z^2}$$

取对数，
$$w = \sin^{-1} z = -i\ln\left(iz \pm \sqrt{1-z^2}\right) \qquad (4)$$

注意上式右端是很复杂的多值函数。

同样可得
$$\cos^{-1} z = -i\ln\left(z \pm \sqrt{z^2-1}\right) \qquad (5)$$

如定义 $\tan z = \frac{\sin z}{\cos z}$，则可求得

$$\tan^{-1} z = \frac{1}{2i}\ln\frac{1+iz}{1-iz} \qquad (6)$$

易証
$$\frac{d\tan^{-1} z}{dz} = \frac{1}{1+z^2} \qquad (7)$$

6

设 $z=w^2$，则其反函数为 $w=z^{\frac{1}{2}}$，下面将 w 表成 e^{u+iv} 之形式：

$$z=|z|e^{i\varphi}，\quad \varphi \text{ 是 } z \text{ 之幅角，} \varphi=\arg z,$$

$$\therefore \quad w=z^{\frac{1}{2}}=|z|^{\frac{1}{2}}e^{i\frac{1}{2}\varphi}=e^{\frac{1}{2}(\ln|z|+i\varphi)}$$

推广至 $w=z^{\alpha}$，α 为任意复数，则有：

$$\boxed{z^{\alpha}=e^{\alpha(\ln|z|+i\arg z)}=e^{\alpha\ln z}} \qquad (8)$$

一般，这也是一个多值函数。

由(8)式，$\dfrac{dz^{\alpha}}{dz}=\dfrac{d\,e^{\alpha\ln z}}{dz}=e^{\alpha\ln z}\cdot\dfrac{\alpha}{z}=\alpha z^{\alpha-1}$ (9)

和实变函数中的微分法则一样。

§6. 复变积分

和实变函数相似，复变函数的积分定义如下：

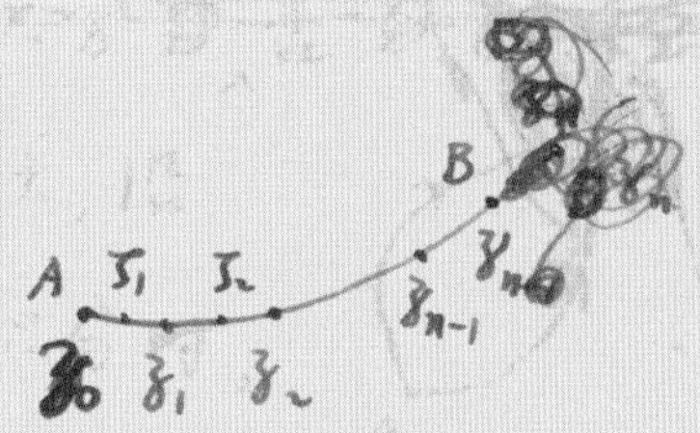

如 $\sum\limits_{k=1}^{n} f(\zeta_k)(z_k-z_{k-1})$，当 $n\to\infty$ 时，有极限存在，则称之为 $f(z)$ 的积分：

$$\int_A^B f(z)\,dz=\lim_{\substack{z_k-z_{k-1}\to 0\\(n\to\infty)}}\sum_{k=1}^{\infty} f(\zeta_k)(z_k-z_{k-1}) \qquad (1)$$

容易判明，只要 $f(z)$ 的实部和虚部均连续，则 $f(z)$ 的积分便是存在的。

显然，复变积分具有下述简单性质：

1. $\int_{(AB)} f(z)\,dz=-\int_{(BA)} f(z)\,dz$ (2)

(AB) 指曲线 A→B. (BA) 指 B→A.

2. $\int_{(AB)} a f(z)\,dz=a\int_{(AB)} f(z)\,dz$，a 为常数 (3)

3. 设 $(AB)=(AD)+(DB)$，则

7

$$\int_{(AB)} f(z)\,dz = \int_{(AD)} f(z)\,dz + \int_{(DB)} f(z)\,dz \qquad (4)$$

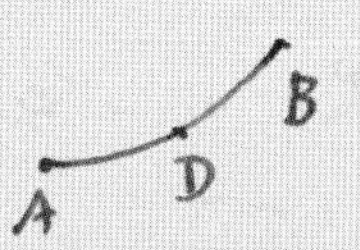

即可以分段积分。

4. $$\int_{(AB)}\left[f_1(z)+f_2(z)+\cdots\right]dz = \int_{(AB)} f_1(z)\,dz + \int_{(AB)} f_2(z)\,dz+\cdots \qquad (5)$$

5. $$\left|\int_{(AB)} f(z)\,dz\right| \le \int_{(AB)}|f(z)||dz| = \int_{(AB)}|f(z)|\,ds$$ ，ds为弧元素. (6)

6. $$\left|\int_{(AB)} f(z)\,dz\right| \le Ml,$$ (7)

l为弧長，M為$f(z)$之最大值（指弧AB上各点而言）

~~以上是定积分。下面一个问题就是不定积分。即~~

~~$\int_{z_0}^{z} f(\zeta)\,d\zeta = F(z)$~~

设固定积分的起、终点，而选择不同的路径，积分之值是否与路径有关？若与路径无关，则常可以选择适宜的路径，而使计算简化

~~$F(z)$的微商是否就是$f(z)$呢？~~

~~易见这个问题实际上等于另一个问题，即：上述积分是否与路径之选择有关~~

更进一步，若积分之值与路径有关，沿不同路径积分，得到不同之值，则沿闭路积分时，

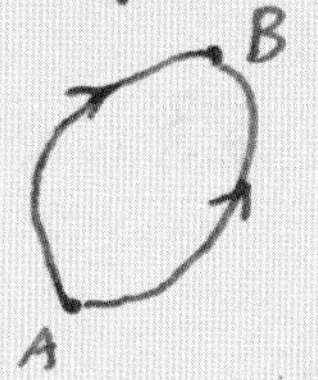

$\oint_C f(z)\,dz \ne 0$. 若积分之值与路径无关，则沿闭路积分时，$\oint_C f(z)\,dz = 0$. ~~对于这个问题我们注意~~

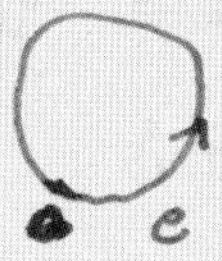

~~实变函数也有类似的情况：如 $\mathrm{curl}\,\vec{A} \ne 0$~~

（我们注意，实变函数中也有类似的问题。对于旋量 $\vec{A}$，

$\oint \vec{A}\cdot d\vec{s}$

是可以不等于 0 的）

针对上述问题，复变函数中有一个极重要的定理，那就是：

哥西定理：设$f(z)$是简单回路C内及C上的单值解析函数，则

$$\oint_C f(z)\,dz = 0 \qquad (8)$$

這里"簡單回路"包指下列各种回路，均以逆时針方向为正方向。

哥西定理有严格的证明，但相当烦。這里提供一个简捷的证明，但所用条件比較严苛。

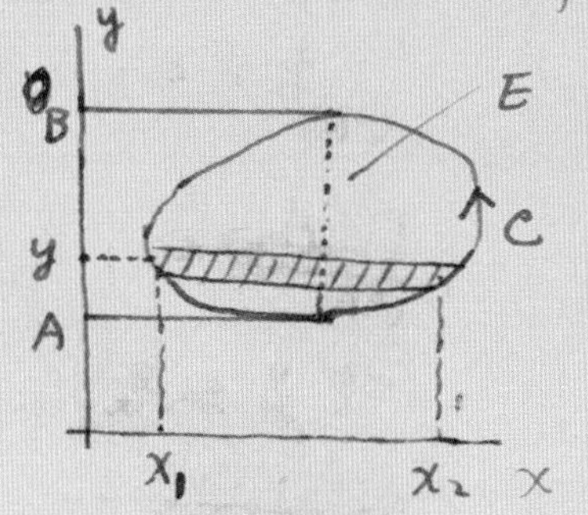

証：设 $f(z)$ 的导数連續，亦即 $\frac{\partial u}{\partial x}$ 等等連續，

则 $$\iint_E \frac{\partial u(x,y)}{\partial x} dxdy = \int_A^B dy \int_{x_1}^{x_2} \frac{\partial u}{\partial x} dx$$

$$= \int_A^B [u(x_2,y) - u(x_1,y)] dy$$

$$= \int_A^B u(x_2,y)\,dy + \int_B^A u(x_1,y)\,dy = \oint_C u(x,y)\,dy$$

（注意对 y 积分时，x_1，x_2 是可以变的，不过相应的点终在 C 上）

相似地，$$\iint_E \frac{\partial v}{\partial y} dxdy = -\oint_C v(x,y)\,dx$$

加起来，$$\iint_E \left(\frac{\partial u}{\partial x} - \frac{\partial v}{\partial y}\right) dxdy = \oint_C (u\,dy + v\,dx)$$

注意上式中 u，v 是任意二函数。若以 $-v$ 代 u，u 代 v，则得：

$$-\iint_E \left(\frac{\partial v}{\partial x} + \frac{\partial u}{\partial y}\right) dxdy = \oint_C (u\,dx - v\,dy)$$

若 u, v 為解析函数 $f(z)$ 的实部和虚部，则根据 C-R 条件，上二式左端均為0。则：

$$\oint_C (u\,dy + v\,dx) = 0$$

$$\oint_C (u\,dx - v\,dy) = 0$$

但 $$\oint_C f(z)\,dz = \oint_C (u+iv)(dx+i\,dy)$$

$$= \oint_C (u\,dx - v\,dy) + i\oint_C (u\,dy + v\,dx)$$

$$\therefore \oint_C f(z)\,dz = 0$$ （证完）

若 C 内有 $f(z)$ 的奇点存在，上述证明当然就不成立（想一想，為什么？）。有奇点的情况以后再研究。

哥西定理有极重要的应用，如下：

定理：設 $f(z)$ 為 C 內及 C 上之解析函數，a 為 C 內一点，则

$$\boxed{f(a)=\frac{1}{2\pi i}\oint_C\frac{f(z)\,dz}{z-a}} \qquad (9)$$

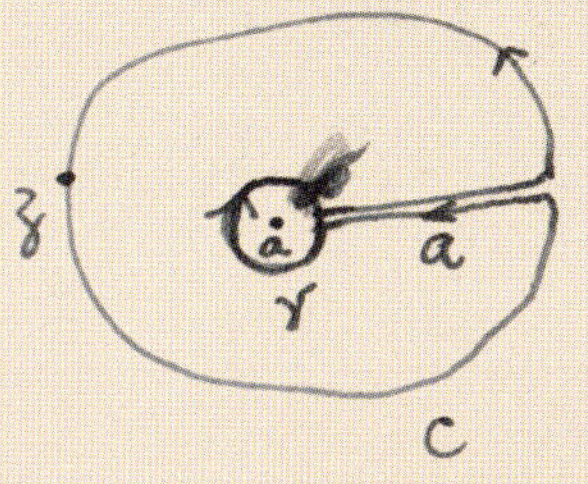

(這定理說：函數 f 在曲线内某一点的值可由曲线上的值求得)

~~證：取回路如圖，C，γ 均以逆时针方向為正。根据哥西定理，~~

證：取回路如圖，则在回路内 $f(z)/(z-a)$ 為解析函數（如直接取 C 为回路，则 a 点是奇点），根据哥西定理，

$$\left(\oint_C+\int_a-\oint_\gamma-\int_a\right)\frac{f(z)\,dz}{z-a}=0$$

即
$$\oint_C\frac{f(z)\,dz}{z-a}=\oint_\gamma\frac{f(z)\,dz}{z-a},$$
C，γ 均以逆时针方向为正方向。

选 γ 為以 a 作中心，半径为 ρ 之圆，並令 $\rho\to0$，则在 γ 上 $f(z)$ 趋于常數 $f(a)$，于是

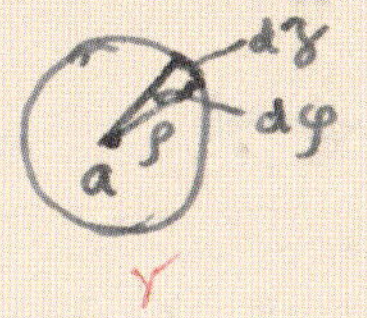

$$\oint_\gamma\frac{f(z)\,dz}{z-a}\to f(a)\oint_\gamma\frac{dz}{z-a}$$

在 γ 上，$z=a+\rho e^{i\varphi}$，$dz=i\rho e^{i\varphi}d\varphi$

$$\therefore\ \oint_\gamma\frac{f(z)\,dz}{z-a}\to f(a)\int_0^{2\pi}\frac{i\rho e^{i\varphi}d\varphi}{\rho e^{i\varphi}}=2\pi i\,f(a).$$

$$\therefore\ f(a)=\frac{1}{2\pi i}\oint_\gamma\frac{f(z)\,dz}{z-a}=\frac{1}{2\pi i}\oint_C\frac{f(z)\,dz}{z-a}$$ 證完.

~~注意回路 C 是任意的，只要把 a 点包在里面。如 C 选得好，在其上 $f(z)$ 简单易计，则就很容易把 $f(a)$ 求出来。~~

积分(9)称为哥西积分。用它，可以引出另一极重要的结论：解析函数存在任何级导数。(注意在实变函数中並無相似的定理) 如下：

在(9)中，以 ζ 换 z，z 换 a，则成：

$$f(z)=\frac{1}{2\pi i}\oint_C\frac{f(\zeta)\,d\zeta}{\zeta-z} \qquad (9')$$

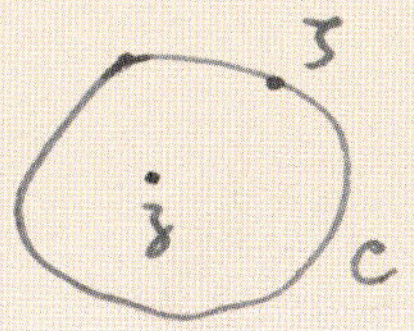

限制z在C内，则$|\zeta-z|\neq 0$.（因ζ在C上），因此 $\frac{1}{\zeta-z}$ 是C内的解析函数。~~此不再追求严格性~~，我们直到积分号中去进行微分，~~（对于ζ而言；z暂时作为常数）~~ 则得：

$$f'(z)=\frac{1}{2\pi i}\oint_C f(\zeta)\,d\zeta\,\frac{d}{dz}\left(\frac{1}{\zeta-z}\right)$$

$$=\frac{1}{2\pi i}\oint_C\frac{f(\zeta)\,d\zeta}{(\zeta-z)^2}$$

~~继续微分，则得~~

$\frac{1}{(\zeta-z)^2}$ 仍是C内解析函数，继续微分，则得：

$$\boxed{\frac{d^n f(z)}{dz^n}=\frac{n!}{2\pi i}\oint_C\frac{f(\zeta)\,d\zeta}{(\zeta-z)^{n+1}}}\qquad(10)$$

~~由此可见，对f(z)~~

当然，还可继续微分下去，求得$f(z)$的任何级微商。

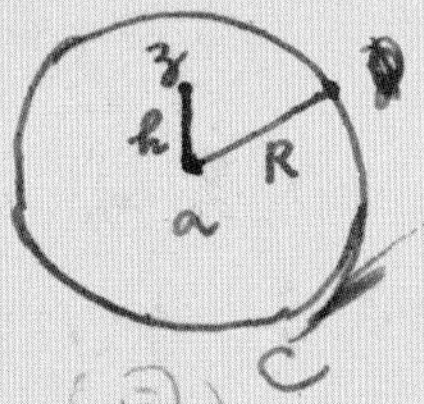

（图）

设C为以a为中心，R为半径之圆，则圆内任何一点z均可表成 $z=a+h$，$|h|<R$

~~对于~~ C内（上）的解析函数$f(z)$，毫无疑问可以展开成Taylor级数：

$$\boxed{\begin{aligned}f(z)=f(a+h)&=f(a)+hf'(a)+\cdots+\frac{h^n}{n!}f^{(n)}(a)+\cdots\\&=f(a)+(z-a)f'(a)+\cdots+\frac{(z-a)^n}{n!}f^{(n)}(a)+\cdots\end{aligned}}\qquad(11)$$

当然，级数的收敛半径至少等于R。

［简单说明如下：

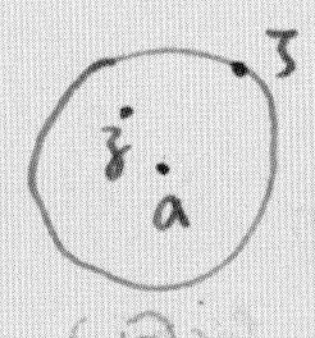

（图）

$$f(z)=\frac{1}{2\pi i}\oint_C\frac{f(\zeta)\,d\zeta}{\zeta-z}=\frac{1}{2\pi i}\oint_C\frac{f(\zeta)\,d\zeta}{\zeta-a-h}$$

$$\frac{1}{\zeta-a-h}=1\Big/(\zeta-a)\left(1-\frac{h}{\zeta-a}\right)=\frac{1}{\zeta-a}\sum_0^\infty\left(\frac{h}{\zeta-a}\right)^n$$

$$\therefore f(z)=\frac{1}{2\pi i}\sum_0^\infty\oint_C\frac{h^n f(\zeta)\,d\zeta}{(\zeta-a)^{n+1}}\overset{由(10)}{=\!=}\sum_0^\infty\frac{h^n\,f^{(n)}(a)}{n!}$$ ］

§7. 奇点

9

如上所述，如函数 $f(z)$ 在 $z=a$ 处解析，则在 a 附近可以展开成 Taylor 级数，当 $z\to a$ 时，$f(z)\to f(a)$。a 称为函数 $f(z)$ 的正规点（正常点）

如果 Taylor 级数中前 m 项均为零，则：

$$f(z)=(z-a)^m\frac{f^{(m)}(a)}{m!}+(z-a)^{m+1}\frac{f^{(m+1)}(a)}{(m+1)!}+\cdots$$

指出共同的因子 $(z-a)^m$，剩下的是一个零次项不为 0 的级数，以 $\varphi(z)$ 表之，则

$$f(z)=(z-a)^m\varphi(z),\quad \varphi(a)\neq 0 \qquad (1)$$

称 a 为 $f(z)$ 的 m 级"零点"。因为当 $z\to a$ 时，

$$f(z)\to(z-a)^m\varphi(a)$$

是 m 级小数量。（所谓"m 级无穷小"）

显然，零点的级数愈高，$f(z)$ 趋于 0 愈快。

在有些点，函数趋于 ∞，例如在 $z\to a$ 时，函数

$$\frac{1}{(z-a)^2},\quad \frac{z}{(z-a)^5},\quad \frac{e^z}{z-a}$$

均趋于 ∞，那个函数趋于 ∞ 更快些？这问题可以反过来研究，即研究它们的倒数

$$(z-a)^2,\quad \frac{(z-a)^5}{z},\quad \frac{z-a}{e^z}$$

趋于 0 的快慢。$z=a$ 分别是它们的 2，5，1 级零点，故当 $z\to a$ 时，$z/(z-a)^5$ 趋于 ∞ 最快。

因此，我们定义：如 a 是 $\frac{1}{f(z)}$ 的 m 级零点，则称 a 是 $f(z)$ 的 m 级"极点"

极点的级愈高，函数趋于 ∞ 愈快。

如 a 是 $f(z)$ 的 m 级极点，$g(z)$ 的 n 级极点，则容易看出：

$\frac{f(z)}{g(z)} \xrightarrow[z\to a]{}$ 常数，若 $m=n$ ⎫ $\frac{f(z)}{g(z)}$ 在 a 点解析

$\frac{f(z)}{g(z)} \xrightarrow[z\to a]{} 0$，若 $m<n$ ⎭

$\frac{f(z)}{g(z)} \xrightarrow[z\to a]{} \infty$，若 $m>n$. $\frac{f(z)}{g(z)}$ 在 a 点不解析

以此类推。

由此可见，研究零点和极点的级数有助于判断二个函数的商和积是否是解析函数。

显然，将函数在极点（奇点）附近展开成级数时，其中必然包含负幂的项。设 a 是 $f(z)$ 的 m 级极点，则，

$$f(z)=\frac{b_m}{(z-a)^m}+\frac{b_{m-1}}{(z-a)^{m-1}}+\cdots+\frac{b_1}{z-a}+F(z) \qquad (2)$$

其中 $F(z)$ 是解析的。

级数(2)称为罗朗（Laurent）级数

设 $f(z)$ 的级数展开中包含 $(z-a)^{-\infty}$ 的项，则称 a 为 $f(z)$ 之"本性奇点"。例如 $z=0$ 是 $e^{\frac{1}{z}}$ 的本性奇点。

显然，如 a 是 $f(z)$ 的本性奇点，$g(z)$ 的 m 级极点，则当 $z\to a$ 时，$f(z)$ 常可比 $g(z)$ 更快地趋于 ∞.

在本性奇点附近，函数的性质极端复杂。如以 $e^{\frac{1}{z}}$ 为例：

当 z 取下列数列趋于 0 时，$e^{\frac{1}{z}}\to\infty$：

$$\frac{1}{1},\ \frac{1}{2},\ \frac{1}{3},\ \cdots,\ \frac{1}{n},\ \cdots$$

当 z 取下列数列趋于 0 时，$e^{\frac{1}{z}}\to 0$：

$$-1,\ -\frac{1}{2},\ -\frac{1}{3},\ \cdots,\ -\frac{1}{n},\ \cdots$$

可以证明，取合适的数列，可使 $e^{\frac{1}{z}}$ 趋于任何复数值。

无穷远不是一个数，而是一个趋向。要研究 $z\to\infty$ 时函数 $f(z)$ 的性质，可以先作变换 $\zeta=\frac{1}{z}$，再研究 $f(\frac{1}{\zeta})$ 在 $\zeta=0$ 处的性质。如 $\zeta=0$ 是 $f(\frac{1}{\zeta})$ 的 m 级极点，则 ∞ 是 $f(z)$ 的 m 级极点。

例如，对于 m 次多项式

$$f(z)=a_m z^m+a_{m-1}z^{m-1}+\cdots+a_1 z+a_0。$$

∞ 是它的 m 级极点。

§8. 留数 (Residue)

在§6中我们证明了极重要的哥西定理：对于回路 C 内及 C 上的解析函数 $f(z)$，$\oint_C f(z)\,dz=0$

现在我们提出一个进一步的问题：如果回路 C 内包含一个 $f(z)$ 的奇点 a，（因此，$f(z)$ 在 a 处不是解析函数）则 $\oint_C f(z)\,dz$ 是否仍然为零？下面就来研究这个问题：

设 $f(z)$ 在 C 内仅一个奇点 a，在其他点 $f(z)$ 均解析。作小圆 γ 把 a 包起来，并和 C 构成回路如图，则在回路所包区域内 $f(z)$ 是解析函数，根据哥西定理，

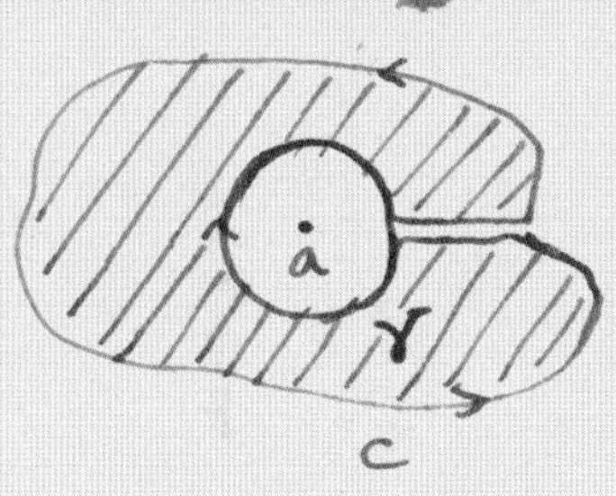

$$\oint_C f(z)\,dz=\oint_\gamma f(z)\,dz$$

将 $f(z)$ 的罗朗级数

$$f(z)=\cdots+\frac{b_2}{(z-a)^2}+\frac{b_1}{z-a}+F(z)\quad，F(z)\text{解析}$$

代入上式，积分，得：

$$\oint_C f(z)\,dz = \cdots + b_2\oint_\gamma \frac{dz}{(z-a)^2} + b_1\oint_\gamma \frac{dz}{(z-a)} + \oint_\gamma F(z)\,dz$$

$F(z)$既为解析函数，故最后一项为0，根据习题16，第一项(同样，以前的各项)亦为0，而第二项为 $2\pi i\, b_1$（见§6）

故得结论如下：

$$\oint_C f(z)\,dz = 2\pi i\, b_1 \qquad (1)$$

b_1称为$f(z)$在a点的"留数"，以R表之。注意留数是$f(z)$在a点的罗朗级数展开式中$(z-a)^{-1}$项的系数。

设回路C内，$f(z)$有若干个奇点，留数分别为R_1，R_2，……，R_i，…，则显然有下列结果：

$$\boxed{\oint_C f(z)\,dz = 2\pi i \sum R_i} \qquad (2)$$

由图自明。

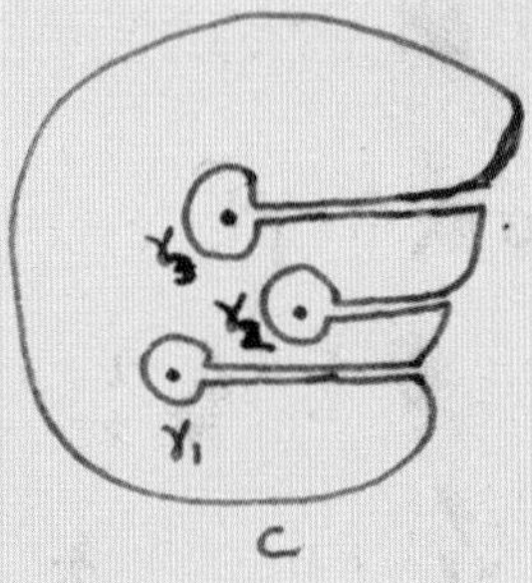

上述关于留数的理论，可以用来计算若干定积分。下面列举三种类型，先讲普遍公式，再举实例。

(1) 计算 $\boxed{I = \int_0^{2\pi} F(\cos\theta, \sin\theta)\,d\theta}$

其中 F 是 $\cos\theta$，$\sin\theta$ 的有理函数（多项式/多项式）

作变换 $z = e^{i\theta}$，则 $\cos\theta = \frac{1}{2}\left(z + \frac{1}{z}\right)$，$\sin\theta = \frac{1}{2i}\left(z - \frac{1}{z}\right)$

$dz = iz\,d\theta$，$I = \int_C f(z)\,dz$，C为以原点为中心，1为半径之圆.

$$\therefore\ \boxed{I = \sum_k 2\pi i R_k} \qquad (3)$$

R_k是圆内所包含的$f(z)$的极点的留数。

注意，若F是有理函数，则f也是，而计算有理函数的留数是并不困难的。

例： $I=\int_0^{2\pi}\frac{d\theta}{1-2p\cos\theta+p^2}$ ， $0<p<1$.　　11

作变换 $z=e^{i\theta}$，则变成：

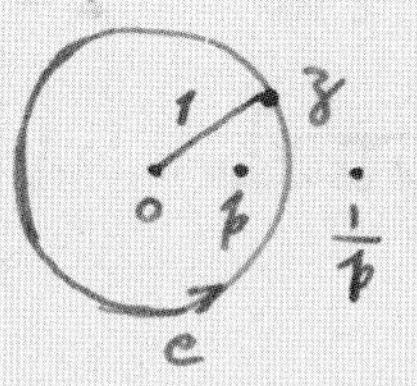

$$I=\oint_c dz\Big/iz\left[1-p\left(z+\frac{1}{z}\right)+p^2\right]$$

$$=\frac{1}{i}\oint_c dz\Big/\left(z-pz^2-p+p^2z\right)=\frac{1}{i}\oint_c\frac{dz}{(1-pz)(z-p)}$$

$f(z)=\frac{1}{i}\frac{1}{(1-pz)(z-p)}$，有二个极点：$p$ 和 $\frac{1}{p}$，前者在圆内，为一级极点，留数为 $\frac{1}{i}\frac{1}{(1-p^2)}$，故得：

$$I=\int_0^{2\pi}\frac{d\theta}{1-2p\cos\theta+p^2}=\frac{2\pi}{1-p^2}\qquad(4)$$

(2) 计算 $\boxed{I=\int_{-\infty}^{\infty}Q(x)\,dx}$

其中 $Q(x)$ 满足下列条件：

i) 作为复变函数，$Q(z)$ 在上半平面只有有限个极点。余均解析。

ii) 实轴上，$Q(z)$ 无奇点.

iii) 在上半平面（$0\leq\arg z\leq\pi$），$|z|\to\infty$ 时，$zQ(z)\to 0$.

iv) $\int_{-\infty}^{0}Q(x)\,dx$ 和 $\int_0^{\infty}Q(x)\,dx$ 均存在。

我们来证明：$\boxed{I=2\pi i\sum R_k}$　　(5)

其中 R_k 为 $Q(z)$ 在上半平面的各个极点处的留数。

证：取图示之积分路线 ~~令 $\rho\to\infty$~~，则

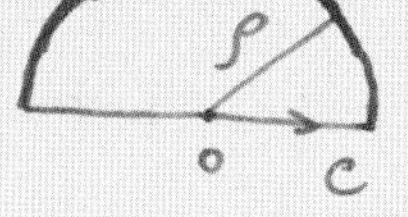

$$\oint_c Q(z)\,dz=\int_{-\rho}^{\rho}Q(x)\,dx+\int_{\text{半圆}}Q(z)\,dz$$

$\rho\to\infty$ 时，$\left|\int_{\text{半圆}}Q(z)\,dz\right|\leq\left|zQ(z)\right|_{\text{最大}}\int_0^{\pi}d\theta\longrightarrow 0$（根据 iii）

余自明。

例： $I=\int_{-\infty}^{\infty}\frac{dx}{(x^2+1)^3}$ ， $Q(z)=\frac{1}{(z^2+1)^3}$，显然满足上述条件.

其极点为 $\pm i$，在上半平面者为 $z=i$. $Q(z)=1\Big/(z+i)^3(z-i)^3$，为3级极点。欲求 $z=i$ 处留数，祇要求 $1\Big/(z+i)^3$ 的展开式中 $(z-i)^2$ 项的系数。

$$\frac{1}{(z+i)^3} = \frac{1}{(2i+z-i)^3} = \frac{1}{(2i)^3\left(1+\frac{z-i}{2i}\right)^3} = \left(\frac{1}{2i}\right)^3\left(1+\frac{z-i}{2i}\right)^{-3}.$$

按照二项式定理，其中 $(z-i)^2$ 项系数为：

$$\left(\frac{1}{2i}\right)^3\frac{(-3)(-4)}{2!}\left(\frac{1}{2i}\right)^2 = -\frac{3i}{16}$$

∴ $Q(z)$ 在 $z=i$ 处之留数为 $-\frac{3i}{16}$

$$\therefore\ \int_{-\infty}^{\infty}\frac{dx}{(x^2+1)^3} = 2\pi i\cdot\frac{-3i}{16} = \frac{3\pi}{8}$$

(3) 討論 $I = \int_{-\infty}^{\infty} Q(x)e^{imx}dx, \quad m>0$

其中 $Q(x)$ 满足下列条件：

i) $Q(z)$ 在上半平面只有有限个极点，余均解析.

（注意 e^{imz} 在上半平面是解析的，只要 $m>0$）

ii) 实轴上，$Q(z)$ 无奇点.

iii) 在上半平面，$|z|\to\infty$ 时，$Q(z)\to 0$

我们来证明： $I = 2\pi i\sum R_k$ (6)

其中 R_k 为 $Q(z)e^{imz}$ 在上半平面的各个极点处的留数.

証明方法和上一个一样，只要证明在半圆 Γ 上，

$$\left|\int_\Gamma Q(z)e^{imz}dz\right| \xrightarrow[\rho\to\infty]{} 0$$

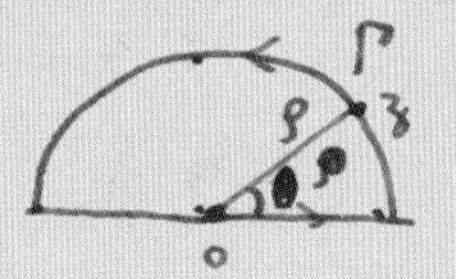

就行。 $e^{imz} = e^{imx}e^{-ym} = e^{imx}e^{-m\rho\sin\theta}$,

如 $\theta\neq 0,\pi$，则 $e^{-m\rho\sin\theta}$ 是无穷小，问题就解决了。但在 $\theta=0,\pi$ 处，还须研究一下。

当 $\rho\to\infty$ 时，$Q(z)\to 0$，故 $|Q(z)|<\frac{\varepsilon}{\pi}$，$\varepsilon$ 为任意小量.

$$\left|\int_\Gamma Q(z)e^{imz}dz\right| < \frac{\varepsilon}{\pi}\int_0^\pi e^{-m\rho\sin\theta}\rho\, d\theta \qquad (|dz| = \rho\, d\theta)$$

$$= \frac{2\varepsilon}{\pi}\int_0^{\frac{\pi}{2}} e^{-m\rho\sin\theta}\rho\, d\theta$$

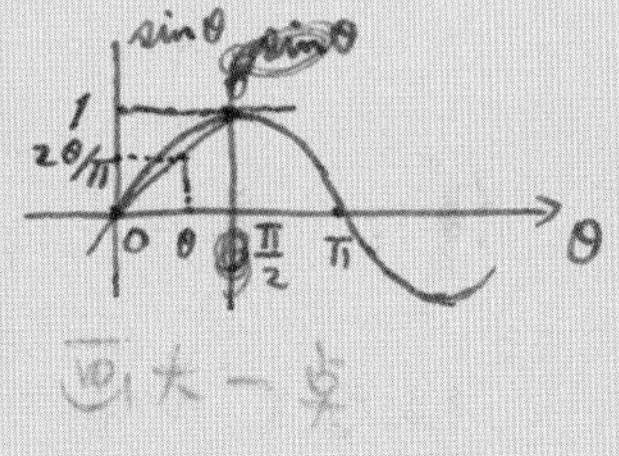

但在 $(0,\frac{\pi}{2})$ 间，$\sin\theta \geq \frac{2\theta}{\pi}$，由图自明.

$$\therefore\ \left|\int_\Gamma Q(z)e^{imz}dz\right| < \frac{2\varepsilon}{\pi}\int_0^{\frac{\pi}{2}} e^{-\frac{2m\rho\theta}{\pi}}\rho\, d\theta = \frac{\varepsilon}{m}\left[e^{-2m\rho\theta/\pi}\right]_0^{\frac{\pi}{2}} < \frac{\varepsilon}{m} \xrightarrow[\varepsilon\to 0]{} 0$$

証明完毕。

12

例：求 $I=\int_0^\infty \frac{\sin x}{x}\,dx$.

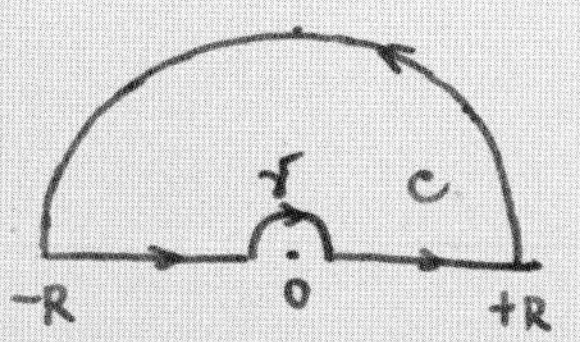

我们考虑 $\oint_C \frac{e^{iz}}{z}\,dz$，C如图所示.

[所以要绕过原点，是因为它是 $\frac{1}{z}$ 的极点，而且在 $x=0$ 处，$\frac{\sin x}{x}=\frac{0}{0}$，是不定值，一般了解积分 $\int_0^\infty \frac{\sin x}{x}\,dx$ 为其主值：$\lim_{\alpha\to 0}\int_\alpha^\infty \frac{\sin x}{x}\,dx$]

在C内，$\frac{e^{iz}}{z}$ 为解析函数，故积分为0.

但当 $R\to\infty$ 时，在大半圆上的积分 $\int \frac{e^{iz}}{z}\,dz$ 为零。~~小半圆上~~

在小半圆γ上，设其半径为ρ，则

$$z=\rho e^{i\theta},\quad dz=i\rho e^{i\theta}d\theta=iz\,d\theta,$$

~~$e^{iz}=e^{i\rho e^{i\theta}}=e^{i\rho\cos\theta-\rho\sin\theta}$~~

$$\int_\gamma \frac{e^{iz}}{z}\,dz=i\int_\pi^0 e^{iz}\,d\theta \xrightarrow[\rho\to 0]{} i\int_\pi^0 d\theta=-\pi i$$

$$\therefore\ \oint_C \frac{e^{iz}}{z}\,dz \xrightarrow[\substack{R\to\infty\\ \rho\to 0}]{} \left(\int_{-\infty}^0+\int_0^\infty\right)\frac{e^{ix}}{x}\,dx-i\pi=0$$

即：$\int_{-\infty}^\infty \frac{\cos x}{x}\,dx+i\int_{-\infty}^\infty \frac{\sin x}{x}\,dx=i\pi$.

虚部相等，得 $\int_{-\infty}^\infty \frac{\sin x}{x}\,dx=\pi$

$\frac{\sin x}{x}$ 为偶函数，$\therefore\ \int_0^\infty \frac{\sin x}{x}\,dx=\frac{\pi}{2}$　　(7)

附：留数的求法：

1. 设 $z=a$ 是 $f(z)$ 的一级极点，则

$$f(z)=\frac{1}{z-a}\varphi(z),\quad \varphi(z)=\varphi(a)+c_1(z-a)+c_2(z-a)^2+\cdots$$

$\therefore$ $f(z)$在$z=a$处的留数为 $\varphi(a)=\left[(z-a)f(z)\right]_{z=a}$　　(8)

2. 设 $z=a$ 是 $f(z)$ 的 m级极点，令

$$\psi(z)=(z-a)^m f(z)，是解析函数.$$

$\therefore\quad \psi(z)=(z-a)^m f(z)=c_0+c_1(z-a)+\cdots+c_{m-1}(z-a)^{m-1}+\cdots$

$$\left[\frac{d^{m-1}}{dz^{m-1}}\psi(z)\right]_{z=a}=(m-1)!\;c_{m-1}$$

但 $f(z)=\cdots\cdots+\dfrac{b_1}{z-a}+\cdots$

易见 $b_1=c_{m-1}$

$$\therefore\quad b_1=\frac{1}{(m-1)!}\left[\frac{d^{m-1}}{dz^{m-1}}(z-a)^m f(z)\right]_{z=a} \qquad (9)$$

这就是 $f(z)$ 在 $z=a$ 处的留数。

当然，有理函数的留数也可以用因式分解或级数展开的办法求得。

第二章
特殊函数

§1 二阶线性常微分方程在正常点附近的幂级数解法
§2 正则奇异点附近的解
§3 Γ函数
§4 超比函数
§5 汇合超比函数
§6 $\Gamma(z)$，$F(\alpha,\beta,\gamma;z)$和$F(\alpha,\gamma;z)$的回路积分表示法
§7 关于正交多项式
§8 勒上特多项式
§9 联属勒上特多项式
§10 厄米多项式
§11 贝塞函数和汉开尔函数
§12 δ–函数和富利叶积分
§13 纵直角坐标换到球坐标
§14 柱坐标和抛物坐标

笔记打字：此页起 4张

第二章 特殊函数

§1. 二阶线性常微分方程在正常点附近的幂级数解法

研究下列常微分方程的解：

$$\frac{d^2 u}{dz^2}+p(z)\frac{du}{dz}+q(z)\,u=0 \qquad (1)$$

設 $p(z)$，$q(z)$ 在 $z=0$ 附近是解析函数，则可展成幂级数（Taylor 级数）：

$$\left.\begin{aligned} p(z)&=p_0+p_1 z+p_2 z^2+\cdots+p_n z^n+\cdots \\ q(z)&=q_0+q_1 z+q_2 z^2+\cdots+q_n z^n+\cdots \end{aligned}\right\} \qquad (2)$$

$u=u(z)$ 是否也可以展成 Taylor 级数

$$u(z)=a_0+a_1 z+a_2 z^2+\cdots=\sum_{n=0}^{\infty} a_n z^n \qquad (3)$$

呢？或者，$u(z)$ 必须展开成羅朗级数：

$$u(z)=\frac{b_m}{z^m}+\frac{b_{m-1}}{z^{m-1}}+\cdots+\frac{b_1}{z}+a_0+a_1 z+\cdots \quad ?$$

我们来说明后者是不可能的。因为，~~否定其~~ 如果 $u(z)$ 的级数中最低次项不是 z^0 而是 z^{-m}，则 $\frac{d^2u}{dz^2}$ 的最低次项将是 z^{-m-2}，$\frac{du}{dz}$ 的最低次项是 z^{-m-1}。这样，方程 (1) 中三项的最低次项将是：

$$\frac{d^2u}{dz^2} \text{ —— } b_m(-m)(-m-1)\,z^{-m-2}$$

$$p(z)\frac{du}{dz} \text{ —— } b_m p_0 (-m)\,z^{-m-1} \quad [\text{或 } b_m p_1 (-m)\,z^{-m}\text{，当 } p_0=0]$$

$$q(z)\,u \text{ —— } b_m q_0\, z^{-m} \quad [q_0=0 \text{ 时，是 } b_m q_1 z^{-m+1}]$$

注意当 $z\to 0$ 时，左端就是 $\frac{d^2u}{dz^2}$，$p(z)\frac{du}{dz}$，$q(z)\cdot u$，而它们是彼此不相等的（$\frac{d^2u}{dz^2}$ 最大，$p(z)\frac{du}{dz}$ 次之，$q(z)u$ 最小）由此可见，(1) 式不被满足。亦即：$u(z)$ 不能含有负幂的项。因此，$u(z)$ 一定可以展开成 Taylor 级数(3)，亦即 $u(z)$ 是解析函数。

$$\frac{du}{dz} = a_1 + 2a_2 z + \cdots + n a_n z^{n-1} + \cdots \qquad (4)$$

$$\frac{d^2u}{dz^2} = 2a_2 + 3\cdot 2\cdot a_3 z + \cdots + n(n-1) a_n z^{n-2} + \cdots \qquad (5)$$

将(2)，(4)，(5)式代入(1)，得：

$$\sum_{n=2}^{\infty} n(n-1) a_n z^{n-2} + \left(\sum_{m=0}^{\infty} p_m z^m\right)\left(\sum_{n=1}^{\infty} n a_n z^{n-1}\right) + $$

$$+ \left(\sum_{m=0}^{\infty} q_m z^m\right)\left(\sum_{n=0}^{\infty} a_n z^n\right) = 0 \qquad (6)$$

~~上式对所有的 z 均应成立。把 z 的同次幂集起来，成~~：

~~$\sum_{\nu=0}^{\infty}\{(\nu+2)(\nu+1)a_{\nu+2}$~~

第一项 以 ν 表 $n-2$，则成

$$\sum_{\nu=0}^{\infty} (\nu+1)(\nu+2) a_{\nu+2} z^{\nu}$$

第二项 以 k 表 $n-1$，则成

$$\sum_{m=0}^{\infty} \sum_{k=0}^{\infty} p_m (k+1)\cdot a_{k+1} z^{k+m}$$

以 ν 表 $k+m$，则 $m=\nu-k$，$k \leq \nu$，~~故…~~，第二项成：

$$\sum_{\nu=0}^{\infty} \sum_{k=0}^{\nu} p_{\nu-k}\cdot(k+1)\cdot a_{k+1} z^{\nu}$$

第三项 以 ν 表 $m+n$，$m=\nu-n$，$n \leq \nu$，成

$$\sum_{\nu=0}^{\infty} \sum_{n=0}^{\nu} q_{\nu-n} a_n z^{\nu} = \sum_{\nu=0}^{\infty} \sum_{k=0}^{\nu} q_{\nu-k} a_k z^{\nu}$$

这样，(6)式成：

$$\sum_{\nu=0}^{\infty} z^{\nu} \left\{(\nu+1)(\nu+2) a_{\nu+2} + \sum_{k=0}^{\nu}\left[(k+1) p_{\nu-k} a_{k+1} + q_{\nu-k} a_k\right]\right\} = 0 \qquad (7)$$

以 b_ν 表 { }，则成 $\sum_{\nu=0}^{\infty} z^{\nu} b_{\nu} = 0$。

当 $z \to 0$ 时，~~则~~得 $b_0 = 0$，~~当 $z \to 0$ 时~~，~~上式左端~~

当 z 很小时，$\sum_{\nu=1}^{\infty} b_\nu z^\nu \doteq b_1 z = 0$，因此 $b_1 = 0$，

以此类推，有 $b_0=b_1=b_2=\cdots=0$

亦即：
$$(\nu+2)(\nu+1)a_{\nu+2}+\sum_{k=0}^{\nu}\left[(k+1)p_{\nu-k}a_{k+1}+q_{\nu-k}a_k\right]=0 \qquad (8)$$

[因(7)式左端是幂级数之和恒为0，则各项系数均为0]

(8)式，当 $\nu=0$ 时，成

$$2a_2+p_0a_1+q_0a_0=0$$

$$a_2=-\frac{1}{2}(p_0a_1+q_0a_0)$$

我们知道，二阶微分方程的解应该包含二个任意常数，这就是 a_0 和 a_1，亦即 a_0，a_1 是任意的，但一经选定，就可以求出 a_2 来。由(8)式可知，由 a_0，a_1，a_2，又可以求出 a_3 来。依此类推，可以把所有 a_ν 都求出来，代入(3)式，就得到所要的解 $u(z)$，一般，令

$a_0=1$，$a_1=0$，	相应的解为	u_1
$a_0=0$，$a_1=1$，	……	u_2

(9)

则，(1)式的普遍解为：

$$u=c_1u_1+c_2u_2 \qquad (10)$$

c_1，c_2 为任意常数。如 u 代表量子力学中的波函数，则 c_1，c_2 应适当选择使 u 满足一定的边界条件。

可以证明，级数 u_1，u_2 的收敛半径等于级数 $p(z)$ 和 $q(z)$ 的收敛半径之较小者。如果 $p(z)$，$q(z)$ 是全平面的解析函数，则 u_1，u_2（因此 u）也是全平面的解析函数。

15

§2. 正则奇点附近的解

量子力学中出现的形如§1 (1)式的微分方程中，$p(z)$ 和 $q(z)$ 常常有极点。移动坐标系的原点，可将奇点变到 $z=0$ 处。亦即，在 $z=0$ 附近，$p(z)$ 和 $q(z)$ 可展成罗朗级数：

$$p(z)=p_0+p_1 z+p_2 z^2+\cdots+p_{-1}z^{-1}+p_{-2}z^{-2}+\cdots$$

$$q(z)=q_0+q_1 z+q_2 z^2+\cdots+q_{-1}z^{-1}+q_{-2}z^{-2}+\cdots$$

我们来研究这样一个问题：在什么情况下，方程

$$\boxed{\frac{d^2u}{dz^2}+p(z)\frac{du}{dz}+q(z)u=0} \qquad (1)$$

的解 u 可以展成 Taylor 级数；在什么情况下 u 必须展成罗朗级数，但有一个最低次项 z^α $(\alpha<0)$；在什么情况下 u 的罗朗级数中必须包含直至 $z^{-\infty}$ 的项。

设 u 的级数展开中，最低次项为 z^α $(\alpha>0$ 或 $<0)$ 则

$\frac{d^2u}{dz^2}$ 的最低项为 $z^{\alpha-2}$

$\frac{du}{dz}$ 的最低项为 $z^{\alpha-1}$

如 $p(z)$ 中包含 z^{-2} 或 z^{-2} 以下的项，则

$p(z)\frac{du}{dz}$ 的最低项至少是 $z^{\alpha-3}$

如 $q(z)$ 中包含 z^{-3} 或 z^{-3} 以下的项，则

$q(z)u$ 的最低项至少是 $z^{\alpha-3}$

在此情况下，方程(1)一般将不能被满足。除非 u 中必须包含直至 $z^{-\infty}$ 的项。如 u 代表波函数，则在奇点 $(z=0)$ 波函数将趋于 ∞，不符合物理要求。

因此我们只讨论下述情况下 (1) 式的解。

$$p(z)=\frac{1}{z}(b_0+b_1 z+\cdots)=\sum_{n=0}^{\infty}b_n z^{n-1} \qquad (2)$$

$$q(z)=\frac{1}{z^2}(c_0+c_1 z+\cdots)=\sum_{n=0}^{\infty}c_n z^{n-2} \qquad (3)$$

§2 正则奇点附近的解

16

b_0, c_0 不同时为 0.（想一想，为什么要这样规定？）

为方便计，将(1)式乘 z^2，变成：

$$z^2\frac{d^2u}{dz^2}+\left(\sum_{n=0}^{\infty}b_nz^{n+1}\right)\frac{du}{dz}+\left(\sum_{n=0}^{\infty}c_nz^n\right)u=0 \qquad (4)$$

令
$$\boxed{u=z^\rho(a_0+a_1z+\cdots)=\sum_{n=0}^{\infty}a_nz^{n+\rho}} \qquad (5)$$

其中 ρ 可正，可负，可不为整数。$\boxed{a_0\neq 0}$（否则，提出因子 z，重新定义一个 ρ，等於原来的 $\rho+1$）

$$\frac{du}{dz}=\sum_{n=0}^{\infty}(n+\rho)a_nz^{n+\rho-1}=\sum_{k=0}^{\infty}(k+\rho)a_kz^{k+\rho-1}$$

$$\frac{d^2u}{dz^2}=\sum_{n=0}^{\infty}(n+\rho)(n+\rho-1)a_nz^{n+\rho-2}$$

代入(4)式，得

$$\sum_{n=0}^{\infty}(n+\rho)(n+\rho-1)a_nz^{n+\rho}+\left(\sum_{n=0}^{\infty}b_nz^n\right)\left(\sum_{k=0}^{\infty}(k+\rho)a_kz^{k+\rho}\right)$$
$$+\left(\sum_{n=0}^{\infty}c_nz^n\right)\left(\sum_{k=0}^{\infty}a_kz^{k+\rho}\right)=0$$

消去共同因子 z^ρ，成

$$\sum_{n=0}^{\infty}(n+\rho)(n+\rho-1)a_nz^n+\sum_{n=0}^{\infty}\sum_{k=0}^{\infty}(k+\rho)b_na_kz^{n+k}$$
$$+\sum_{n=0}^{\infty}\sum_{k=0}^{\infty}c_na_kz^{n+k}=0 \qquad (6)$$

第一项改写成 $\sum_{\nu=0}^{\infty}(\nu+\rho)(\nu+\rho-1)a_\nu z^\nu$

第二项，令 $n+k=\nu$，$n=\nu-k$，$k\leq\nu$，成：

$$\sum_{\nu=0}^{\infty}z^\nu\sum_{k=0}^{\nu}(k+\rho)b_{\nu-k}a_k$$

第三项，变成 $\sum_{\nu=0}^{\infty}z^\nu\sum_{k=0}^{\nu}c_{\nu-k}\cdot a_k$

这样，(6)式变成：

$$\sum_{\nu=0}^{\infty}z^\nu\left\{(\nu+\rho)(\nu+\rho-1)a_\nu+\sum_{k=0}^{\nu}(k+\rho)b_{\nu-k}a_k+\sum_{k=0}^{\nu}c_{\nu-k}a_k\right\}=0$$

上式要成立，必须每一个 { } 均等於 0（见§1），于是得到：

$$(\nu+\rho)(\nu+\rho-1)a_\nu + \sum_{k=0}^{\nu} a_k\left[c_{\nu-k}+(k+\rho)b_{\nu-k}\right]=0 \qquad (7)$$

或：
$$\left[(\nu+\rho)(\nu+\rho-1)+c_0+(\nu+\rho)b_0\right]a_\nu+\sum_{k=0}^{\nu-1}a_k\left[c_{\nu-k}+(k+\rho)b_{\nu-k}\right]=0 \qquad (8)$$

(8)式告诉我们，知道了 $a_0, a_1, \cdots a_{\nu-1}$，就可以求得 a_ν，即每一个 a_ν 可从以前的 $(a_0, \cdots a_{\nu-1})$ 求出来。

抄讲义者注意：这个式子要写得十分醒目，必要时可以改写成二行从中间分开

$\nu=0$ 时，(7)式变成：

$$\left[\rho(\rho-1)+c_0+\rho b_0\right]a_0=0$$

但 $a_0\neq 0$，所以

~~$\rho(\rho-1)+c_0+b_0\rho=$~~

$$\rho(\rho-1)+b_0\rho+c_0=0 \qquad (9)$$

(9)式称为指标方程，由它可以求出 ρ 来。将 ρ 代入(8)式，就可依次求出 $a_1, a_2, \cdots$ （a_0 是任意的，一般令 $a_0=1$）

由(9)式可求得二个 ρ (ρ_1, ρ_2)，因此我们得到二个互相独立的解 u_1, u_2。在量子力学中，这二个解中恰好有一个符合物理要求，它代表波函数。

仔细的研究表明，如指标方程的二个根 ρ_1 和 ρ_2 恰好相差一个整数，则由上述方法祇能求得一个解 u_1，另一个解要用别的办法求，它的形式是：

$$u_2=Au_1+Bu_1\ln z+Cz^\rho w(z)$$ ，w 是解析函数。

因为其中含有对数项目，一般不合物理要求，我们不去研究它了。

又，要研究 $|z|\to\infty$ 时，方程式的性质，可以先作变换 $\zeta=\frac{1}{z}$，再研究 $\zeta=0$ 附近方程的性质。

本节结果简述如下：方程(1)［附有条件(2),(3)］的解由(5)式表示，其中 ρ 由(9)式求出，a_n 由(8)式求出。(8)式中 ν 可分别等於 1, 2, 3, ⋯，从而依次求出 $a_1, a_2, a_3, \cdots$

§3. Γ函数.

~~由於同学们已经~~

Γ函数Γ(z)不满足任何微分方程，但用处极广，到处碰得着。

由於同学们已学过实变数的Γ函数，这里只把Γ(z)的一些公式列出来，不再証明。

(1) 定义：$\Gamma(z)=\int_0^\infty x^{z-1}e^{-x}dx$，$R(z)>0$，（这样就能保证积分收敛）

(2). $\Gamma(1)=1$，$\Gamma(\frac{1}{2})=\sqrt{\pi}$，$\Gamma(0)=1$（定义）

(3) $\Gamma(z+1)=z\Gamma(z)$，$\Gamma(n+1)=n!$ n为正整数

(4) $\Gamma(z)\Gamma(1-z)=\dfrac{\pi}{\sin\pi z}$

(5) $\Gamma(z)=z^{z-\frac{1}{2}}e^{-z}\cdot\sqrt{2\pi}\left\{1+\dfrac{1}{12z}+\dfrac{1}{288z^2}+\cdots\right\}$ $|z|$愈大，愈準确.

(6) $(n-1)!\doteq n^n e^{-n}\sqrt{2\pi}/\sqrt{n}$，$n\gg 1$

(7) $\int_0^\infty x^n e^{-\alpha x}dx=\dfrac{n!}{\alpha^{n+1}}$，$n>-1$，$R(\alpha)>0$.

(8) $\int_0^\infty e^{-a^2x^2}dx=\dfrac{\sqrt{\pi}}{2a}$，$a>0$，实数.

(9) $\int_{-\infty}^{+\infty}e^{i\beta x-\alpha x^2}dx=\sqrt{\dfrac{\pi}{\alpha}}\,e^{-\frac{\beta^2}{4\alpha}}$，$\alpha>0$，$\alpha,\beta$为实数.

(10) 定义：$B(p,q)=\int_0^1 x^{p-1}(1-x)^{q-1}dx$，$R(p)>0$，$R(q)>0$.

(11) $B(p,q)=B(q,p)$

(12) $B(p,q)=\dfrac{\Gamma(p)\Gamma(q)}{\Gamma(p+q)}$.

§4. 超比函数

定义：
$$F(\alpha,\beta,\gamma;z)=1+\frac{\alpha\cdot\beta}{1\cdot\gamma}z+\frac{\alpha(\alpha+1)\,\beta(\beta+1)}{1\cdot2\quad\gamma\cdot(\gamma+1)}z^2+\cdots \qquad (1)$$

称为超比函数。其中α,β,γ为任意复数，但γ不得为负整数和零。

容易判明，级数1在$|z|<1$收敛，$|z|>1$发散. 亦即$F(\alpha,\beta,\gamma;z)$是在圆$|z|<1$内的解析函数。

很多初等函数都可以写成超比函数的形式，如：

$$\frac{1}{1-z} = F(1,1,1;z) \qquad (2)$$

$$(1+z)^{p} = F(-p,\beta,\beta;-z) \qquad (3)$$

$$\ln(1+z) = z\,F(1,1,2;-z) \qquad (4)$$

以 α_n 表示 $\alpha(\alpha+1)\cdots(\alpha+n-1)$ （共 n 个因子）

则 $$F(\alpha,\beta,\gamma;z) = \sum_{n=0}^{\infty}\frac{\alpha_n\beta_n}{\gamma_n\, n!}z^n = \frac{\Gamma(\gamma)}{\Gamma(\alpha)\Gamma(\beta)}\sum_{0}^{\infty}\frac{\Gamma(\alpha+n)\Gamma(\beta+n)}{\Gamma(\gamma+n)\Gamma(1+n)}z^n \qquad (5)$$

易证，$F(\alpha,\beta,\gamma;z)$ 为下列方程在 $z=0$ 附近的解：

$$z(1-z)\frac{d^2u}{dz^2} + \left[\gamma-(\alpha+\beta+1)z\right]\frac{du}{dz} - \alpha\beta u = 0 \qquad (6)$$

（将 $F(\alpha,\beta,\gamma;z)$ 代入 (6)，逐项微分，比较普遍项系数即可）

(6) 式称为超比方程，有三个奇点 $0, 1, \infty$。在 0 附近的二个独立解是

$$u_1 = F(\alpha,\beta,\gamma;z), \qquad u_2 = z^{1-\gamma}F(\alpha+1-\gamma,\beta+1-\gamma,2-\gamma;z) \qquad (7)$$

超比级数的一些简单性质：

$$F(\alpha,\beta,\gamma;z) = F(\beta,\alpha,\gamma;z) \qquad (8)$$

$$\frac{d}{dz}F(\alpha,\beta,\gamma;z) = \frac{\alpha\beta}{\gamma}F(\alpha+1,\beta+1,\gamma+1;z) \qquad (9)$$

~~α·F(α+β~~

$$\alpha\cdot F(\alpha+1,\beta,\gamma;z) - \beta\,F(\alpha,\beta+1,\gamma;z) = (\alpha-\beta)\,F(\alpha,\beta,\gamma;z) \qquad (10)$$

$$F(\alpha,\beta+1,\gamma;z) - F(\alpha,\beta,\gamma;z) = \frac{\alpha}{\gamma}z\,F(\alpha+1,\beta+1,\gamma+1;z) \qquad (11)$$

这些统称为"邻次关系"，均可根据定义 (1) 式，比较级数的普遍项而证明之。以 (10) 式为例：

左端，z^n 的系数为

$$\frac{\alpha(\alpha+1)(\alpha+2)\cdots(\alpha+n)\cdot\beta(\beta+1)\cdots(\beta+n-1)}{n!\;\gamma(\gamma+1)\cdots(\gamma+n-1)} - \frac{\alpha(\alpha+1)\cdots(\alpha+n-1)\;\beta(\beta+1)\cdots(\beta+n)}{n!\;\gamma(\gamma+1)\cdots(\gamma+n-1)}$$

$$= \frac{\alpha_n\beta_n}{n!\,\gamma_n}(\alpha+n-\beta-n) = (\alpha-\beta)\frac{\alpha_n\beta_n}{n!\,\gamma_n}$$

这恰好就是 (10) 式右端 z^n 的系数。

§5. 匯合超比函数. 18

在超比方程[§4, (6)式]中，令 $z=\xi/\beta$，则成

$$\xi(\beta-\xi)\frac{d^2u}{d\xi^2}+[\beta\gamma-(\alpha+\beta+1)\xi]\frac{du}{d\xi}-\alpha\beta u=0,$$

∵ $\xi=z\beta$，故上式之奇点为 $0, \beta, \infty$. 令 $\beta\to\infty$，以 β 除上式，则成：

$$\xi\frac{d^2u}{d\xi^2}+(\gamma-\xi)\frac{du}{d\xi}-\alpha u=0$$

变换符号，将 ξ 写成 z，则成：

$$\boxed{z\frac{d^2u}{dz^2}+(\gamma-z)\frac{du}{dz}-\alpha u=0} \qquad (1)$$

称为匯合超比方程（意即超比方程中的二个奇点 1 和 ∞ 匯合起来）。它的奇点是 0 和 ∞，因此，在 0 附近的级数解，收敛半径为 ∞，是全平面的解析函数（$z=0$ 除外）。下面求(1)式在 $z=0$ 附近的解。

和标准型式比较[§2, (1)式, (2)式, (3)式]，知，

$$p(z)=\frac{\gamma-z}{z} \qquad q(z)=\frac{-\alpha}{z}=\frac{-\alpha z}{z^2}$$

$b_0=\gamma,\quad b_1=-1,\quad b_2=b_3=\cdots=0$

$c_0=0,\quad c_1=-\alpha,\quad c_2=c_3=\cdots=0$

指标方程为 $\rho(\rho-1)+\gamma\rho=0$，

解为：$\rho_1=0,\quad \rho_2=1-\gamma$

故(1)式的二个解是：

$u_1=\sum_0^\infty a_n z^n$，是一个解析函数. (2)

$u_2=z^{1-\gamma}\sum_0^\infty a_n z^n$ (3)

对于 u_1，根据§2, (8)式，(注意 $\rho=0$)

$$[n(n-1)+n\gamma]a_n+[-(n-1)a_{n-1}-\alpha a_{n-1}]=0$$

$$\therefore\quad a_n=\frac{n+\alpha-1}{n(n+\gamma-1)}a_{n-1}$$

令 $a_0=1$，则 $a_1=\frac{\alpha}{\gamma}$，$a_2=\frac{\alpha+1}{2(\gamma+1)}a_1=\frac{\alpha(\alpha+1)}{2!\,\gamma(\gamma+1)}$，----.

$$a_n=\frac{\alpha(\alpha+1)\cdots(\alpha+n-1)}{n!\,\gamma(\gamma+1)\cdots(\gamma+n-1)}=\frac{\alpha_n}{n!\,\gamma_n}$$

$$\therefore\quad \boxed{u_1=1+\frac{\alpha}{\gamma}z+\frac{\alpha(\alpha+1)}{2!\,\gamma(\gamma+1)}z^2+\cdots=\sum_0^\infty\frac{\alpha_n}{n!\,\gamma_n}z^n\equiv F(\alpha,\gamma;z)} \qquad (4)$$

称为汇合超比函数。容易看出，$F(\alpha,\gamma;z)$ 和指数函数很相像，实际上，

$$e^{z}=F(\alpha,\alpha;z)$$

可见，$F(\alpha,\gamma;z)$ 的收敛半径为 ∞，是全平面的解析函数。

同样可求得 $$u_2=z^{1-\gamma}F(\alpha+1-\gamma,2-\gamma;z) \qquad (5)$$

汇合超比函数是在量子力学中经常碰到的函数。它具有下列性质：

$$(\gamma-\alpha)F(\alpha,\gamma+1;z)=\gamma F(\alpha,\gamma;z)-\alpha F(\alpha+1,\gamma+1;z) \qquad (6)$$

$$F(\alpha+1,\gamma;z)-F(\alpha,\gamma;z)=\frac{z}{\gamma}F(\alpha+1,\gamma+1;z) \qquad (7)$$

$$\frac{d}{dz}F(\alpha,\gamma;z)=\frac{\alpha}{\gamma}F(\alpha+1,\gamma+1;z) \qquad (8)$$

$$F(\alpha,\gamma;z)=e^{z}F(\gamma-\alpha,\gamma;-z) \qquad (9)$$

$$z\to\infty,\quad F(\alpha,\gamma;z)\longrightarrow\frac{\Gamma(\gamma)}{\Gamma(\gamma-\alpha)}(-z)^{-\alpha}+\frac{\Gamma(\gamma)}{\Gamma(\alpha)}e^{z}z^{\alpha-\gamma} \qquad (10)$$

[(6),(7),(8)，证明很容易，比较普遍项的係数即得。(10)式证明起来相当烦。欲证(9)式，可证明右端满足(1)式]

*§6. $\Gamma(z)$，$F(\alpha,\beta,\gamma;z)$ 和 $F(\alpha,\gamma;z)$ 的回路积分表示法

选回路 C 如图，(从 $+\infty$ 出发，绕原点一周，回至 $+\infty$) 我们来证明

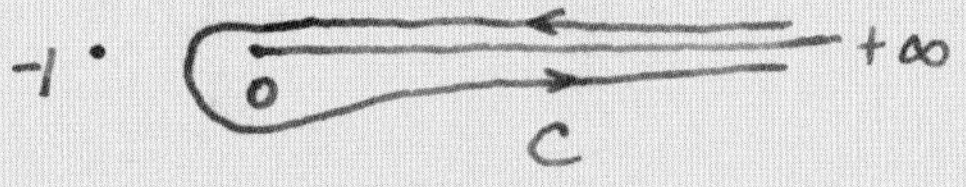

$$\boxed{\frac{1}{\Gamma(z)}=-\frac{1}{2\pi i}\int_C(-t)^{-z}e^{-t}dt} \qquad (1)$$

证：被积函数 $(-t)^{-z}e^{-t}$ 除 $t=0$ 是奇点外，其他点均解析，故(1)式右端之积分等于下列积分：

$$\int_{C_1}(-t)^{-z}e^{-t}dt \qquad (2)$$

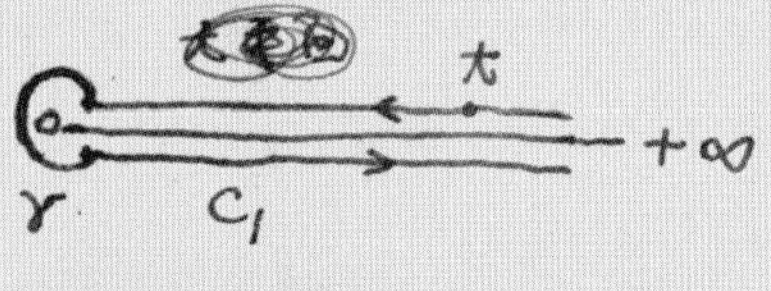

C_1 由下列三段组成：实轴上岸 $+\infty\to0$，小圆 γ，实轴下岸 $0\to+\infty$。注意因 C_1 绕过奇点，在实轴上岸 $\arg(-t)=-\pi$，在实轴下岸 $\arg(-t)=\pi$，故在二个直线段上积分之值並不抵消。令 $z=1-\zeta$，则

~~设 $R(z)$~~

$$\int_{C_1}(-t)^{-z}e^{-t}dt=\oint_\gamma(-t)^{\zeta-1}e^{-t}dt+e^{-\pi i(\zeta-1)}\int_\infty^0x^{\zeta-1}e^{-x}dx+e^{\pi i(\zeta-1)}\int_0^\infty x^{\zeta-1}e^{-x}dx$$

$$=\oint_\gamma(-t)^{\zeta-1}e^{-t}dt+2i\sin\pi(\zeta-1)\int_0^\infty x^{\zeta-1}e^{-x}dx$$

设 $R(\zeta)>0$，则上式第二项等於

$$2i\sin\pi(\zeta-1)\,\Gamma(\zeta) = -2i\sin\pi\gamma\,\Gamma(1-\gamma)$$

而第一项趋于0，如下：

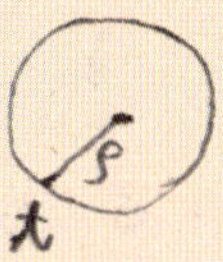

在γ上，$-t=\rho e^{i\theta}$，设 $e^{i\theta(\zeta-1)}$ 之最大值为 M，

则 $\oint_\gamma (-t)^{\zeta-1}e^{-t}\,dt < M\int_0^{2\pi}\left|\rho^{\zeta-1}\right|\left|e^{-\rho e^{i\theta}}\right|\rho\, d\theta \to 0$

[$\rho\to 0$，$e^{-\rho e^{i\theta}}\to 1$，$\rho\left|\rho^{\zeta-1}\right| = \rho^{R(\zeta)-1+1} = \rho^{R(\zeta)} \to 0$.]

∴ $\int_{C_1}(-t)^{-\gamma}e^{-t}\,dt = -2i\sin\pi\gamma\,\Gamma(1-\gamma)$，由§3,(4)式，

$$= -2i\frac{\pi}{\Gamma(\gamma)}$$

至此，(1)式已经证明

(空二行)

下面我们来证明当 $R(\gamma)>R(\beta)>0$ 时，

$$\boxed{F(\alpha,\beta,\gamma;z) = \frac{\Gamma(\gamma)}{\Gamma(\beta)\Gamma(\gamma-\beta)}\int_0^1 x^{\beta-1}(1-x)^{\gamma-\beta-1}(1-zx)^{-\alpha}\,dx} \qquad (3)$$

证：由§3,(10),(12)式，

$$\frac{\Gamma(\beta+n)\Gamma(\gamma-\beta)}{\Gamma(\gamma+n)} = B(\beta+n,\gamma-\beta) = \int_0^1 x^{\beta+n-1}(1-x)^{\gamma-\beta-1}\,dx,\quad n=0,1,2,\cdots$$

当 $|z|<1$，则 $|zx|<1$，(3)中的 $(1-zx)^{-\alpha}$ 展成级数：

$$(1-zx)^{-\alpha} = 1+\frac{-\alpha}{1!}(-zx)^1+\frac{(-\alpha)(-\alpha-1)}{2!}(-zx)^2+\cdots$$

$$= \sum_0^\infty (-1)^n z^n x^n \frac{(-\alpha)(-\alpha-1)\cdots(-\alpha-n+1)}{n!}$$

$$= \sum_0^\infty z^n x^n \frac{\alpha(\alpha+1)\cdots(\alpha+n-1)}{n!}$$

(3)式右端 $= \dfrac{\Gamma(\gamma)}{\Gamma(\beta)\Gamma(\gamma-\beta)}\displaystyle\sum_0^\infty \frac{\alpha(\alpha+1)\cdots(\alpha+n-1)}{n!}z^n\int_0^1 x^{\beta+n-1}(1-x)^{\gamma-\beta-1}\,dx$

$$= \frac{\Gamma(\gamma)}{\Gamma(\beta)\Gamma(\gamma-\beta)}\sum_0^\infty \frac{\Gamma(\alpha+n)}{\Gamma(\alpha)\,n!}z^n\frac{\Gamma(\beta+n)\Gamma(\gamma-\beta)}{\Gamma(\gamma+n)}$$

$$= \frac{\Gamma(\gamma)}{\Gamma(\alpha)\Gamma(\beta)}\sum_0^\infty \frac{\Gamma(\alpha+n)\Gamma(\beta+n)}{\Gamma(\gamma+n)\Gamma(1+n)}z^n = F(\alpha,\beta,\gamma;z)$$ （见§4,(5)式）

证完。

在(3)式中，对调 α,β，则 ~~[illegible]~~ 因 $F(\alpha,\beta,\gamma;z)=F(\beta,\alpha,\gamma;z)$，(3)式变成

$$F(\alpha,\beta,\gamma;z)=\frac{\Gamma(\gamma)}{\Gamma(\alpha)\Gamma(\gamma-\alpha)}\int_0^1 x^{\alpha-1}(1-x)^{\gamma-\alpha-1}(1-zx)^{-\beta}dx \qquad (3')$$

令 $z=\frac{\zeta}{\beta}$，$\beta\to\infty$，则 $(1-zx)^{-\beta}=\left(1-\frac{\zeta x}{\beta}\right)^{-\beta}\to e^{+\zeta x}$

而当 $|\beta|\to\infty$ 时，$F(\alpha,\beta,\gamma;z)\to F(\alpha,\gamma;\zeta)$

[$|\beta|\to\infty$ 时，$\beta+n\doteq\beta$，$\beta(\beta+1)\cdots(\beta+n-1)\doteq\beta^n$，

$$F(\alpha,\beta,\gamma;z)=\sum_0^\infty\frac{\alpha(\alpha+1)\cdots(\alpha+n-1)}{\gamma(\gamma+1)\cdots(\gamma+n-1)}\frac{\beta(\beta+1)\cdots(\beta+n-1)}{n!}\frac{\zeta^n}{\beta^n}$$

$$\to\sum_0^\infty\frac{\alpha(\alpha+1)\cdots(\alpha+n-1)}{\gamma(\gamma+1)\cdots(\gamma+n-1)}\frac{\zeta^n}{n!}=F(\alpha,\gamma;\zeta)\ ]$$

故得：

$$\boxed{F(\alpha,\gamma;z)=\frac{\Gamma(\gamma)}{\Gamma(\alpha)\Gamma(\gamma-\alpha)}\int_0^1 x^{\alpha-1}(1-x)^{\gamma-\alpha-1}e^{zx}dx} \qquad (4)$$

条件：$R(\alpha)>0$，$R(\gamma-\alpha)>0$.

~~(4)式中，令 [illegible]~~

(4)式中，令 $x=\frac{t}{1+t}$，则 $1-x=\frac{1}{1+t}$，$dx=\frac{dt}{(1+t)^2}$，(4)式变成

$$F(\alpha,\gamma;z)=\frac{\Gamma(\gamma)}{\Gamma(\alpha)\Gamma(\gamma-\alpha)}\int_0^\infty t^{\alpha-1}(1+t)^{-\gamma}e^{zt/1+t}dt \qquad (5)$$

为造回路积分，而考虑下列积分：

$$\int_C(-t)^{\alpha-1}(1+t)^{-\gamma}e^{zt/1+t}dt \qquad (6)$$

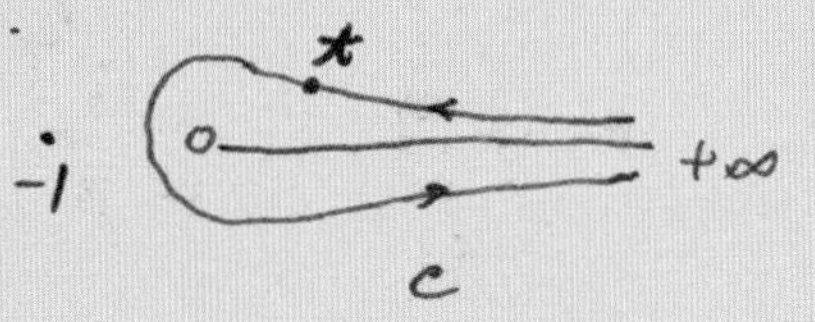

则 ~~arg~~ 因 ~~[illegible]~~ C 绕过 $t=0$，故 $\arg(-t)$ 从 $-\pi\to\pi$；$\arg t$ 从 $0\to2\pi$

对於 $(1+t)^{-\gamma}$ 言，$t=-1$ 是其奇点，因 C 没有绕过 $t=-1$，故 $\arg(1+t)$ 从 $0\to0$.

(6)→：$\int_C\cdots=\int_{C_1}\cdots=$ （见 $\frac{1}{\Gamma(z)}$ 的积分表示第一段）

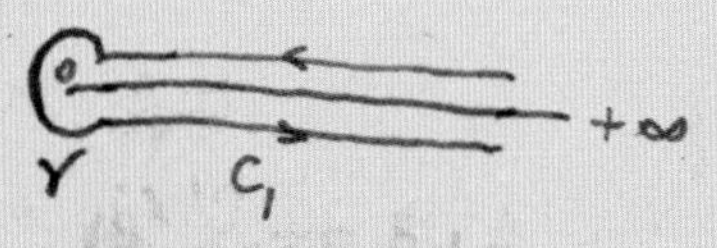

$$=\oint_\gamma(-t)^{\alpha-1}(1+t)^{-\gamma}e^{zt/1+t}dt+e^{-\pi i(\alpha-1)}\int_\infty^0 x^{\alpha-1}(1+x)^{-\gamma}e^{zx/1+x}dx$$

$$+e^{\pi i(\alpha-1)}\int_0^\infty x^{\alpha-1}(1+x)^{-\gamma}e^{zx/1+x}dx,$$

~~$\oint_\gamma\to0$~~

$$=-2i\sin\alpha\pi\int_0^\infty x^{\alpha-1}(1+x)^{-\gamma}e^{zx/1+x}dx$$

注意 $\oint_\gamma\cdots\to0$

20.

$$\therefore\quad \boxed{F(\alpha,\gamma;z) = -\frac{\Gamma(\gamma)\Gamma(1-\alpha)}{\Gamma(\gamma-\alpha)}\frac{1}{2\pi i}\int_C (-t)^{\alpha-1}(1+t)^{-\gamma} e^{zt/1+t}\,dt} \qquad (7)$$

条件：$R(\gamma-\alpha)>0$，$\alpha \neq 1,2,3,\cdots$

令 $\alpha=-n$，$n=1,2,3$，则 $F(-n,\gamma;z)$ 为多项式，这时，

$$F(-n,\gamma;z) = \frac{(-1)^n}{2\pi i}\frac{\Gamma(\gamma)\Gamma(1+n)}{\Gamma(\gamma+n)}\int_C (1+t)^{-\gamma} e^{zt/1+t}\, t^{-n-1}\,dt \qquad (8)$$

根据哥西积分［§6，(10)式］，

$$F(-n,\gamma;z) = (-1)^n \frac{\Gamma(\gamma)}{\Gamma(\gamma+n)}\left[\frac{d^n}{dt^n}\frac{e^{zt/1+t}}{(1+t)^{\gamma}}\right]_{t=0} \qquad (9)$$

但 $\dfrac{e^{zt/1+t}}{(1+t)^{\gamma}}$ 可以展开成 t 的幂级数；

$$\frac{e^{zt/1+t}}{(1+t)^{\gamma}} = \sum_0^{\infty} c_n t^n,\quad c_n \text{ 为 } z \text{ 的函数.}$$

$$\text{则}\left[\left(\frac{d}{dt}\right)^n \frac{e^{zt/1+t}}{(1+t)^{\gamma}}\right]_{t=0} = c_n\, n!$$

可见，

$$\frac{e^{zt/1+t}}{(1+t)^{\gamma}} = \sum_0^{\infty}(-1)^n\frac{\Gamma(\gamma+n)}{\Gamma(\gamma)}\frac{F(-n,\gamma;z)}{n!}t^n \qquad (10)$$

~~[illegible]~~ 或 $(t\to -t)$

$$\boxed{\frac{e^{-zt/1-t}}{(1-t)^{\gamma}} = \sum_0^{\infty}\frac{\Gamma(\gamma+n)}{\Gamma(\gamma)}\frac{F(-n,\gamma;z)}{n!}t^n} \qquad (11)$$

(11)式左端称为 $F(-n,\gamma;z)$ 的"母函数"~~[illegible]~~。

又，(8)中令 $\zeta = z/1+t$，则 $t=\dfrac{z-\zeta}{\zeta}$，$dt = -\dfrac{z}{\zeta^2}d\zeta$，(8)变成

$$F(-n,\gamma;z) = \frac{\Gamma(\gamma)\,n!}{2\pi i\,\Gamma(\gamma+n)}\int_{C'}\left(\frac{z}{\zeta}\right)^{-\gamma} e^{z-\zeta}\left(\frac{\zeta-z}{\zeta}\right)^{-n-1}\cdot\frac{z}{\zeta^2}\,d\zeta$$

$$= \frac{\Gamma(\gamma)\,n!}{\Gamma(\gamma+n)\,2\pi i}\int_{C'}\frac{\zeta^{\gamma+n-1}e^{-\zeta}}{(\zeta-z)^{n+1}}\,d\zeta\cdot e^{z}\cdot z^{1-\gamma}$$

由§6(10)式

$$\boxed{F(-n,\gamma;z) = \frac{\Gamma(\gamma)}{\Gamma(\gamma+n)} z^{1-\gamma} e^{z}\frac{d^n}{dz^n}\left(z^{\gamma+n-1}e^{-z}\right)} \qquad (12)$$

此为 $F(-n,\gamma;z)$ 之微分表示式。

§7. 关於正交多项式

下面要讲的几种特殊函数（勒让特多项式，厄米多项式，拉盖尔多项式）都是多项式，而且是在某个区间上的正交多项式。

(1) 如果函数系 $f_n(x)$ $(n=0,1,2,\cdots)$ 满足下列关係：

$$\int_a^b \rho(x)\, f_m(x)\, f_n(x)\, dx = 0 \quad , \quad m \neq n \qquad (1)$$

则称 $f_n(x)$ $(n=0,1,2,\cdots)$ 为区间 (a,b) 内以 $\rho(x)$ 为"权"的正交函数系。其中 $\rho(x)$ 是某个确定的函数，与下标 m, n 无关。$\rho(x)>0$。

例如，三角函数系 $\cos nx$ 是区间 $(0,\pi)$ 上的正交系，权函数 $\rho(x)=1$：

$$\int_0^\pi \cos mx \, \cos nx \, dx = 0, \quad m \neq n.$$

(2). 把复杂的函数，按一组正交函数展开为级数（函数级数），常可使计算变得简单。把函数展开成富利叶级数就是最著名的例子。量子力学中也常常採用这种办法。

(3) 正交函数系中，很重要的一类是正交多项式，即 $f_n(x)$ 是一个 x 的 n 次多项式。这些多项式除了互相正交以外，还具有许多其他的性质，如满足一定的微分方程，而且可以定义为某个函数 $w(x,t)$ 展开成 t 的幂级数时各项的係数，即：

$$w(x,t) = \sum_{n=0}^{\infty} f_n(x)\, t^n \qquad (2)$$

$w(x,t)$ 称为正交系 $f_n(x)$ 的"母函数"。

(4) 在具体科学部门中有广泛应用的特殊函数，一般都是实变数函数。但是应用复变函数的方法，可以更好地阐明它们的性质。在下面的叙述中，如果不加特别说明，我们将认为被研究的函数都是复变函数。

由於篇幅的限制，我们将尽可能简明扼要地叙述，而不一定遵循历史的或物理的论据。

§8. 勒上特(Legendre)多项式

数学 45份 1

对于复变数 t，和复数 z，我们来把函数 $w(z,t)=(1-2zt-t^2)^{-\frac{1}{2}}$ 展开成 t 的幂级数。（注意 t=0 处，w 是解析的）

$$w(z,t)=(1-2zt+t^2)^{-\frac{1}{2}}=\sum_{n=0}^{\infty}P_n(z)\cdot t^n \qquad (1)$$

其中 $P_n(z)$ 待定。~~根据哥西积分公式~~，

$$\frac{d^n w}{dt^n}=n!\,P_n(z)+\frac{(n+1)!}{1!}P_{n+1}(z)\,t+\cdots$$

$$\therefore\ P_n(z)=\frac{1}{n!}\left.\frac{d^n w(z,t)}{dt^n}\right|_{t=0} \qquad (2)$$

原则上，只要把上式右端计算出来，就可得到 $P_n(z)$。但我们将用另一个方法来求出 $P_n(z)$ 来。根据哥西积分公式，

$$P_n(z)=\frac{1}{n!}\frac{d^n}{dt^n}w\Big|_{t=0}=\frac{1}{2\pi i}\oint_C\frac{w(z,\zeta)\,d\zeta}{\zeta^{n+1}}$$

$$=\frac{1}{2\pi i}\oint_C(1-2z\zeta+\zeta^2)^{-\frac{1}{2}}\zeta^{-n-1}\,d\zeta$$

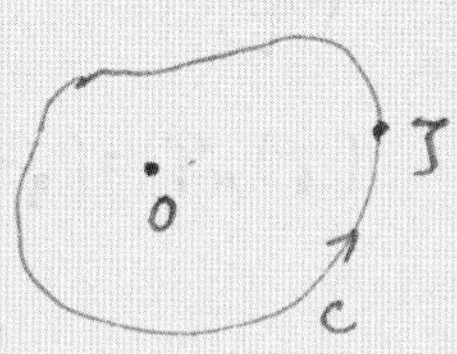

令 $(1-2z\zeta+\zeta^2)^{\frac{1}{2}}=1-\zeta\eta$，两边平方，求得

$$\zeta=\frac{2(\eta-z)}{\eta^2-1} \qquad (3)$$

（即，我们作了一个变数变换，$\zeta\to\eta$，z 则暂时视为常数）

$$d\zeta=\frac{2z\eta-\eta^2-1}{(\eta^2-1)^2}\,2\,d\eta$$

代入上面的积分中，经过化简，得：

不要这些线

$$P_n(z)=\frac{1}{2\pi i}\oint_{C_1}\frac{1}{2^n}\frac{(\eta^2-1)^n}{(\eta-z)^{n+1}}\,d\eta \qquad (4)$$

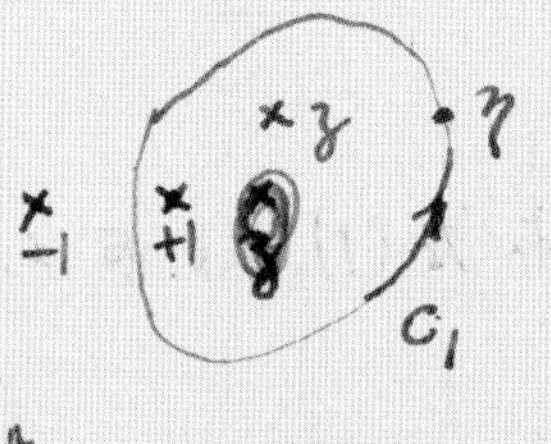

注意，C 包含 $\zeta=0$ 在内，沿 C 绕一周，arg ζ 增加 2π，变数换成 η，C 变成 C_1，由(3)知道，沿 C_1 绕一周，$\arg(\eta-z)$ 应增加 2π，由此可见，C_1 包含 $\eta=z$ 在内。

由(4)式，根据哥西积分，知，

2

$$\boxed{P_n(z)=\frac{1}{2^n n!}\frac{d^n}{dz^n}(z^2-1)^n} \qquad (5)$$

易见，这是一个 n 次多项式，称为勒让特多项式。

这样，我们已经得到三个重要结果，即 (1)，(4) 和 (5)。(5) 式一般可以作为勒让特多项式的定义。(4) 式是它的回路积分表示式。而

$$w(z,t)=(1-2zt+t^2)^{-\frac{1}{2}}$$

则称为勒让特多项式的母函数。也有人把 (1) 式作为勒让特多项式的定义的。

由 (1) 式，易见：

$$\boxed{P_n(1)=1,\quad P_n(-1)=(-1)^n \quad P_{2n+1}(0)=0} \qquad (6)$$

由 (5)，可以逐个求出 $P_n(z)$ 来，如：

$$\boxed{P_0(z)=1,\ P_1(z)=z,}\ P_2(z)=\frac{1}{2}(3z^2-1)，\text{等等。} \qquad (7)$$

由 (5) 式可见，当 n 为偶数，($n=0,2,4,\cdots$) 则 $P_n(-z)=P_n(z)$ 为偶函数，n 为奇数，则 $P_n(-z)=-P_n(z)$，为奇函数。

$$\therefore\quad P_n(-z)=(-1)^n P_n(z) \qquad (8)$$

可见，n 为奇数时，$P_n(z)$ 中只有 z 的奇次项；n 为偶数时，$P_n(z)$ 中只有 z 的偶次项。

将 (5) 展开来，则成：

$$P_n(z)=\sum_{k=0}^{[\frac{n}{2}]}\frac{(-1)^k(2n-2k)!}{2^n k!(n-k)!(n-2k)!}z^{n-2k} \qquad (9)$$

其中 $[\frac{n}{2}]=\frac{n}{2}$，当 n 为偶数；$[\frac{n}{2}]=\frac{n-1}{2}$，当 n 为奇数。

下面求各个 $P_n(z)$ 之间的"邻次关係"（循環关係），这可从 (1) 式求得。

~~$\frac{\partial w}{\partial t}=-\frac{1}{2}(\quad)^{-\frac{3}{2}}$~~

$$\frac{\partial w}{\partial t}=-\frac{1}{2}(1-2zt+t^2)^{-\frac{3}{2}}(-2z+2t)=(z-t)(1-2zt+t^2)^{-1}w$$

根据 (1) 式，$\frac{\partial w}{\partial t}=\sum_{n=0}^{\infty}P_n(z)\cdot n\cdot t^{n-1}$.

3.

于是，

$$(1-2zt+t^2)\sum_{n=0}^{\infty} nP_n(z)t^{n-1}=(z-t)\sum_{n=0}^{\infty} P_n(z)\cdot t^n$$

上式中 t^n 的系数应相等，故得：

$$(n+1)P_{n+1}(z)+nP_{n-1}(z)=(2n+1)zP_n(z) \tag{10}$$

仿此，将(1)式对 z 微分，得

$$(1-2zt+t^2)\frac{\partial w}{\partial z}=tw,$$

而 $\frac{\partial w}{\partial z}=\sum_{n=0}^{\infty} t^n P_n'(z)$，代入上式，得：

$$(1-2zt+t^2)\sum_{n=0}^{\infty} t^n P_n'(z)=\sum_{n=0}^{\infty} P_n(z)t^{n+1}$$

t^{n+1} 系数相等，得：

$$P_{n+1}'(z)-2zP_n'(z)+P_{n-1}'(z)=P_n(z) \tag{11}$$

将(10)式对 z 微分，和(11)式合併，消去 $P_{n-1}'(z)$ 和 $P_{n+1}'(z)$，得：

$$P_{n+1}'(z)-zP_n'(z)=(n+1)P_n(z) \tag{12}$$

$$zP_n'(z)-P_{n-1}'(z)=nP_n(z) \tag{13}$$

相加，得到比较对称的公式：

$$P_{n+1}'(z)-P_{n-1}'(z)=(2n+1)P_n(z) \tag{14}$$

(12)式中，以 $n-1$ 代 n，并和(13)一起消去 $P_{n-1}'(z)$，则得：

$$(1-z^2)P_n'(z)=nP_{n-1}(z)-nzP_n(z) \tag{15}$$

将(15)，(10)合併，可得：

$$(z^2-1)P_n'(z)=(n+1)\left(P_{n+1}(z)-zP_n(z)\right) \tag{16}$$

$$(2n+1)(z^2-1)P_n'(z)=n(n+1)\left\{P_{n+1}(z)-P_{n-1}(z)\right\} \tag{17}$$

(15)对 z 微分，和(13)合併，消去 $P_{n-1}'(z)$，则得：

$$\frac{d}{dz}\left[(1-z^2)\frac{d}{dz}P_n(z)\right]+n(n+1)P_n(z)=0 \tag{18}$$

或：

$$(1-z^2)\frac{d^2}{dz^2}P_n(z)-2z\frac{d}{dz}P_n(z)+n(n+1)P_n(z)=0 \tag{19}$$

称为**勒让德方程**。这个方程在勒让德多项式的理论中起重要的作用。如令 $z=\cos\theta$，则(18)成

$$\boxed{\frac{1}{\sin\theta}\frac{d}{d\theta}\left[\sin\theta\frac{d}{d\theta}P_n(\cos\theta)\right]+n(n+1)P_n(\cos\theta)=0} \quad (20)$$

这个方程在物理（理论）中常常碰到。

（空二行）

下面证明 $P_n(z)$ 是在区间 $(-1,1)$ 上的正交函数系。

将(18)式乘 $P_m(z)$，成

$$P_m(z)\frac{d}{dz}\left[(1-z^2)P_n'(z)\right]+n(n+1)P_m(z)P_n(z)=0.$$

将(18)式中 n 换成 m，再乘 $P_n(z)$，成

$$P_n(z)\frac{d}{dz}\left[(1-z^2)P_m'(z)\right]+m(m+1)P_m(z)P_n(z)=0$$

相减，
$$P_m(z)\frac{d}{dz}\left[(1-z^2)P_n'(z)\right]-P_n(z)\frac{d}{dz}\left[(1-z^2)P_m'(z)\right]=$$
$$=\left[m(m+1)-n(n+1)\right]P_m(z)P_n(z)$$

上式左端等于 $\frac{d}{dz}\left[(1-z^2)\left(P_n'(z)\cdot P_m(z)-P_n(z)P_m'(z)\right)\right]$

对 z 积分，（从 $-1\to 1$），得 0，［因 $(1-z^2)$ 在 $z=\pm1$ 处为 0］

$$\therefore\ \left[m(m+1)-n(n+1)\right]\int_{-1}^{+1}P_m(z)P_n(z)\,dz=0$$

从而：
$$\boxed{\int_{-1}^{1}P_m(z)P_n(z)\,dz=0,\quad m\neq n.} \quad (21)$$

$m=n$ 时，积分当然不会是零（想一想，为什么？），下面就来求它。

把(10)式中 n 代以 $n-1$，再乘 $(2n+1)P_n(z)$，得：

$$n(2n+1)\left[P_n(z)\right]^2+(n-1)(2n+1)P_n(z)P_{n-2}(z)-(2n+1)(2n-1)P_n(z)\cdot zP_{n-1}(z)=0$$

(10)式乘 $(2n-1)P_{n-1}(z)$，成：

$$(n+1)(2n-1)P_{n+1}(z)P_{n-1}(z)+n(2n-1)\left[P_{n-1}(z)\right]^2-(2n+1)(2n-1)zP_n(z)P_{n-1}(z)=0$$

两式相减，最后一项（含 z 的）就消去；对 z 积分，并计及(21)式，就得到：

$$\int_{-1}^{1} P_n(z)\,P_n(z)\,dz = \frac{2n-1}{2n+1}\int_{-1}^{1} P_{n-1}(z)\,P_{n-1}(z)\,dz \qquad (22)$$

顺次利用此式，得：

$$\int_{-1}^{1} P_n(z)\,P_n(z)\,dz = \frac{3}{2n+1}\int_{-1}^{1} P_1(z)\cdot P_1(z)\,dz \qquad (23)$$

但 $P_1(z)=z$，故得：

$$\int_{-1}^{1} P_n(z)\,P_n(z)\,dz = \frac{2}{2n+1} \qquad (24)$$

(21)，(23)可用一个式子表示，如下：

$$\boxed{\int_{-1}^{1} P_m(z)\,P_n(z)\,dz = \frac{2}{2n+1}\delta_{mn}} \qquad (25)$$

其中 δ_{mn} 是一个符号，定义为：

$$\boxed{\delta_{mn} = \begin{cases} 1, & m=n \\ 0, & m\neq n \end{cases}}$$

(21)或(24)式表明，$P_n(z)$ $(n=0,1,2,\cdots)$ 是区间 $(-1,1)$ 上的正交函数系，权函数 $\rho(x)=1$。

注意，如 $z=\cos\theta$，则(24)变成：

$$\boxed{\int_{0}^{\pi} P_m(\cos\theta)\,P_n(\cos\theta)\cdot\sin\theta\,d\theta = \frac{2}{2n+1}\delta_{mn}} \qquad (26)$$

当 n 不是整数时，如(4)式中回路 C_1 包含 $z=1$ 在内，则沿 C_1 绕一周，被积函数不变，是单值的，因此(4)式右端是一解析函数，可以作为 $P_n(z)$ 在 n 不是整数时的推广，称为勒上特函数。注意 C_1 中不能包含 $z=-1$，否则被积函数将是多值的。

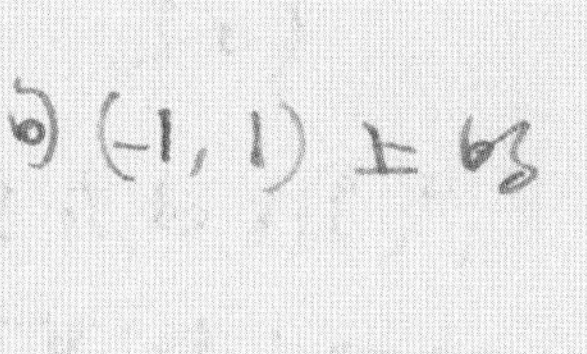

不管 n 是否整数，由(4)定义的（n 是整数时，也就是由(5)式定义的）$P_n(z)$ 可以表成：

$$P_n(z) = F\left(-n, n+1, 1; \frac{1-z}{2}\right) \qquad (27)$$

证明从略。注意 n 是整数时，上式是多项式。

6

当n不是整数时,(19)式仍称为勒让特方程式.但其解将不是多项式。以u表之,则

$$(1-z^2)\frac{d^2}{dz^2}u-2z\frac{d}{dz}u+n(n+1)u=0 \qquad (27)$$

令 $x=\frac{1-z}{2}$,则 $z=1-2x$. $\frac{du}{dz}=-\frac{1}{2}\frac{du}{dx}$, $\frac{d^2u}{dz^2}=\frac{1}{4}\frac{d^2u}{dx^2}$.

代入(27)式,化简,即得:

$$x(1-x)\frac{d^2u}{dx^2}+(1-2x)\frac{du}{dx}+n(n+1)u=0 \qquad (28)$$

这正是超几何方程,$\gamma=1$, $\alpha=-n$, $\beta=n+1$. 的情形.

$$\therefore\quad u=F\left(-n,n+1,1;\frac{1-z}{2}\right) \qquad (29)$$

n是整数时,上式是一个多项式,就是$P_n(z)$,所以

$$\boxed{P_n(z)=F\left(-n,n+1,1;\frac{1-z}{2}\right)} \qquad (30)$$

当n不是整数时,上式可以作为勒让特多项式的推广,称为勒让特函数。~~可以证明,(30)和(4)是等价的~~。

注意n不是整数时,$P_n(-1)=\infty$.[利用§6.(3)式,令$z=-1$,易见积分是发散的。]

(28)式[也就是(27)式,即勒让特方程式]的指标方程的二个根都是0。因此另一个解含有对数项。通常以$Q_n(z)$表之,称为第二种勒让特函数,它不在我们的研究范围内。

(空三行,接着抄下页的)

§9 联属勒让特多项式

7

理论物理中常碰到下列方程（联属勒让特方程）

$$(1-z^2)\frac{d^2u}{dz^2}-2z\frac{du}{dz}+\left[l(l+1)-\frac{m^2}{1-z^2}\right]u=0 \qquad (1)$$

其中 $l=0,1,2,\cdots,\quad m=0,\pm1,\pm2,\cdots\pm l,\quad |m|\leq l.$ (2)

为明确起见，暂时规定 $m>0$，

（$z=\pm1$ 是(1)式的正则奇点，指标方程的根是 $\rho=\pm\frac{m}{2}$，因此：）

令 $$u_1=(1-z^2)^{\frac{m}{2}}v(z) \quad m\geqslant0 \qquad (3)$$

（这样，v 应该是解析函数）

将(3)代入(1)，得：

$$(1-z^2)\frac{d^2v}{dz^2}-2(m+1)z\frac{dv}{dz}+(l-m)(l+m+1)v=0 \quad m\geqslant0 \qquad (4)$$

按正规的办法，可以直接求(4)式的级数解。但是我们将用另一个办法来得出(4)式的解。

我们对勒让特方程

$$(1-z^2)\frac{d^2P_l(z)}{dz^2}-2z\frac{dP_l(z)}{dz}+l(l+1)P_l(z)=0 \qquad (5)$$

进行微分，则得：

$$(1-z^2)\frac{d^3}{dz^3}P_l(z)-4z\frac{d^2}{dz^2}P_l(z)+[l(l+1)-2]\frac{dP_l(z)}{dz}=0,$$

再微分一次，得：

$$(1-z^2)\frac{d^4}{dz^4}P_l(z)-6z\frac{d^3}{dz^3}P_l(z)+[l(l+1)-2-4]\frac{d^2P_l(z)}{dz^2}=0,$$

微分 m 次后，得：

$$(1-z^2)\frac{d^{2+m}}{dz^{2+m}}P_l(z)-(2+2m)z\frac{d^{1+m}}{dz^{1+m}}P_l(z)+[l(l+1)-m(m+1)]\frac{d^m}{dz^m}P_l(z)=0.$$

（注意：$2+4+6+\cdots+2m=m(m+1)$）

即：$$(1-z^2)\frac{d^2}{dz^2}\frac{d^mP_l(z)}{dz^m}-2(m+1)z\frac{d}{dz}\frac{d^mP_l(z)}{dz^m}+(l-m)(l+m+1)\frac{d^mP_l(z)}{dz^m}=0 \qquad (6)$$

(6)式和(4)式完全一样，由此可见，(4)式的解为：

8

$$\boxed{v=\frac{d^m}{dz^m}P_l(z)=\frac{1}{2^l l!}\frac{d^{l+m}}{dz^{l+m}}(z^2-1)^l}\quad m\geqslant 0 \qquad (7)$$

这样，(1)式的解就是：

$$\boxed{u_1=P_l^m(z)\equiv(1-z^2)^{\frac{m}{2}}\frac{d^m}{dz^m}P_l(z)=\frac{1}{2^l l!}(1-z^2)^{\frac{m}{2}}\frac{d^{l+m}}{dz^{l+m}}(z^2-1)^l} \qquad (8)$$

称为联属勒上特多项式。〔想一想，为什么要规定 $m\leqslant l$?〕

(1)式的第二个解是 $(1-z^2)^{\frac{m}{2}}\frac{d^m}{dz^m}Q_l(z)\overset{\text{定义}}{\equiv}Q_l^m(z)$，其中有对数项，不在我们的研究范围内。

$P_l^m(z)$ 的循环公式可从 $P_l(z)$ 的得到。~~这些公式可分三类，一类是上角的指标相同的函数间的关系~~

~~由(6)式，乘 $(1-z^2)^{m/2}$，立即得：~~

~~$P_l^{m+2}(z)-2(m+1)z(1-z^2)^{-\frac{1}{2}}P_l^{m+1}(z)+(l-m)(l+m+1)P_l^m(z)=0$ (9)~~

将§8，(14)式中 n 换成 l，对 z 微分 m 次，乘 $(1-z^2)^{\frac{m+1}{2}}$，得：

$$\boxed{P_{l+1}^{m+1}(z)-P_{l-1}^{m+1}(z)=(2l+1)(1-z^2)^{\frac{1}{2}}P_l^m(z)} \qquad (9)$$

将§8，(10)式中 n 换成 l，对 z 微分 m 次，得：

$$(l+1)\frac{d^m}{dz^m}P_{l+1}(z)+l\frac{d^m}{dz^m}P_{l-1}(z)=(2l+1)m\cdot\frac{d^{m-1}}{dz^{m-1}}P_l(z)+(2l+1)z\frac{d^m}{dz^m}P_l(z)$$

乘 $(1-z^2)^{\frac{m}{2}}$，成：

$$(l+1)P_{l+1}^m(z)+lP_{l-1}^m(z)=m(2l+1)(1-z^2)^{\frac{1}{2}}P_l^{m-1}(z)+(2l+1)zP_l^m(z)$$

注意到(9)式（先要将(9)式中 m 换成 $m-1$），得：

$$\boxed{(l+1-m)P_{l+1}^m(z)+(l+m)P_{l-1}^m(z)=(2l+1)zP_l^m(z)} \qquad (10)$$

这是§8，(10)式的推广。当 $m=0$ 时，就变成§8，(10)式。

(6)式乘 $(1-z^2)^{m/2}$，得：

$$P_l^{m+2}(z)-2(m+1)z(1-z^2)^{-\frac{1}{2}}P_l^{m+1}(z)+(l-m)(l+m+1)P_l^m(z)=0.$$

以 m 代 $m+1$，成：

$$\boxed{P_l^{m+1}(z)+(l+m)(l-m+1)P_l^{m-1}(z)=2mz(1-z^2)^{-\frac{1}{2}}P_l^m(z)} \qquad (11)$$

↑这些线不要了

把(11)式中 l 换成 $l+1$ 和 $l-1$，用来消去(9)式右端的二项，再利用(9)式和(10)式，可得：

$$(2l+1)(1-z^2)^{\frac{1}{2}}P_l^m(z)=(l+m)(l+m-1)P_{l-1}^{m-1}(z)-(l-m+2)(l-m+1)P_{l+1}^{m-1}(z) \quad (12)$$

对(8)式微分，并乘 $(2l+1)(1-z^2)$，得：

$$(2l+1)(1-z^2)\frac{d}{dz}P_l^m(z)=~~(2l+1)(1-z^2)\left\{(1-z^2)^{\frac{m}{2}}\frac{d^{m+1}}{dz^{m+1}}P_l(z)~~$$

$$=(2l+1)(1-z^2)\left\{(1-z^2)^{\frac{m}{2}}\frac{d^{m+1}}{dz^{m+1}}P_l(z)-mz(1-z^2)^{\frac{m}{2}-1}\frac{d^m}{dz^m}P_l(z)\right\}$$

$$=(2l+1)(1-z^2)^{\frac{1}{2}}P_l^{m+1}(z)-mzP_l^m(z)\cdot(2l+1)$$

利用(10)和(12)式，变化右端，经化简后，得：

$$(2l+1)(1-z^2)\frac{d}{dz}P_l^m(z)=(l+1)(l+m)P_{l-1}^m(z)-l(l-m+1)P_{l+1}^m(z) \quad (13)$$

比较有用的循环公式，大致就是以上这几个[(9),(10),(12),(13)]

下面我们来证明 $P_l^m(z)$ 是区间 $(-1,1)$ 上的正交函数。

根据(1),(8)，我们有：

$$(1-z^2)\frac{d^2}{dz^2}P_l^m(z)-2z\frac{d}{dz}P_l^m(z)+\left\{l(l+1)-\frac{m^2}{1-z^2}\right\}P_l^m(z)=0$$

$$(1-z^2)\frac{d^2}{dz^2}P_{l'}^{m'}(z)-2z\frac{d}{dz}P_{l'}^{m'}(z)+\left\{l'(l'+1)-\frac{m'^2}{1-z^2}\right\}P_{l'}^{m'}(z)=0$$

用 $P_{l'}^{m'}(z)$ 乘第一式，$P_l^m(z)$ 乘第二式，相减，得：

$$[l(l+1)-l'(l'+1)]P_l^m(z)P_{l'}^{m'}(z)-\frac{m^2-m'^2}{1-z^2}P_l^m(z)P_{l'}^{m'}(z)=$$

$$=(1-z^2)\left[P_l^m(z)\frac{d^2}{dz^2}P_{l'}^{m'}(z)-P_{l'}^{m'}(z)\frac{d^2}{dz^2}P_l^m(z)\right]$$

$$-2z\left[P_l^m(z)\frac{d}{dz}P_{l'}^{m'}(z)-P_{l'}^{m'}(z)\frac{d}{dz}P_l^m(z)\right]$$

$$=(1-z^2)\frac{d}{dz}\left[P_l^m(z)\frac{d}{dz}P_{l'}^{m'}(z)-P_{l'}^{m'}(z)\frac{d}{dz}P_l^m(z)\right]-$$

$$-2z\left[\quad〃\quad-\quad〃\quad\right]$$

$$=\frac{d}{dz}\left\{(1-z^2)\left[\quad〃\quad-\quad〃\quad\right]\right\}$$

对 z 积分，z 从 $-1\to+1$，右端因为有 $(1-z^2)$，积分得0，于是，

10

$$\left[l(l+1)-l'(l'+1)\right]\int_{-1}^{1}P_l^m(z)\,P_{l'}^{m'}(z)\,dz = \cancel{\frac{m^2-m'^2}{1-z^2}}$$

$$=(m^2-m'^2)\int_{-1}^{1}\frac{P_l^m(z)\,P_{l'}^{m'}(z)}{1-z^2}\,dz$$

令 $l'=l,\ m'\neq m$，则得

$$\boxed{\int_{-1}^{1}\frac{P_l^m(z)\,P_l^{m'}(z)}{1-z^2}\,dz=0 \qquad m\neq m'} \qquad (14)$$

令 $m'=m,\ l'\neq l$，则得，

$$\boxed{\int_{-1}^{1}P_l^m(z)\,P_{l'}^m(z)\,dz=0\,,\quad l\neq l'} \qquad (15)$$

由(14)和(15)〔特别是(15)〕表明的性质称为 $P_l^m(z)$ 的"正交性."

下面证明

$$\boxed{\int_{-1}^{1}P_l^m(z)\,P_l^m(z)\,dz=\frac{2}{2l+1}\frac{(l+m)!}{(l-m)!}} \qquad (16)$$

(这个结果在量子力学中用得着)

~~将(10)式乘 $(2l-1)P_{l-1}^m(z)$；先将(10)式中 l 换成 $l-1$，再乘 $(2l+1)P_l^m(z)$；二者相减，对 z 积分，计及(15)，则得：~~

~~$$\int_{-1}^{1}P_l^m(z)\,P_l^m(z)\,dz=\frac{(2l-1)(l+m)}{(2l+1)(l-m)}\int_{-1}^{1}P_{l-1}^m(z)\,P_{l-1}^m(z)\,dz, \quad (17)$$~~

~~顺次利用此式，得~~

~~$$\int_{-1}^{1}\left[P_l^m(z)\right]^2dz=\frac{(2l-1)(l+m)}{(2l+1)(l-m)}\frac{(2l-3)(l-1+m)}{(2l-1)(l-1-m)}\cdots$$~~

證：(9)式乘 $P_{l+1}^{m+1}(z)$，积分，计及(15)，得，

$$\int_{-1}^{1}\left[P_{l+1}^{m+1}(z)\right]^2dz=(2l+1)\int_{-1}^{1}(1-z^2)^{\frac12}P_{l+1}^{m+1}(z)\,P_l^m(z)\,dz$$

以 l 代 $l+1$，m 代 $m+1$，成

$$\int_{-1}^{1}\left[P_l^m(z)\right]^2dz=(2l-1)\int_{-1}^{1}(1-z^2)^{\frac12}P_l^m(z)\,P_{l-1}^{m-1}(z)\,dz$$

利用(12)式，消去上式右端的 $(1-z^2)^{\frac12}P_l^m(z)$，并计及(15)，得：

$$\int_{-1}^{1}\left[P_l^m(z)\right]^2dz=\frac{2l-1}{2l+1}(l+m)(l+m-1)\int_{-1}^{1}\left[P_{l-1}^{m-1}(z)\right]^2dz.$$

继续利用此式，得：   11

$$\int_{-1}^{1}\left[P_l^m(z)\right]^2 dz=\frac{2l-1}{2l+1}\frac{2l-3}{2l-1}\cdots\frac{2l-2m+1}{2l-2m+3}(l+m)(l+m-1)\cdots(l-m+1)\times$$

$$\times\int_{-1}^{1}\left[P_{l-m}^{m-m}(z)\right]^2 dz$$

$$=\frac{2l-2m+1}{2l+1}\frac{(l+m)!}{(l-m)!}\cdot\frac{2}{2(l-m)+1}=\frac{2}{2l+1}\frac{(l+m)!}{(l-m)!}\qquad(\text{证完})$$

注意，如果 $z=\cos\theta$，则 (15)，(16) 可以写成：

$$\boxed{\int_0^{\pi}P_l^m(\cos\theta)\,P_{l'}^m(\cos\theta)\cdot\sin\theta\,d\theta=\frac{2}{2l+1}\frac{(l+m)!}{(l-m)!}\delta_{ll'}}\qquad(17)$$

其中 $\delta_{ll'}=\begin{cases}0, & l\neq l'\\ 1, & l=l'\end{cases}$

（空一行）

以上结果，都是在 $m\geq 0$ 的情况下求得的，但是 (1) 式中 m 可以小於 0，这里自然产生一个疑问：如果 (8) 式中，$m<0$，它是否仍然是 (1) 式的解，亦即：

$$u_2=P_l^{-m}(z)\equiv\frac{1}{2^l l!}(1-z^2)^{-\frac{m}{2}}\frac{d^{l-m}}{dz^{l-m}}(z^2-1)^l,\quad m>0\qquad(18)$$

~~是否为 (1) 式的解？下面就来研究这个问题。~~

(1) 式的解 (8)，是利用变换 (3) 求得的。同样，我们可以，令

$$u_2=(1-z^2)^{-\frac{m}{2}}w(z),\quad m\geq 0\qquad(3')$$

代入 (1) 式，则得：

$$(1-z^2)\frac{d^2w}{dz^2}+2(m-1)z\frac{dw}{dz}+(l+m)(l-m+1)\,w=0,\ m\geq 0,\qquad(4')$$

和求 (4) 式的解相仿，我们从另外的方面着手来解 (4′) 式。

我们注意到 (4′) 和 (4) 的差别在于将 (4) 中的 m 换成 $-m$，那末 (4′) 的解是否正好也是把 (4) 的解［即由 (7) 表示的 v］中 m 换成 $-m$ 呢？不妨试一试。当 (7) 中 $m\to -m$ 时，v 就不是 $P_l(z)$ 的微商，因此我们应该从 $(z^2-1)^l$ 所满足的方程出发。容易验明，

$$(1-z^2)\frac{d^2}{dz^2}(z^2-1)^l+2(l-1)z\frac{d}{dz}(z^2-1)^l+2l(z^2-1)^l=0\qquad(5')$$

12

对(5′)微分,得:

$$(1-z^2)\frac{d^{2+1}}{dz^{2+1}}(z^2-1)^l+2(l-1-1)z\frac{d^{1+1}}{dz^{1+1}}(z^2-1)^l+2[l+(l-1)]\frac{d}{dz}(z^2-1)^l=0$$

再微分一次,得:

$$(1-z^2)\frac{d^{2+2}}{dz^{2+2}}(z^2-1)^l+2(l-1-2)z\frac{d^{1+2}}{dz^{1+2}}(z^2-1)^l+2[l+(l-1)+(l-2)]\frac{d^2}{dz^2}(z^2-1)^l=0$$

微分 $l-m$ 次后,

$$(1-z^2)\frac{d^2}{dz^2}\frac{d^{l-m}}{dz^{l-m}}(z^2-1)^l+2(l-1-(l-m))z\frac{d}{dz}\frac{d^{l-m}}{dz^{l-m}}(z^2-1)^l+$$
$$+2[l+(l-1)+(l-2)+\cdots+(l-m)]\frac{d^{l-m}}{dz^{l-m}}(z^2-1)^l=0$$

即

$$(1-z^2)\frac{d^2}{dz^2}\frac{d^{l-m}}{dz^{l-m}}(z^2-1)^l+2(m-1)z\frac{d}{dz}\frac{d^{l-m}}{dz^{l-m}}(z^2-1)^l+$$
$$+(l+m)(l-m+1)\frac{d^{l-m}}{dz^{l-m}}(z^2-1)^l=0 \qquad (6')$$

(6′)和(4′)完全一样,由此可见,(4′)的解为:

$$w=\frac{1}{2^l l!}\frac{d^{l-m}}{dz^{l-m}}(z^2-1)^l,\quad m\geqslant 0 \qquad (7')$$

而

$$u_2=P_l^{-m}(z)\overset{定义}{=}\frac{1}{2^l l!}(1-z^2)^{-\frac{m}{2}}\frac{d^{l-m}}{dz^{l-m}}(z^2-1)^l \qquad (8')$$

我们已经说过,(1)式的第二个解 $Q_l^m(z)$ 中含有对数项(因此不会是 u_2),故 u_2 和 u_1,即 $P_l^{-m}(z)$ 和 $P_l^m(z)$ 应该只相差一个常数。这个常数可以比较 $P_l^m(z)$ 和 $P_l^{-m}(z)$ 的同次项的系数求得。求出来,是:

$$\boxed{P_l^{-m}(z)=(-1)^m\frac{(l-m)!}{(l+m)!}P_l^m(z),\quad m\geqslant 0} \qquad (18)$$

根据(16),可得:

$$\int_{-1}^{1}P_l^{-m}(z)P_l^{-m}(z)=\frac{2}{2l+1}\frac{(l-m)!}{(l+m)!} \qquad (16')$$

(16′)正好是(16)中 $m\to -m$ 的结果。这是不是偶然的?(9),(10),(12),(13)等式子,对于 $m<0$ 的情况是否也适用?可以试一试。以(10)为例:

如果利用(18)式,把(10)式中的 P_l^m 换成 P_l^{-m},则得:

13

$$(l+m+1)P_{l+1}^{-m}(z)+(l-m)P_{l-1}^{-m}(z)=(2l+1)zP_l^{-m}(z),\quad m\geqslant 0,\quad (10')$$

这正是(10)中 $m\to -m$ 的结果。这表明(10)式对于任何 m 均适用。容易验明,(9),(11),(12),(13)式对于任何 m 也均适用。自然,(14)—(17)也适用于任何 m.

本节主要结果简述如下:

联属勒让特方程

$$(1-z^2)\frac{d^2u}{dz^2}-2z\frac{du}{dz}+\left[l(l+1)-\frac{m^2}{1-z^2}\right]u=0 \qquad (A)$$

$$l=0,1,2,\cdots \qquad m=0,\pm1,\pm2,\cdots\pm l,\ (|m|\leqslant l) \qquad (B)$$

的解为

$$u=P_l^m(z)\equiv\frac{1}{2^l l!}(1-z^2)^{\frac{m}{2}}\frac{d^{l+m}}{dz^{l+m}}(z^2-1)^l, \qquad (C)$$

$$(m=0,\pm1,\pm2,\cdots\pm l)$$

$m>0$ 时,

$$P_l^m(z)=(1-z^2)^{\frac{m}{2}}\frac{d^m}{dz^m}P_l(z) \qquad (D)$$

$$P_l^{-m}(z)=(-1)^m\frac{(l-m)!}{(l+m)!}P_l^m(z),\quad m\geqslant 0 \qquad (E)$$

$$\int_{-1}^{1}P_l^m(z)P_{l'}^m(z)\,dz=\frac{2}{2l+1}\frac{(l+m)!}{(l-m)!}\delta_{ll'},\quad ~~m=0,\pm1,\cdots\pm l~~ \qquad (F)$$

$$P_{l+1}^{m+1}(z)-P_{l-1}^{m+1}(z)=(2l+1)(1-z^2)^{\frac{1}{2}}P_l^m(z) \qquad (G)$$

$$(l+m)(l+m-1)P_{l-1}^{m-1}(z)-(l-m+2)(l-m+1)P_{l+1}^{m-1}(z)=(2l+1)(1-z^2)^{\frac{1}{2}}P_l^m(z) \qquad (H)$$

$$(l+1-m)P_{l+1}^m(z)+(l+m)P_{l-1}^m(z)=(2l+1)zP_l^m(z) \qquad (I)$$

$$(2l+1)(1-z^2)\frac{d}{dz}P_l^m(z)=(l+1)(l+m)P_{l-1}^m(z)-l(l-m+1)P_{l+1}^m(z) \qquad (J)$$

最后五个式子(F)—(J)对于正的和负的 m 同样适用。

§10. 厄米（Hermite）多项式.

对于任何复数z，复变数t，将 $w(z,t)=e^{2zt-t^2}$ 展开成t的幂级数：

~~$w(z,t)=\sum_{n=0}^{\infty} H_n(z)\frac{t^n}{n!}$~~

t 换成 z！
$z \to -z$

$$\boxed{w(z,t)=e^{2zt-t^2}=\sum_{n=0}^{\infty} H_n(z)\frac{t^n}{n!}} \qquad (1)$$

其中$H_n(z)$为展开式之系数，待定。

由(1)，
$$\left.\frac{\partial^n w}{\partial t^n}\right|_{t=0}=H_n(z)$$

但
$$w=e^{2zt-t^2}=e^{z^2}e^{-(z-t)^2}$$

$$\frac{\partial^n w}{\partial t^n}=e^{z^2}\frac{\partial^n}{\partial t^n}e^{-(z-t)^2}, \quad 令\ \zeta=z-t$$

$$=e^{z^2}\frac{d^n}{d\zeta^n}e^{-\zeta^2}(-1)^n$$

$$\left.\frac{\partial^n w}{\partial t^n}\right|_{t=0}=e^{z^2}(-1)^n\left.\frac{d^n e^{-\zeta^2}}{d\zeta^n}\right|_{\zeta=z}=(-1)^n e^{z^2}\frac{d^n e^{-z^2}}{dz^n}$$

$$\therefore\ \boxed{H_n(z)=(-1)^n e^{z^2}\frac{d^n}{dz^n}e^{-z^2}} \qquad (2)$$

称为厄米多项式。是一个z的n次多项式，e^{2zt-t^2} 称为 $H_n(z)$ 的母函数。

将(1)式对z和t微分，容易证明下列递推关系：

$$\boxed{H_n'(z)=2n\,H_{n-1}(z)} \qquad (3)$$

$$\boxed{2z\,H_n(z)=2n\,H_{n-1}(z)+H_{n+1}(z)} \qquad (4)$$

由(3)，(4)消去 $H_{n-1}(z)$，再对z微分，再利用(3)消去 $H_{n+1}'(z)$，易证 $H_n(z)$ 满足下列方程（厄米方程式）：

$$\boxed{\frac{d^2}{dz^2}H_n(z)-2z\frac{d}{dz}H_n(z)+2n\,H_n(z)=0} \qquad (5)$$

(1)中，令$z=0$，则得：

$$\sum_0^\infty H_n(0)\frac{t^n}{n!}=e^{-t^2}=\sum_0^\infty\frac{(-t^2)^m}{m!}=\sum_{m=0}^\infty\frac{(-1)^m}{m!}t^{2m},$$

右端祇有t的偶次项，可见：

$$H_{2m+1}(0)=0,\qquad H_{2m}(0)=(-1)^m\frac{(2m)!}{m!}\tag{6}$$

又，由(2)式，易见

$$H_n(-z)=(-1)^n H_n(z)\tag{7}$$

即：n奇，H_n为奇函数，只包含z的奇次项。

n偶，H_n为偶……………偶……

下面证明$H_n(z)$是区间$(-\infty,\infty)$上的正交函数系，权函数为e^{-z^2}

将(1)改写成（(1)中$n\to m$，$t\to s$.）

$$e^{2zs-s^2}=\sum_{m=0}^\infty H_m(z)\frac{s^m}{m!}$$

和(1)相乘，则成：

$$\sum_{n=0}^\infty\sum_{m=0}^\infty H_n(z)H_m(z)\frac{t^n s^m}{n!\,m!}=e^{2zt-t^2+2sz-s^2}$$

$$=e^{z^2}e^{2st}e^{-[z-(s+t)]^2}$$

乘e^{-z^2}，对z积分，则得：

$$\sum_{n=0}^\infty\sum_{m=0}^\infty\frac{t^n s^m}{n!\,m!}\int_{-\infty}^\infty e^{-z^2}H_n(z)H_m(z)\,dz=e^{2st}\int_{-\infty}^\infty e^{-[z-(s+t)]^2}dz$$

$$=e^{2st}\int_{-\infty}^\infty e^{-x^2}dx=\sqrt{\pi}\,e^{2st}=\sqrt{\pi}\sum_{n=0}^\infty\frac{2^n}{n!}(st)^n$$

上式右端只有s,t同次幂的项，故得：

$$\boxed{\int_{-\infty}^\infty e^{-z^2}H_n(z)H_m(z)\,dz=\sqrt{\pi}\,2^n n!\,\delta_{nm}}\tag{8}$$

$$\delta_{nm}=\begin{cases}1, & n=m\\ 0, & n\neq m\end{cases}$$

此即厄米多项式的正交性。

§11. 贝塞(Bessel)函数和漢开尔(Hankel)函数.

贝塞函数是工程和物理中经常遇到的一种特殊函数，汉开尔函数在理论物理中也有广泛的应用。由於篇幅限制，本节不予备对它们作全面的叙述，而只讲几个方面：贝塞方程的解，贝塞函数和汉开尔函数的递次关系，渐近性质。

我们来研究贝塞方程

$$\boxed{\frac{d^2u}{dz^2}+\frac{1}{z}\frac{du}{dz}+\frac{z^2-\nu^2}{z^2}u=0} \qquad (1)$$

的解。其中 ν 为常数。

显然，$z=0$ 为方程(1)的正则奇点。和标准型(§2)

$$\frac{d^2u}{dz^2}+p(z)\frac{du}{dz}+q(z)u=0$$

比较，得：

$$p(z)=\frac{1}{z},\quad \text{即}\ b_0=1,\ b_1=b_2=\cdots=0$$

$$q(z)=\frac{z^2-\nu^2}{z^2},\quad \text{即}\ c_0=-\nu^2,\ c_2=1,\quad c_1=c_3=c_4=\cdots=0$$

指标方程 $\rho(\rho-1)+\rho-\nu^2=0$

的根为 $\rho_1=\nu,\quad \rho_2=-\nu \qquad (2)$

因此，(1)式的一个解为：

$$u_1=z^\nu\sum_0^\infty a_nz^n,\quad a_0\neq 0 \qquad (3)$$

a_n 满足(见§2，(8)式，其中 $\nu\to n$，$\rho\to\rho_1=\nu$)

$$\left[(n+\nu)(n+\nu-1)-\nu^2+(n+\nu)\right]a_n+a_{n-2}=0$$

$$a_n=-a_{n-2}\Big/\left[(n+\nu)^2-\nu^2\right] \qquad (4)$$

(4)式只适用於 $n\geqslant 2$，$n=1$ 时，由§2，(8)式，得：

$$\left[(1+\nu)(1+\nu-1)-\nu^2+(1+\nu)\right]a_1=0$$

即 $\left[(1+\nu)^2-\nu^2\right]a_1=0$

即：　　$a_1=0$　　(5)

由(4)，立刻得到：　$a_1=a_3=a_5=\cdots=0$　　(6)

(6)式表明，(3)式中的级数只有偶次项。这样，(4)式可重写成：

$$a_{2k}=-a_{2k-2}/2k(2k+2\nu) \qquad (4')$$

逐次利用上式，得：

$$a_{2k}=(-1)^k a_0/2^{2k}k!(k+\nu)(k+\nu-1)\cdots(\nu+1)$$

或　$$a_{2k}=(-1)^k a_0\Gamma(\nu+1)/2^{2k}k!\Gamma(k+\nu+1)$$

令　$$a_0=1/2^\nu\Gamma(\nu+1) \qquad (7)$$

则　$$a_{2k}=(-1)^k/2^{\nu+2k}k!\Gamma(k+\nu+1) \qquad (8)$$

于是　$$u_1=\sum_{k=0}^{\infty}\frac{(-1)^k}{k!\Gamma(k+\nu+1)}\left(\frac{z}{2}\right)^{\nu+2k}\equiv J_\nu(z) \qquad (9)$$

称为贝塞函数。~~如ν为整数，则(9)式右端无疑是单值~~

由(4)式，易见，对任何z值，(9)式右端的级数总是收敛的，故$J_\nu(z)$是全平面上的解析函数。当ν是整数时，$J_\nu(z)$无疑是单值的。当ν不是整数，则限定

$$-\pi<\arg z\leqslant\pi, \qquad (10)$$

则$J_\nu(z)$仍为单值函数。

在(3)—(9)中，如以$-\nu$代替ν，则得到第二个解：

$$u_2=\sum_{k=0}^{\infty}\frac{(-1)^k}{k!\Gamma(k-\nu+1)}\left(\frac{z}{2}\right)^{-\nu+2k}\equiv J_{-\nu}(z) \qquad (11)$$

如ν不是整数，则当$z\to0$时，

$$J_\nu(z)\xrightarrow[z\to0]{}\left(\frac{z}{2}\right)^{\nu}/\Gamma(\nu+1)$$
$$J_{-\nu}(z)\xrightarrow[z\to0]{}\left(\frac{z}{2}\right)^{-\nu}/\Gamma(1-\nu) \qquad (12)$$

可见J_ν和$J_{-\nu}$是互相独立的。

如 ν 是负整数：$\nu=-n$，$n=1,2,\cdots$，则由(4′)式可见，

$a_{2n}=\infty$，这样一来，就得不到有意义的解。這时，我们定义

$$\boxed{J_{-n}(z)=(-1)^n J_n(z)} \qquad (13)$$

综上所述，ν 不是整数时，我们求得贝塞方程式(1)的二个解，即 $J_\nu(z)$ 和 $J_{-\nu}(z)$。当 $\nu=n$ ($n=1,2,\cdots$)时，我们只求得一个解 $J_n(z)$，另一个解是什么呢？为了解决这个问题，我们最好从头来起，用别的办法来解(1)式。

(空一行)

当 $z\to\infty$ 时，(1)式变成 $\frac{d^2u}{dz^2}+u=0$，解为 $u=e^{\pm iz}$，因此，我们对于(1)式作下列变换：

$$u=v\,e^{iz} \qquad (14)$$

则(1)式变成：

$$\frac{d^2v}{dz^2}+\left(2i+\frac{1}{z}\right)\frac{dv}{dz}+\left(\frac{i}{z}-\frac{\nu^2}{z^2}\right)v=0$$

上式中二项含有 i，解起来很麻烦，我们设法化简它。

令 $$v=z^{-\frac{1}{2}}\cdot w \qquad (15)$$

则得 $$\frac{d^2w}{dz^2}+2i\frac{dw}{dz}+\frac{\frac{1}{4}-\nu^2}{z^2}w=0$$

令 $$\frac{2z}{i}=t \qquad (16)$$

则成 $$\frac{d^2w}{dt^2}-\frac{dw}{dt}+\frac{\frac{1}{4}-\nu^2}{t^2}w=0 \qquad (17)$$

如果按一般的方法解(17)式［令 $w=t^\rho\sum a_n t^n$, $\cdots$］则得不到有用的结果。我们试令

$$w=t^\alpha\left(A_0+A_1t^{-1}+A_2t^{-2}+\cdots\right)$$

代入(17)式，则 t 的最高次项为 $-A_0\alpha t^{\alpha-1}$，它应等于 0，故知 $\alpha=0$，

∴ 令 $$w=A_0+A_1t^{-1}+A_2t^{-2}+\cdots+A_nt^{-n}+\cdots=\sum_{0}^{\infty}A_nt^{-n} \qquad (18)$$

则 $$\frac{dw}{dt}=-A_1t^{-2}-2A_2t^{-3}-\cdots=-\sum_{n=0}^{\infty}nA_nt^{-n-1}$$

$$\frac{d^2W}{dt^2}=\sum_{n=0}^{\infty} n(n+1)A_n t^{-n-2}$$

代入(17)式，得：

$$\sum_{n=0}^{\infty}\left[n(n+1)A_n t^{-n-2}+nA_n t^{-n-1}+\left(\tfrac{1}{4}-\nu^2\right)A_n t^{-n-2}\right]=0$$

t^{-k-1} 係数等於0，得：

$$(k-1)kA_{k-1}+\left(\tfrac{1}{4}-\nu^2\right)A_{k-1}+kA_k=0.$$

$$A_k=\frac{\left(\nu^2-\frac{1}{4}\right)-k(k-1)}{k}A_{k-1}=\frac{\left(\nu+k-\frac{1}{2}\right)\left(\nu+\frac{1}{2}-k\right)}{k}A_{k-1}$$

~~$$=\frac{\left(\nu+\frac{1}{2}\right)\left(\nu-\frac{1}{2}\right)-k(k-1)}{k}a_{k-1}$$~~

继续利用此式，得：

$$A_k=\left[\left(\nu+k-\tfrac{1}{2}\right)\left(\nu+k-1-\tfrac{1}{2}\right)\cdots\left(\nu+\tfrac{1}{2}\right)\right]\left[\left(\nu+\tfrac{1}{2}-k\right)\left(\nu+\tfrac{1}{2}-k+1\right)\cdots\left(\nu-\tfrac{1}{2}\right)\right]\frac{A_0}{k!} \qquad (19)$$

(注意每个[ ]中均有k个因子)

令 $A_0=1$

则 $$A_k=\frac{\Gamma\left(\nu+k+\frac{1}{2}\right)\Gamma\left(\nu+\frac{1}{2}\right)}{\Gamma\left(\nu+\frac{1}{2}\right)\Gamma\left(\nu+\frac{1}{2}-k\right)k!}=\frac{\Gamma\left(\nu+k+\frac{1}{2}\right)}{k!\,\Gamma\left(\nu+\frac{1}{2}-k\right)} \qquad (20)$$

这样，将(20)代入(18)，再代入(15)，(14)，注意到(16)，则得：

$$u=z^{-\frac{1}{2}}e^{iz}\sum_{k=0}^{\infty}\frac{\Gamma\left(\nu+k+\frac{1}{2}\right)}{k!\,\Gamma\left(\nu+\frac{1}{2}-k\right)}\left(\frac{i}{2z}\right)^{k} \qquad (21)$$

一般，(21)乘适当的常数后，~~称为汉开尔函~~以 $H_\nu^{(1)}(z)$ 表之：

$$\boxed{H_\nu^{(1)}(z)=\left(\frac{2}{\pi z}\right)^{\frac{1}{2}}e^{i\left(z-\frac{\nu\pi}{2}-\frac{\pi}{4}\right)}\sum_{k=0}^{\infty}\frac{\Gamma\left(\nu+k+\frac{1}{2}\right)}{k!\,\Gamma\left(\nu+\frac{1}{2}-k\right)}\left(\frac{i}{2z}\right)^{k}} \qquad (22)$$

这样，我们求得了贝塞方程(1)的一个解 $H_\nu^{(1)}(z)$。

我们注意，(1)式中并无虚数 i，这表明将(22)代入(1)时，i 必然两两成对，变成 -1，($i^2=-1$)。由此可见，如果将(22)中 i 换成 $-i$，则仍旧是(1)的解。这样，(1)式的第二个解就是：

$$\boxed{H_\nu^{(2)}(z)=\left(\frac{2}{\pi z}\right)^{\frac{1}{2}}e^{-i\left(z-\frac{\nu\pi}{2}-\frac{\pi}{4}\right)}\sum_{k=0}^{\infty}\frac{\Gamma\left(\nu+\frac{1}{2}+k\right)}{k!\,\Gamma\left(\nu+\frac{1}{2}-k\right)}\left(\frac{-i}{2z}\right)^{k}.} \qquad (23)$$

$H_\nu^{(1)}(z)$ 和 $H_\nu^{(2)}(z)$ 称为汉开尔函数。

$z\to\infty$ 时，(22) 和 (23) 中的 $\sum_0^\infty\cdots\to 1$，得：

$$
\boxed{\begin{aligned}
H^{(1)}_\nu(z) &\xrightarrow[z\to\infty]{} \left(\frac{2}{\pi z}\right)^{\frac12} e^{i\left(z-\frac{\nu\pi}{2}-\frac{\pi}{4}\right)} \\
H^{(2)}_\nu(z) &\xrightarrow[z\to\infty]{} \left(\frac{2}{\pi z}\right)^{\frac12} e^{-i\left(z-\frac{\nu\pi}{2}-\frac{\pi}{4}\right)}
\end{aligned}} \tag{24}
$$

显然，不管 ν 是否为整数，$H^{(1)}_\nu(z)$ 和 $H^{(2)}_\nu(z)$ 是互相独立的。

这里特别注意三点：当 z 和 ν 是实数时，$H^{(2)}_\nu(z)=\left[H^{(1)}_\nu(z)\right]^*$。

其次，当 $\nu=l+\frac12$，$l=0,1,2,\cdots$ 则 $H^{(1)}_{l+\frac12}(z)$ 中的级数只有 l 项（从 (19) 式很易看出），$H^{(2)}_{l+\frac12}(z)$ 也一样。

$$
\boxed{\begin{aligned}
H^{(1)}_{l+\frac12}(z) &= \left(\frac{2}{\pi z}\right)^{\frac12} e^{i\left(z-\frac{l+1}{2}\pi\right)} \sum_{k=0}^{l}\frac{(l+k)!}{k!\,(l-k)!}\left(\frac{i}{2z}\right)^k \\
H^{(2)}_{l+\frac12}(z) &= \left(\frac{2}{\pi z}\right)^{\frac12} e^{-i\left(z-\frac{l+1}{2}\pi\right)} \sum_{k=0}^{l}\frac{(l+k)!}{k!\,(l-k)!}\left(\frac{-i}{2z}\right)^k
\end{aligned}} \tag{25}
$$

其次，$H^{(1)}_\nu$，$H^{(2)}_\nu$ 既是贝塞方程的独立解，则 $J_\nu(z)$ 应该可以表成它们的线性组合。事实上，

$$
\boxed{J_\nu(z)=\frac12\left[H^{(1)}_\nu(z)+H^{(2)}_\nu(z)\right]} \tag{26}
$$

~~（注意，当 ν，z 为实数时，只有 $H^{(1)}_\nu+H^{(2)}_\nu$ 才是实数）~~

由此可得 $z\to\infty$ 时 $J_\nu(z)$ 的近似表示：

$$
\boxed{J_\nu(z)\xrightarrow[z\to\infty]{}\left(\frac{2}{\pi z}\right)^{\frac12}\cos\left(z-\frac{\nu\pi}{2}-\frac{\pi}{4}\right)} \tag{27}
$$

$$
\boxed{J_{l+\frac12}(z)\longrightarrow\left(\frac{2}{\pi z}\right)^{\frac12}\sin\left(z-\frac{l\pi}{2}\right)} \tag{28}
$$

通常，称 $\frac{1}{2i}\left(H^{(1)}_\nu(z)-H^{(2)}_\nu(z)\right)$ 为诺曼函数，以 $N_\nu(z)$ 或 $Y_\nu(z)$ 表之。注意 $z=0$ 是汉开尔函数和诺曼函数的奇点。

（空一行）

下面写出贝塞函数的邻次关系。

~~我们要求 $\frac{d}{dz}\left[z^\nu H^{(1)}_\nu(z)\right]$ 中 $e^{iz}z^{\nu-k-\frac12-1}$ 的系数，由 (22)，求得系数是：~~

$$\sqrt{\frac{2}{\pi}}\, e^{-i\left(\frac{\nu\pi}{2}+\frac{\pi}{4}\right)}\left[\frac{\Gamma(\nu+k+\frac{1}{2})}{k!\,\Gamma(\nu-k+\frac{1}{2})}\left(\frac{i}{2}\right)^{k}\left(\nu-k-\frac{1}{2}\right)+i\,\frac{\Gamma(\nu+k-\frac{1}{2})}{(k-1)!\,\Gamma(\nu-k+\frac{3}{2})}\left(\frac{i}{2}\right)^{k-1}\right]$$

$$=\sqrt{\frac{2}{\pi}}\, e^{-i\left(\frac{\nu\pi}{2}+\frac{\pi}{4}\right)}\left(\frac{i}{2}\right)^{k-1}\frac{\Gamma(\nu+k-\frac{1}{2})}{k!\,\Gamma(\nu-k+\frac{3}{2})}\left[\left(\nu+k-\frac{1}{2}\right)\frac{i}{2}\left(\nu-k-\frac{1}{2}\right)+ik\left(\nu+k-\frac{1}{2}\right)\right]$$

$$=\sqrt{\frac{2}{\pi}}\, e^{-i\left(\frac{\nu\pi}{2}+\frac{\pi}{4}\right)}\left(\frac{i}{2}\right)^{k-1}\frac{\Gamma(\nu+k-\frac{1}{2})}{k!\,\Gamma(\nu-k+\frac{3}{2})}\left[\frac{i}{2}\left(\nu-k+\frac{1}{2}\right)\left(\nu+k-\frac{1}{2}\right)^{2}+ik\right]$$

我们来求 $\frac{d}{dz}z^{-\nu}J_\nu(z)$ 中 z^{2k-1} 的系数，由 (9)，求出来是：

$$\frac{(-1)^k}{k!\,\Gamma(k+\nu+1)}\,\frac{2k}{2^{\nu+2k}}=-(-1)^{k-1}\frac{1}{(k-1)!\,\Gamma(\nu+1+k)\,2^{\nu+2k-1}}$$

这恰好是 $-z^{-\nu}J_{\nu+1}(z)$ 中 z^{2k-1} 的系数。故得，

$$\frac{d}{dz}z^{-\nu}J_\nu(z)=-z^{-\nu}J_{\nu+1}(z) \tag{29}$$

(29)中，$\nu\to-\nu$，成 $\frac{d}{dz}z^{\nu}J_{-\nu}(z)$

又，$\frac{d}{dz}z^{\nu}J_\nu(z)$ 中 $z^{2\nu+2k-1}$ 的系数是：

$$\frac{(-1)^{k}}{k!\,\Gamma(k+\nu+1)}\,\frac{(2\nu+2k)}{2^{\nu+2k}}=(-1)^k\frac{1}{k!\,\Gamma(k+\nu)\,2^{\nu-1+2k}}$$

这恰好是 $z^{\nu}J_{\nu-1}(z)$ 中 $z^{2\nu+2k-1}$ 的系数。故得

$$\frac{d}{dz}z^{\nu}J_\nu(z)=z^{\nu}J_{\nu-1}(z) \tag{30}$$

由 (29)，$zJ_\nu'(z)=\nu J_\nu(z)-zJ_{\nu+1}(z)$ (31)

由 (30)，$zJ_\nu'(z)=zJ_{\nu-1}(z)-\nu J_\nu(z)$ (32)

(31)+(32)，$\boxed{2J_\nu'(z)=J_{\nu-1}(z)-J_{\nu+1}(z)}$ (33)

(31)−(32)，$\boxed{2\nu J_\nu(z)=z\left(J_{\nu+1}(z)+J_{\nu-1}(z)\right)}$ (34)

我们注意，$J_\nu=\frac{1}{2}\left(H_\nu^{(1)}+H_\nu^{(2)}\right)$，$H_\nu^{(1)}$ 中有 e^{iz}，$H_\nu^{(2)}$ 中有 e^{-iz}，两者互相不能转化的，因此，上述循环公式对 $H_\nu^{(1)}$ 和 $H_\nu^{(2)}$ 也成立。即：

$$\frac{d}{dz}z^{-\nu}H_\nu^{(\alpha)}(z)=-z^{-\nu}H_{\nu+1}^{(\alpha)}(z),\quad \alpha=1,2, \tag{35}$$

$$\frac{d}{dz}z^{\nu}H_\nu^{(\alpha)}(z)=z^{\nu}H_{\nu-1}^{(\alpha)}(z),\quad \alpha=1,2. \tag{36}$$

$$z\frac{d}{dz}H_\nu^{(\alpha)}(z)=\nu H_\nu^{(\alpha)}(z)-zH_{\nu+1}^{(\alpha)}(z),\quad \alpha=1,2. \tag{37}$$

$$z\frac{d}{dz}H_\nu^{(\alpha)}(z)=zH_{\nu-1}^{(\alpha)}(z)-\nu H_\nu^{(\alpha)}(z),\quad \alpha=1,2. \tag{38}$$

$$2\frac{d}{dz}H_\nu^{(\alpha)}(z)=H_{\nu-1}^{(\alpha)}(z)-H_{\nu+1}^{(\alpha)}(z),\quad \alpha=1,2. \tag{39}$$

$$2\nu H_\nu^{(\alpha)}(z)=z\left[H_{\nu+1}^{(\alpha)}(z)+H_{\nu-1}^{(\alpha)}(z)\right]\quad \alpha=1,2 \tag{40}$$

由(35)，易证 $$\left(\frac{d}{zdz}\right)^m\frac{H_\nu^{(\alpha)}(z)}{z^\nu}=(-1)^m\frac{H_{\nu+m}^{(\alpha)}(z)}{z^{\nu+m}}\quad \alpha=1,2. \tag{41}$$

由(25)，

$$H_{\frac{1}{2}}^{(1)}(z)=-i\sqrt{\frac{2}{\pi z}}e^{iz} \tag{42}$$

$$H_{\frac{1}{2}}^{(2)}(z)=i\sqrt{\frac{2}{\pi z}}e^{-iz} \tag{43}$$

由(41)，(42)，(43)，可得：

$$H_{l+\frac{1}{2}}^{(1)}(z)=(-1)^{l+1}i\sqrt{\frac{2}{\pi}}\,z^{l+\frac{1}{2}}\left(\frac{d}{zdz}\right)^l\frac{e^{iz}}{z} \tag{44}$$

$$H_{l+\frac{1}{2}}^{(2)}(z)=(-1)^{l}i\sqrt{\frac{2}{\pi}}\,z^{l+\frac{1}{2}}\left(\frac{d}{zdz}\right)^l\frac{e^{-iz}}{z} \tag{45}$$

由(26)，(42)—(45)，可得

$$J_{\frac{1}{2}}(z)=\sqrt{\frac{2}{\pi z}}\sin z \tag{46}$$

$$J_{l+\frac{1}{2}}(z)=(-1)^l\sqrt{\frac{2}{\pi}}\,z^{l+\frac{1}{2}}\left(\frac{d}{zdz}\right)^l\frac{\sin z}{z} \tag{47}$$

又，由(36)，$$\left(\frac{d}{zdz}\right)^m z^\nu H_\nu^{(\alpha)}(z)=z^{\nu-m}H_{\nu-m}^{(\alpha)}(z),\quad \alpha=1,2. \tag{48}$$

而 $$H_{-\frac{1}{2}}^{(1)}(z)=\sqrt{\frac{2}{\pi z}}e^{iz} \tag{49}$$

$$H_{-\frac{1}{2}}^{(2)}(z)=\sqrt{\frac{2}{\pi z}}e^{-iz} \tag{50}$$

∴ $$H_{-l-\frac{1}{2}}^{(1)}(z)=e^{i(l+\frac{1}{2})\pi}H_{l+\frac{1}{2}}^{(1)}(z) \tag{51}$$

$$H_{-l-\frac{1}{2}}^{(2)}(z)=e^{-i(l+\frac{1}{2})\pi}H_{l+\frac{1}{2}}^{(2)}(z) \tag{52}$$

一般，可证 $$H_{-\nu}^{(1)}(z)=e^{i\nu\pi}H_\nu^{(1)}(z) \tag{53}$$

$$H_{-\nu}^{(2)}(z)=e^{-i\nu\pi}H_\nu^{(2)}(z) \tag{54}$$

§11 贝塞函数和汉开尔函数

又, $$J_{-\frac{1}{2}}(z)=\sqrt{\frac{2}{\pi z}}\cos z \tag{55}$$

$$J_{-l-\frac{1}{2}}(z)=\sqrt{\frac{2}{\pi}}\, z^{l+\frac{1}{2}}\left(\frac{d}{z\,dz}\right)^{l}\frac{\cos z}{z} \tag{56}$$

$$J_{-\nu}(z)=\frac{1}{2}\left(e^{i\nu\pi}H_{\nu}^{(1)}(z)+e^{-i\nu\pi}H_{\nu}^{(2)}(z)\right) \tag{57}$$

$\nu=n,\ (n=1,2,\cdots)$ 由(57),得

$$J_{-n}(z)=\frac{1}{2}e^{in\pi}\left(H_n^{(1)}(z)+e^{-i2n\pi}H_n^{(2)}(z)\right)$$

$$=(-1)^n\,\frac{1}{2}\left(H_n^{(1)}(z)+H_n^{(2)}(z)\right)$$

$$=(-1)^n J_n(z)$$

这正是(13)式。

贝塞函数,汉开尔函数,诺曼函数等等,统称为"柱函数",因为用柱坐标解Laplace方程时就得到贝塞方程。

§12 δ-函数和富利叶积分(Fourier integral)

本节中,所有的变数 x, k, p 等等,一概了解为实变数。

δ-函数是量子力学中常用的一种数学方法,它的精神在于用具体的物理概念代替严密的数学推导而使计算大大简化。

从一个变数的开始。

设在 $x=a$ 附近分布得有电荷,密度 $\rho(x)$,总电量 q,则:

$$\int\rho(x)\,dx=q$$

(凡不特别注明者,积分之下限了解为 $-\infty$,上限 $+\infty$)

如果不改变总电量 q,而把电荷集中到 a,则成一点电荷,其电荷密度 $\rho(x)$ 具有下列性质:

$$\begin{cases}\rho(x)=0, & x\neq a\\ \rho(x)=\infty, & x=a\\ \int\rho(x)\,dx=q,\end{cases}$$

其实,第二个性质不必写得,它已包含在第三个性质中。

上述结果,可以写成 $\rho(x)=q\,\delta(x-a)$, 其中 $\delta(x-a)$ 称为 δ-函数,

其定义为:

$$\boxed{\begin{aligned}&\delta(x-a)=0\,,\quad x\neq a\\&\int\delta(x-a)\,dx=1\end{aligned}} \qquad (1)$$

积分经过 $x=a$ 这一点。

由(1),易见,对于任何连续函数 $f(x)$,有:

$$\boxed{\int f(x)\,\delta(x-a)\,dx=f(a)} \qquad (2)$$

实际上,(1) 和 (2) 是等效的,也可以把 (2) 式作为 δ-函数的定义。

由(1)及(2)容易证明 δ-函数具有下列性质:

$\delta(x-a)=\delta(a-x)\,,\quad \delta(-x)=\delta(x)$	(3)
$x\,\delta(x)=0$	(4)
$x\,\delta(x-a)=a\,\delta(x-a)$	(5)
$\delta(ax)=\frac{1}{a}\delta(x)\,,\ a>0$	(6)
$x\frac{d}{dx}\delta(x)=-\delta(x)$	(7)
$\delta(x^2-a^2)=\frac{1}{2a}\left[\delta(x+a)+\delta(x-a)\right],\ a>0$	(8)

举例证明如下:

(3) 式 $\int_{-\infty}^{\infty}f(x)\,\delta(a-x)\,dx \overset{y=-x}{=\!=}\int_{\infty}^{-\infty}f(-y)\,\delta(a+y)\,d(-y)$

$=\int_{-\infty}^{\infty}f(-y)\,\delta(y+a)\,dy \overset{\text{由(2)}}{=\!=} f(-(-a))=f(a)$

与(2)比较,因 $f(x)$ 是任意的,故知 $\delta(a-x)=\delta(x-a)$

(3)式告诉我们:$\delta(x)$ 是偶函数

(7) 式 $\int_{-\infty}^{\infty}f(x)\cdot x\frac{d}{dx}\delta(x)\,dx=\int_{-\infty}^{\infty}xf(x)\,d\delta(x)$, 分部积分,

$=xf(x)\,\delta(x)\Big|_{-\infty}^{+\infty}-\int_{-\infty}^{\infty}\delta(x)\,x\frac{df}{dx}\,dx-\int_{-\infty}^{\infty}\delta(x)\,f(x)\,dx$

根据(1),第一项为0,根据(2),第二项为0,

∴ $\int f(x)\, x\frac{d}{dx}\delta(x)\,dx = \int f(x)\left[-\delta(x)\right]dx$.

因 f(x) 是任意的，所以 $x\frac{d}{dx}\delta(x) = -\delta(x)$，

~~(8)式 易见，凡 $x\neq\pm a$ 处，$\delta(x^2-a^2)=0$，因此已经满足(1)式中δ-函数第一个条件。要 $\delta(x^2-a^2)\neq 0$，必须 $x=\pm a$，因此 $\delta(x^2-a^2)$ 必然~~

(8)式，右端乘 f(x)，积分，得：

$$\int f(x)\,\frac{1}{2a}\left[\delta(x+a)+\delta(x-a)\right]dx$$

$$=\frac{1}{2a}\int f(x)\,\delta(x+a)\,dx+\frac{1}{2a}\int f(x)\,\delta(x-a)\,dx$$

$$=\frac{1}{2a}\left[f(-a)+f(a)\right]$$

左端乘 f(x)，积分，得：

$$\int f(x)\,\delta(x^2-a^2)\,dx=\int_{x=-a\text{附近}} f(x)\,\delta(x^2-a^2)\,dx+\int_{x=a\text{附近}} f(x)\,\delta(x^2-a^2)\,dx$$

$$=f(-a)\int_{x=-a\text{附近}}\delta(x^2-a^2)\,dx+f(a)\int_{x=a\text{附近}}\delta(x^2-a^2)\,dx$$

~~$f(-a)\int_{-\infty}^{0}\delta(x^2-a^2)\,dx+$~~

$\delta(x^2-a^2)=\delta\left((x-a)(x+a)\right)$，在 $x=-a$ 附近，$x-a=-2a$，

但 $\delta(-2a(x+a))=\delta(2a(x+a))=\frac{1}{2a}\delta(x+a)$，所以

$$\int_{x=-a\text{附近}}\delta(x^2-a^2)\,dx=\frac{1}{2a}\int_{x=-a\text{附近}}\delta(x+a)\,dx=\frac{1}{2a},\quad(a>0)$$

同样，$\int_{x=a\text{附近}}\delta(x^2-a^2)\,dx=\frac{1}{2a}$，

∴ $\int f(x)\,\delta(x^2-a^2)\,dx=\frac{1}{2a}\left[f(-a)+f(a)\right]$，与右端的一样。

因 f(x) 是任意的，所以 $\delta(x^2-a^2)=\frac{1}{2a}\left[f(x+a)+f(x-a)\right]$，此即(8)式

（空二行）

再回到点电荷的问题。物质是由原子构成的，原子是一个复杂的电的系统

原子核带正电，电子带负电，整个原子则是中性的。我们说某个区域内"没有电荷"并不是意味着那儿没有原子，而是指在这个区域的任何一个小体积内，总电荷为0。这儿"小体积"是在宏观的意义上讲的，在微观的意义上，它都是一个大体积，其中包含大量的原子，亦即有极复杂的电荷分布。如果在这样一个微观大宏观小的区域内总电荷为0，则我们说那儿"没有电荷"，以 $\rho(x)=0$ 表之。$\rho(x)$ 是电荷密度，它的意义本处是宏观的。所以，严格说来，$\rho(x)=0$ 是指

$$\frac{1}{V}\sum_V q = 0 \quad , \quad \sum_V \text{表示在}V\text{中求和。}$$

V 是一个微观大，宏观小的体积。

如果在一个微观小，宏观大的体积中集中了很多带电粒子（例如金属中的自由电子），则表现为一个点电荷。"点"是在宏观的意义上讲的，在微观的意义上它是一个大体积。

电荷产生电场。在微观的领域内，电场的变化是剧烈而复杂的。但宏观电场的变化常常很平缓，因为宏观电场是微观电场的平均值，在平均过程中，许多相邻的正负电荷所产生的电场彼此抵消掉了。如果我们只要知道宏观电场，则只要知道宏观电荷分布就行，不必管那复杂的微观电荷分布。举例如下：（为简单起见，以一维空间为限）

设微观电荷密度为

$$\rho(x) = \frac{\sin nx}{\pi x} \quad , \quad n \gg 1 \tag{9}$$

这是一个很复杂的函数，x 每变化 π/n，$\rho(x)$ 就要变更符号。但因 $\rho(x)$ 迅速的变化，在任何一个小范围内，$\rho(x)$ 的平均值都是0，唯一的例外是 $x=0$ 处，在 $x=0$ 附近，

$$\int_{-a}^{a}\rho(x)\,dx = \int_{-a}^{a}\frac{\sin nx}{\pi x}\,dx = \frac{1}{\pi}\int_{-na}^{na}\frac{\sin y}{\pi y}\,dy$$

如 n 足够大，则积分的上下限可认为是 $\pm\infty$，则积分之值为1。这样一来，可认为(9)式表示一个点电荷，电量为1，位置在原点。亦即：

$$\lim_{n\to\infty}\frac{\sin nx}{\pi x}=\delta(x) \quad (10)$$

以乘 f(x)，积分，则得

$$\lim_{n\to\infty}\frac{1}{\pi}\int_{-a}^{a}f(x)\frac{\sin nx}{x}dx=f(0)\quad, a>0 \quad (11)$$

这就是很有名的狄里克莱积分。

又，$\int_{-\infty}^{\infty}e^{ik(x-a)}dk=\lim_{n\to\infty}\int_{-n}^{n}e^{ik(x-a)}dk$

$$=\lim_{n\to\infty}\frac{1}{i(x-a)}\left[e^{in(x-a)}-e^{-in(x-a)}\right]=\lim_{n\to\infty}\frac{2\sin n(x-a)}{(x-a)}$$

$$\therefore \quad \frac{1}{2\pi}\int_{-\infty}^{\infty}e^{ik(x-a)}dk=\delta(x-a) \quad (12)$$

同样，

$$\frac{1}{2\pi}\int_{-\infty}^{\infty}e^{i(k-k_0)x}dx=\delta(k-k_0) \quad (13)$$

令 $p=\hbar k$，$\hbar>0$，则 (12)，(13) 变成：

$$\frac{1}{2\pi\hbar}\int_{-\infty}^{\infty}e^{ip(x-x_0)/\hbar}dp=\delta(x-x_0) \quad (14)$$

$$\frac{1}{2\pi\hbar}\int_{-\infty}^{\infty}e^{i(p-p_0)x/\hbar}dx=\delta(p-p_0) \quad (15)$$

(10)和(14)，(15)是δ-函数的三种具体形式。

~~(15) 乘 $(2\pi\hbar)^{\frac{1}{2}}e^{-ip'x/\hbar}$，对 x 积分~~

下面证明著名的富利叶积分（富利叶变换）式。

有一个任意函数 $\psi(x)$，我们把它展开成：

$$\psi(x)=\left(\frac{1}{2\pi\hbar}\right)^{\frac{1}{2}}\int_{-\infty}^{+\infty}\varphi(p)\,e^{ipx/\hbar}dp\ ,$$

求展开式的係数 $\varphi(p)$。

上式乘 $(2\pi\hbar)^{-\frac{1}{2}}e^{-ip_0x/\hbar}$，对 x 积分，则得：

$$\left(\frac{1}{2\pi\hbar}\right)^{\frac{1}{2}}\int_{-\infty}^{\infty}\psi(x)e^{-ip_0x/\hbar}dx=\frac{1}{2\pi\hbar}\int_{-\infty}^{\infty}dp\,\varphi(p)\int_{-\infty}^{\infty}e^{i(p-p_0)x/\hbar}dx$$

$$=\int_{-\infty}^{\infty}dp\,\varphi(p)\,\delta(p-p_0)=\varphi(p_0)$$

即：$\varphi(p)=\left(\frac{1}{2\pi\hbar}\right)^{\frac{1}{2}}\int_{-\infty}^{\infty}\psi(x)\,e^{-ipx/\hbar}dx$.

这样,我们就得到下列富利叶变换式:

$$\text{令}\quad \psi(x)=\left(\frac{1}{2\pi\hbar}\right)^{\frac{1}{2}}\int_{-\infty}^{\infty}\varphi(p)\,e^{ipx/\hbar}\,dp$$
$$\text{则}\quad \varphi(p)=\left(\frac{1}{2\pi\hbar}\right)^{\frac{1}{2}}\int_{-\infty}^{\infty}\psi(x)\,e^{-ipx/\hbar}\,dx \qquad (16)$$

(空二行)

上述一切,均可以推广到三维空间。

以 $\vec{r}$ 表示 (x,y,z), $\vec{r}_0$ 表示 (x_0,y_0,z_0), $\vec{k}$ 表示 (k_x,k_y,k_z), $\vec{p}$ 表示 (p_x,p_y,p_z)

以 $d\vec{r}$ 表示 $dx\,dy\,dz$, $d\vec{p}$ 表示 $dp_x\,dp_y\,dp_z$, 等等。

定义
$$\delta(\vec{r}-\vec{r}_0)\equiv\delta(x-x_0)\,\delta(y-y_0)\,\delta(z-z_0) \qquad (17)$$

则和 (1),(2),(3),(5),(6),(10),(12),(13),(14),(15),(16) 相应的结果是:

$$\delta(\vec{r}-\vec{r}_0)=0,\quad \vec{r}\neq\vec{r}_0$$
$$\int\delta(\vec{r}-\vec{r}_0)\,d\vec{r}=1, \qquad (18)$$
(三重积分,积分区域包含 $\vec{r}_0$ 点)

$$\int_V f(\vec{r})\,\delta(\vec{r}-\vec{r}_0)\,d\vec{r}=\begin{cases}f(\vec{r}_0), & \vec{r}_0\text{ 在 }V\text{ 中}\\ 0, & \vec{r}_0\text{ 在 }V\text{ 外}\end{cases} \qquad (19)$$

$$\vec{r}\,\delta(\vec{r}-\vec{r}_0)=\vec{r}_0\,\delta(\vec{r}-\vec{r}_0) \qquad (20)$$

$$\delta(a\vec{r})=\frac{1}{a^3}\delta(\vec{r}),\quad a>0 \qquad (21)$$

$$\lim_{l,n,m\to\infty}\frac{\sin lx}{\pi x}\,\frac{\sin my}{\pi y}\,\frac{\sin nz}{\pi z}=\delta(\vec{r}) \qquad (22)$$

$$\left(\frac{1}{2\pi}\right)^3\int_{-\infty}^{\infty}e^{i\vec{k}\cdot(\vec{r}-\vec{r}_0)}\,d\vec{k}=\delta(\vec{r}-\vec{r}_0) \qquad (23)$$

$$\left(\frac{1}{2\pi}\right)^3\int_{-\infty}^{\infty}e^{i(\vec{k}-\vec{k}_0)\cdot\vec{r}}\,d\vec{r}=\delta(\vec{k}-\vec{k}_0) \qquad (24)$$

$$\left(\frac{1}{2\pi\hbar}\right)^3\int_{-\infty}^{\infty}e^{i\vec{p}\cdot(\vec{r}-\vec{r}_0)/\hbar}\,d\vec{p}=\delta(\vec{r}-\vec{r}_0) \qquad (25)$$

$$\left(\frac{1}{2\pi\hbar}\right)^3\int_{-\infty}^{\infty}e^{i(\vec{p}-\vec{p}_0)\cdot\vec{r}/\hbar}\,d\vec{r}=\delta(\vec{p}-\vec{p}_0) \qquad (26)$$

$$\text{令}\quad \psi(\vec{r})=\left(\frac{1}{2\pi\hbar}\right)^{3/2}\int_{-\infty}^{\infty}\varphi(\vec{p})\,e^{i\vec{p}\cdot\vec{r}/\hbar}\,d\vec{p}$$
$$\text{则}\quad \varphi(\vec{p})=\left(\frac{1}{2\pi\hbar}\right)^{3/2}\int_{-\infty}^{\infty}\psi(\vec{r})\,e^{-i\vec{p}\cdot\vec{r}/\hbar}\,d\vec{r} \qquad (27)$$

§13. 从直角坐标 (x,y,z) 换到球坐标 (r,θ,φ)

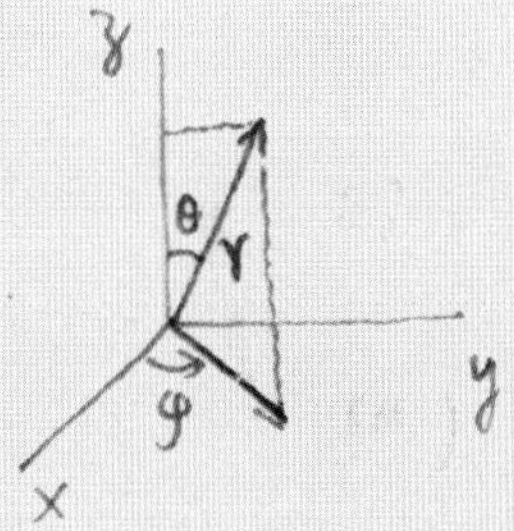

$$\begin{cases} x = r\sin\theta\cos\varphi \\ y = r\sin\theta\sin\varphi \\ z = r\cos\theta \end{cases} \qquad (1)$$

$$\begin{cases} r = (x^2+y^2+z^2)^{\frac{1}{2}} \\ \cos\theta = z/r = z(x^2+y^2+z^2)^{-\frac{1}{2}} \\ \tan\varphi = \dfrac{y}{x}, \quad \varphi = \tan^{-1}\dfrac{y}{x} \end{cases} \qquad (2)$$

$$\begin{cases} \dfrac{\partial}{\partial x} = \dfrac{\partial r}{\partial x}\dfrac{\partial}{\partial r} + \dfrac{\partial \theta}{\partial x}\dfrac{\partial}{\partial \theta} + \dfrac{\partial \varphi}{\partial x}\dfrac{\partial}{\partial \varphi} = \dfrac{\partial r}{\partial x}\dfrac{\partial}{\partial r} + \dfrac{\partial \cos\theta}{\partial x}\dfrac{d\theta}{d\cos\theta}\dfrac{\partial}{\partial \theta} + \dfrac{\partial \varphi}{\partial x}\dfrac{\partial}{\partial \varphi} \\ \dfrac{\partial}{\partial y} = \dfrac{\partial r}{\partial y}\dfrac{\partial}{\partial r} + \dfrac{\partial \cos\theta}{\partial y}\dfrac{d\theta}{d\cos\theta}\dfrac{\partial}{\partial \theta} + \dfrac{\partial \varphi}{\partial y}\dfrac{\partial}{\partial \varphi} \\ \dfrac{\partial}{\partial z} = \dfrac{\partial r}{\partial z}\dfrac{\partial}{\partial r} + \dfrac{\partial \cos\theta}{\partial z}\dfrac{d\theta}{d\cos\theta}\dfrac{\partial}{\partial \theta} \end{cases} \qquad (3)$$

$$\begin{cases} \dfrac{\partial r}{\partial x} = \sin\theta\cos\varphi = \dfrac{x}{r} \\ \dfrac{\partial r}{\partial y} = \sin\theta\sin\varphi = \dfrac{y}{r} \\ \dfrac{\partial r}{\partial z} = \cos\theta = \dfrac{z}{r} \end{cases} \qquad (4)$$

$$\begin{cases} \dfrac{\partial \varphi}{\partial x} = -\dfrac{y}{x^2+y^2} = -\dfrac{\sin\varphi}{r\sin\theta} \\ \dfrac{\partial \varphi}{\partial y} = \dfrac{x}{x^2+y^2} = \dfrac{\cos\varphi}{r\sin\theta} \\ \dfrac{\partial \varphi}{\partial z} = 0 \end{cases} \qquad (5)$$

$$\begin{cases} \dfrac{d\theta}{d\cos\theta} = -\dfrac{1}{\sin\theta} \\ \dfrac{\partial}{\partial \theta} = \dfrac{d\cos\theta}{d\theta}\dfrac{\partial}{\partial \cos\theta} = -\sin\theta\dfrac{\partial}{\partial\cos\theta}, \quad \dfrac{d\theta}{d\cos\theta}\dfrac{\partial}{\partial\theta} = \dfrac{\partial}{\partial\cos\theta} \end{cases} \qquad (6)$$

$$\begin{cases} \dfrac{\partial \cos\theta}{\partial x} = z\dfrac{\partial r^{-1}}{\partial x} = -\dfrac{xz}{r^3} = -\dfrac{\sin\theta\cos\theta\cos\varphi}{r} \\ \dfrac{\partial \cos\theta}{\partial y} = z\dfrac{\partial r^{-1}}{\partial y} = -\dfrac{yz}{r^3} = -\dfrac{\sin\theta\cos\theta\sin\varphi}{r} \\ \dfrac{\partial \cos\theta}{\partial z} = \dfrac{\partial}{\partial z} z r^{-1} = \dfrac{1}{r} - \dfrac{z^2}{r^3} = \dfrac{x^2+y^2}{r^3} = \dfrac{\sin^2\theta}{r} \end{cases} \qquad (7)$$

以 Δ 或 ∇^2 表示 Laplace 算符，则

$$\Delta \equiv \nabla^2 \equiv \frac{\partial^2}{\partial x^2}+\frac{\partial^2}{\partial y^2}+\frac{\partial^2}{\partial z^2} =$$

$$= \frac{1}{r^2}\frac{\partial}{\partial r}r^2\frac{\partial}{\partial r}+\frac{1}{r^2\sin\theta}\frac{\partial}{\partial\theta}\sin\theta\frac{\partial}{\partial\theta}+\frac{1}{r^2\sin^2\theta}\frac{\partial^2}{\partial\varphi^2} \qquad (8)$$

又，$\frac{1}{r^2}\frac{\partial}{\partial r}r^2\frac{\partial}{\partial r}\psi = \frac{1}{r}\frac{\partial^2}{\partial r^2}r\psi$，$\psi$为任意函数. (9)

量子力学中 $-i\hbar\vec{r}\wedge\nabla$ 称为角动量算符，以 $\hat{\vec{M}}$ 表之，则

$$\hat{M}_x = -i\hbar\left(y\frac{\partial}{\partial z}-z\frac{\partial}{\partial y}\right) = i\hbar\left(\sin\varphi\frac{\partial}{\partial\theta}+\cos\varphi\cot\theta\frac{\partial}{\partial\varphi}\right) \qquad (10)$$

$$\hat{M}_y = -i\hbar\left(z\frac{\partial}{\partial x}-x\frac{\partial}{\partial z}\right) = i\hbar\left(-\cos\varphi\frac{\partial}{\partial\theta}+\sin\varphi\cot\theta\frac{\partial}{\partial\varphi}\right) \qquad (11)$$

$$\hat{M}_z = -i\hbar\left(x\frac{\partial}{\partial y}-y\frac{\partial}{\partial x}\right) = -i\hbar\frac{\partial}{\partial\varphi} \qquad (12)$$

$$\hat{M}_x+i\hat{M}_y = \hbar e^{i\varphi}\left(\frac{\partial}{\partial\theta}+i\cot\theta\frac{\partial}{\partial\varphi}\right) \qquad (13)$$

$$\hat{M}_x-i\hat{M}_y = \hbar e^{-i\varphi}\left(-\frac{\partial}{\partial\theta}+i\cot\theta\frac{\partial}{\partial\varphi}\right) \qquad (14)$$

$$\hat{M}^2 \equiv \hat{M}_x^2+\hat{M}_y^2+\hat{M}_z^2 = -\hbar^2\left(\frac{1}{\sin\theta}\frac{\partial}{\partial\theta}\sin\theta\frac{\partial}{\partial\theta}+\frac{1}{\sin^2\theta}\frac{\partial^2}{\partial\varphi^2}\right) \qquad (15)$$

则 $$\nabla^2 = \frac{1}{r^2}\frac{\partial}{\partial r}r^2\frac{\partial}{\partial r}-\frac{1}{\hbar^2 r^2}\hat{M}^2 \qquad (16)$$

又，$\operatorname{grad}\psi \equiv \vec{\nabla}\psi \equiv \left(\frac{\partial\psi}{\partial x},\frac{\partial\psi}{\partial y},\frac{\partial\psi}{\partial z}\right)$ (17)

则
$$\begin{cases}(\vec{\nabla}\psi)_r = \frac{\partial\psi}{\partial r}\\ (\vec{\nabla}\psi)_\theta = \frac{1}{r}\frac{\partial\psi}{\partial\theta}\\ (\vec{\nabla}\psi)_\varphi = \frac{1}{r\sin\theta}\frac{\partial\psi}{\partial\varphi}\end{cases} \qquad (18)$$

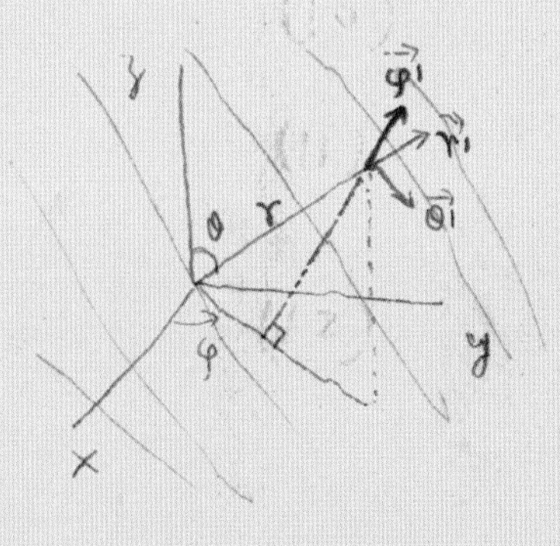

又，体积元 $dV = dx\,dy\,dz \Rightarrow r^2 dr\sin\theta\, d\theta\, d\varphi$ (19)

(空三行)

*§14. 柱坐标和抛物坐标

引入柱坐标 (r, z, φ) 如下：

$x = r\cos\varphi$, $y = r\sin\varphi$, $z = z$ (1)

$r = (x^2+y^2)^{1/2}$, $\tan\varphi = \frac{y}{x}$, $z = z$ (2)

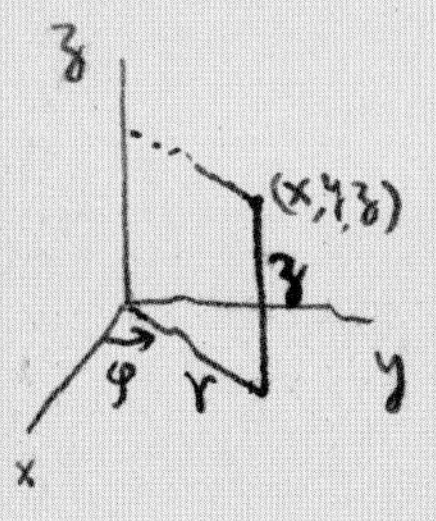

则经简单计算后，有：

$$\Delta\psi=\nabla^2\psi=\frac{\partial^2\psi}{\partial r^2}+\frac{1}{r}\frac{\partial\psi}{\partial r}+\frac{\partial^2\psi}{\partial z^2}+\frac{1}{r^2}\frac{\partial^2\psi}{\partial\varphi^2} \tag{3}$$

$$(\vec\nabla\psi)_r=\frac{\partial\psi}{\partial r},\quad(\vec\nabla\psi)_z=\frac{\partial\psi}{\partial z},\quad(\vec\nabla\psi)_\varphi=\frac{1}{r}\frac{\partial\psi}{\partial\varphi} \tag{4}$$

体积元 $dV=r\,dr\,dz\,d\varphi$ (5)

（空二行）

引入抛物座标(ξ,η,φ)，和球坐标(r,θ,φ)的关系是：

$$\xi=r-r\cos\theta,\quad\eta=r+r\cos\theta,\quad\varphi=\varphi \tag{6}$$

和直角坐标的关系是：

$$x=(\xi\eta)^{\frac{1}{2}}\cos\varphi,\quad y=(\xi\eta)^{\frac{1}{2}}\sin\varphi,\quad z=\frac{1}{2}(\eta-\xi) \tag{7}$$

$$\begin{cases}\xi=r-z=(x^2+y^2+z^2)^{\frac{1}{2}}-z\\ \eta=r+z=(x^2+y^2+z^2)^{\frac{1}{2}}+z\\ \varphi=\tan^{-1}\frac{y}{x}\end{cases} \tag{8}$$

$\frac{1}{2}(\xi+\eta)$

$$\frac{1}{2}(\xi+\eta)=r \tag{9}$$

经过计算，求得：

$$\Delta\psi=\nabla^2\psi=\frac{4}{\xi+\eta}\left[\frac{\partial}{\partial\xi}\left(\xi\frac{\partial\psi}{\partial\xi}\right)+\frac{\partial}{\partial\eta}\left(\eta\frac{\partial\psi}{\partial\eta}\right)\right]+\frac{1}{\xi\eta}\frac{\partial^2\psi}{\partial\varphi^2}$$
$$=\frac{2}{r}\left[\quad\downarrow\quad\right]+\quad〃 \tag{10}$$

$$\frac{\partial}{\partial z}=\frac{1}{r}\left(\eta\frac{\partial}{\partial\eta}-\xi\frac{\partial}{\partial\xi}\right) \tag{11}$$

体积元 $dV=\frac{1}{4}(\xi+\eta)\,d\xi\,d\eta\,d\varphi$ (12)

量子力学習题（核三）

431

1. 把 $1+i\sqrt{3}$ 写成指数形式（答：$2e^{i\frac{\pi}{3}}$）

2. 把 i^i 写成指数形式【答：$e^{-(\frac{\pi}{2}+2n\pi)}$】

3. 求出 C-R 条件的极坐标形式，並用来判断下列函数是否為解析函数：zz^*，z^n，$\ln z$（答：$\frac{\partial u}{\partial r}=\frac{1}{r}\frac{\partial v}{\partial \varphi}$，$\frac{1}{r}\frac{\partial u}{\partial \varphi}=-\frac{\partial v}{\partial r}$）

4. 设幂级数 $\sum C_n z^n$ 中的係数 C_n 取下列数值，试求其收斂半徑：

   i) $C_n=\frac{1}{n^n}$ ii) $C_n=n^{\ln n}$ iii) $C_n=n^n$ iv) $C_n=\frac{n!}{n^n}$

（答：$R=\infty, 1, 0, e$）

*5. 証明 $e^x-1\leq xe^x$，x 為大於 0 之实数

6. 当 $|z|\to\infty$ 时，对於各种不同的幅角（$\arg z$），讨论 e^z 的趋向.

7. $\ln(-1)=?$（答：$(2n+1)\pi i$）

8. 解方程式 $\cos z=0$ 和 $\sin z=0$.

9. 証明 §4 (15),(16),(17) 式.

*10. 証明 §5 (5),(6),(7) 式

*11. 当 z 是实数时，把 §5 (4) 式化成实变函数中的已知公式

12. 証明 $\frac{d}{dz}e^{\alpha z}=\alpha e^{\alpha z}$，$\alpha$ 是常数.

*13. $e^{z^*}=e^{x-iy}$ 是否解析函数？

*14. 証明 $\frac{d}{dz}a^z=a^z\ln a$

量子力学习题（核三）

15. 証明：两个解析函数的积也是解析函数
[只要証明乘积的实部和虚部满足 C-R 条件]

16. 在右图示之回路上，计算下列积分：

i) $\oint_c \frac{dz}{(z-a)^2}$　　ii) $\oint_c \frac{dz}{(z-a)^n}$，n 为正整数，$n\geq 2$，

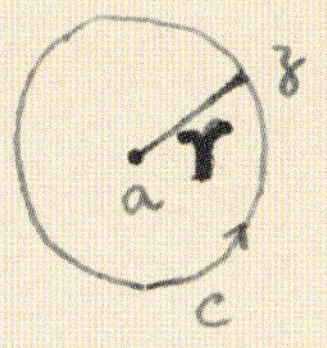

~~iii) $\oint_c$~~

17. ~~上题中~~。设 $f(z)$ 为 C 内及 C 上的解析函数，试证

~~$f(a)=\frac{1}{2\pi}\int_0^{2\pi} f(a+$~~

$$f(a)=\frac{1}{2\pi}\int_0^{2\pi} f(z)\,d\theta\ ,\quad z=a+re^{i\theta}$$

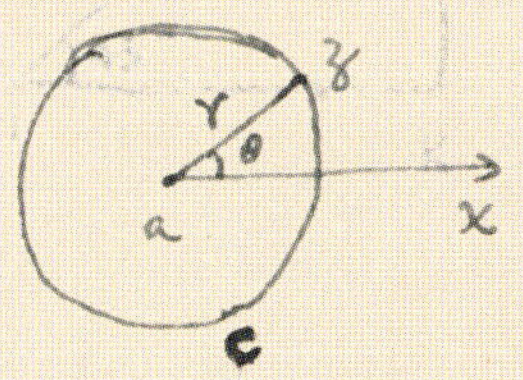

（这个用话来说，即：函数在圆心的值等于圆周上的值的平均）

18. 試找出下列函数的奇点，並说明其类型。

i) $\frac{1}{z^2(z-1)}$　　ii) $\frac{z}{z^2+1}$　　iii) $\frac{1-e^z}{z^2}$

19. 将下列函数展开成罗朗级数。

i) $\frac{1}{z^2(z-1)}$，在 $z=1$ 附近

* ii) $e^{z+\frac{1}{z}}$，在 $z=0$ 附近。　　11

20. 求下列函数的留数。

i) $\frac{e^z}{z^m}$，在 $z=0$ 附近。

ii) $\frac{1}{z^2+a^2}$，在 $z=ia$ 附近，$z=-ia$ 附近

* iii) $\frac{z^2}{(z^2+1)^2}$，在 $z=i$ 附近，$z=-i$ 附近。

21. 証明 $\int_0^\infty \frac{\cos x}{x^2+a^2}dx=\frac{\pi}{2a}e^{-a}$，　$a>0$

22. 求 $\int_{-\infty}^{\infty}\frac{x^2dx}{(a+bx^2)^2}$，　$a,b>0$　　$\frac{\pi}{2a^{1/2}b^{3/2}}$

量子力学习题（核三）

23. 設 n 為正整数，証明

$$\int_0^{2\pi} e^{\cos\theta}\cos(n\theta-\sin\theta)\,d\theta = \frac{2\pi}{n!}$$

$$\int_0^{2\pi} e^{\cos\theta}\sin(n\theta-\sin\theta)\,d\theta = 0$$

[提示：先計 $\int_0^{2\pi} e^{\cos\theta}e^{-i(n\theta-\sin\theta)}$，再取虛实部]

24. 已知 $\int_0^{\infty} e^{-x^2}dx = \frac{\sqrt{\pi}}{2}$，試计算

$\int_0^{\infty}\cos(x^2)\,dx$ 和 $\int_0^{\infty}\sin(x^2)\,dx$ 之值.

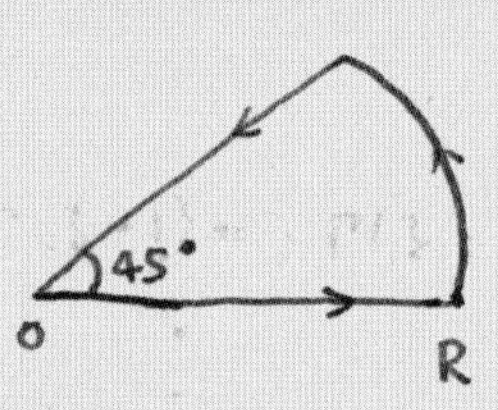

[提示：取如圖之回路，令 $R\to\infty$，计算 $\int e^{-z^2}dz$ 之值]

25. 计算 $\int_0^{\infty}\frac{dx}{x^2+1}$

26. 证明 $\int_0^{2\pi}\frac{d\theta}{1+a\cos\theta} = \int_0^{2\pi}\frac{d\theta}{1+a\sin\theta} = \frac{2\pi}{\sqrt{1-a^2}}$，$a^2<1$

27. 求 $\int_{-\infty}^{\infty}\frac{x^4\,dx}{(a+bx^2)^3}$

28. 求下列方程在 $z=0$ 附近的级数解，其中 n 為整数，$n\geq 0$ ~~大於0~~

$$\frac{d^2u}{dz^2}-2z\frac{du}{dz}+2nu=0$$

[这个方程称為 Hermite 方程，二个解中有一个是多项式，称為厄米多项式，它代表简諧振子的波函数]

29. 解下列方程：$\frac{d^2u}{dz^2}+k^2u=0$.

（答：$u=\sin kz$，$\cos kz$）

30. 求勒讓特方程 $(1-z^2)\frac{d^2u}{dz^2}-2z\frac{du}{dz}+n(n+1)u=0$ ~~的解~~ 在 $z=0$ 附近的解.（n 為正整数. n 為奇数時，选 $a_0=0$，n 為偶数時，选 $a_1=0$）注意解是一个多项式，称勒讓特多项式.

31. 求 Bessel 方程 $z^2\frac{d^2u}{dz^2}+z\frac{du}{dz}+(z^2-l^2)u=0$ 的解，l 為正整数.

[答，$u=\sum_{k=0}^{\infty}\frac{(-1)^k}{k!(k+l)!}\left(\frac{z}{2}\right)^{l+2k}$]

量子力学习题(核三)

32 証明 $\ln(1+z) = zF(1,1,2,-z)$, $|z|<1$

*33 証明 $F(\alpha,\beta,\gamma;z)$ 适合超比方程 [§4 (6)式]

34 証明 $\frac{d}{dz}F(\alpha,\gamma;z) = \frac{\alpha}{\gamma}F(\alpha+1,\gamma+1;z)$

35 在什么情况下 $F(\alpha,\beta,\gamma;z)$ 变成多项式?
…… $F(\alpha,\gamma;z)$ ……?

*36 証明 $F(\alpha,\gamma;z) = e^{z}F(\gamma-\alpha,\gamma;-z)$

37 根据 Γ 函数的定义 $\Gamma(z)=\int_0^\infty x^{z-1}e^{-x}dx$, 証明 $\Gamma(z+1)=z\Gamma(z)$
(用分部积分法)

38 証明 $H_n(z)$ 满足厄米方程式:

$$\left(\frac{d^2}{dz^2}-2z\frac{d}{dz}+2n\right)H_n(z)=0$$

39 写出 $H_1(z)$, $H_2(z)$, $H_3(z)$

40 証明 $H_n'(z)=2nH_{n-1}(z)$, $2zH_n(z)=2nH_{n-1}(z)+H_{n+1}(z)$

41 写出 $P_1(z)$, $P_2(z)$, $P_3(z)$

42 証明 $zP_n'(z)-P_{n-1}'(z)=nP_n(z)$

43 証明 $P_{n+1}'-zP_n'=(n+1)P_n$

44 証明 $P_{n+1}'-P_{n-1}'=(2n+1)P_n$

45 証明 $(z^2-1)P_n'=nzP_n-nP_{n-1}$

46 証明 $(z^2-1)P_n'=(n+1)(P_{n+1}-zP_n)$

47 証明 $(2n+1)(z^2-1)P_n'=n(n+1)(P_{n+1}-P_{n-1})$

48. 验明 $Q_0(z)=\frac{1}{2}\ln\frac{z+1}{z-1}$ 适合勒让特方程 $(n=0)$

49. 証明 §9, (9)式, (10)式, (12)式, (13)式.

50. 验明 §9, (18)式.

量子力学习题(核三)

*51. 根据贝塞函数的定义，直接証明。 $J_{\frac{1}{2}}(z)=\sqrt{\frac{2}{\pi z}}\sin z$

52. 証明 $z^{-\frac{1}{2}}\sin z$ 适合貝塞方程($\nu=\frac{1}{2}$)

53. 証明 $z^{-\frac{1}{2}}\cos z$ 适合貝塞方程($\nu=-\frac{1}{2}$)

*54. ~~根据定义~~，証明 $e^{\frac{1}{2}z(t-\frac{1}{t})}=\sum_{-\infty}^{\infty}J_n(z)\,t^n$ (母函数)

并由此导出貝塞函数 $J_n(z)$ 的循環公式

55. 証明 $\lim_{\alpha\to 0}\frac{1}{\pi}\frac{\alpha}{x^2+\alpha^2}=\delta(x)$，$\alpha>0$

56. 利用上题结果，证明 $\lim_{\alpha\to 0}\frac{1}{\pi}\int_0^\infty e^{-\alpha k}\cos kx\,dk=\delta(x)$

57. 在球坐标中，证明 $\frac{1}{2\pi}\frac{\delta(r)}{r^2}=\delta(\vec{r})$

*58. $\Delta\frac{1}{r}=\nabla^2\frac{1}{r}=?$

59. 証明 §12, (4), (5), (6) 式.

60 $\int\delta(x-a)\,\delta(x-b)\,dx=?$

*61. $\frac{d}{dx}\ln x=?$ (x为实数)

62. 如果 $a<0$， $\delta(ax)=?$

*63. 对於实函数 $f(x)$，証明

$$f(x)=\frac{1}{\pi}\int_0^\infty d\alpha\int_{-\infty}^{\infty}f(t)\cos\alpha(t-x)\,dt$$

64. 証明 §13, (10)—(15) 式，

65. 从计算 $\frac{\partial}{\partial\varphi}$ 着手，証明 §13 (12)式

后记

Epilogue

新中国成立初期，高校各专业使用的教材大部分是苏联教材，兰州大学也基本如此。到20世纪60年代，高校自编教材资源仍旧非常匮乏。钱伯初先生看到这个情况，针对兰州大学物理系的学生，编写了包括《量子力学》《数学物理方法》《力学》等在内的一系列手写讲义。2014年，钱先生所编的《量子力学》在高等教育出版社出版，主讲的“量子力学”课程被评为国家级精品课程。至今钱先生编写的《量子力学》仍是国内高等院校物理学专业的经典教材。

因工作的关系，我们有幸见到了钱伯初先生于20世纪60年代编写的《量子力学》《数学物理方法》等手稿。由于年代久远，手稿都已发黄变脆，但却难掩钱先生工整隽秀的字迹。一个个原理阐释和一道道公式推导，反映了教材开创之艰辛，先生授课之精心。

在阅览这些承载着岁月沧桑的手稿的过程中，我们萌发了将钱先生手稿整理出版的念头，希望让更多人目睹手稿芳华的同时，领略老一辈学者严谨治学的风范；也希望通过这一珍贵资料，让后人更加了解作为国家级精品课程的“量子力学”课程和相应教材的形成过程。为此，把手稿付梓出版便成为编者心心念的事情。

适逢兰州大学党委宣传部设立“名师名家旧稿影存项目”，先生手稿出版项目得以立项，后又得到兰州大学物理科学与技术学院及图书馆的大力支持，又经钱伯初先生之女钱秉中女士的授权，手稿出版项目得以成形，付梓终于有了眉目。

在整理手稿的过程中，我们发现钱先生的这些手稿多写在当时刻版油印试卷的背面，并线装成册，足以反映当时条件之艰苦。经过岁月的洗礼，试卷的文字和公式往往会透印过来。为了呈现手稿的真实状况，我们未加修饰，保持了手稿原貌。

手稿得以顺利出版，得到了各单位的大力支持。衷心感谢钱秉中女士对手稿的授权与支持，感谢北京大学曾谨言先生为钱先生手稿撰写序言。感谢兰州大学党委宣传部安俊堂部长、赵文瑞副部长和辛江龙老师，感谢物理科学与技术学院罗洪刚院长、李星波副院长、王建波副院长、刘占伟副教授和孙志峰副教授，感谢兰州大学出版社李永春书记、雷鸿昌社长和张国梁主任，感谢兰州大学图书馆田中禾馆长、刘映琦书记、王勇副馆长、宋戈副馆长和张继忠主任，感谢他们在手稿出版过程中的鼎力支持。此外，还要特别感谢刘翔教授研究组陈侃、罗肆强、王利明等研究生们的协助。

纸墨书笺的背后，是老先生师德师风的生动体现。谨以此书，来铭记他们一丝不苟、严谨求实的科学精神和精益求精、无私奉献的师德风范。

编委会

2021年1月